MATHÉMATIQUE
&
APPLICATIONS

Directeurs de la collection :
G. Allaire et M. Benaïm

65

Mourad Choulli

Une introduction aux problèmes inverses elliptiques et paraboliques

 Springer

Mourad Choulli
Université Paul Verlaine-Metz
Ile du Saulcy
57045 Metz cedex
France
choulli@univ.metz-fr

ISSN 1154-483X
ISBN 978-3-642-02459-7   e-ISBN 978-3-642-02460-3
DOI 10.1007/978-3-642-02460-3
Springer Dordrecht Heidelberg London New York

Library of Congress Control Number: 2009929714

Mathematics Subject Classification (2000); 46E30, 46E35, 42B25, 35B45, 35B65, 35B50, 35J20, 35K65, 35J70, 35K55, 82D10, 35R30, 35J25, 35K20

Maquette de couverture: SPi Publisher Services

Imprimé sur papier non acide

Springer est membre du groupe Springer Science+BusinessMedia (www.springer.com)

A Sophie, Florent et Pierre

Avant-propos

Cet ouvrage est consacré à une introduction aux problèmes inverses elliptiques et paraboliques. L'analyse mathématique des problèmes inverses a connu un essor considérable ces dernières décennies par l'intérêt porté tant par les mathématiciens purs que par les mathématiciens appliqués à ces problèmes. Notre objectif est de présenter quelques méthodes récentes pour établir des résultats d'unicité et de stabilité. Notons que la stabilité est fondamentale pour la mise en place de méthodes numériques. En effet, la plupart des problèmes inverses sont mal posés au sens de Hadamard. Nous traiterons quelques problèmes inverses elliptiques, qui sont devenus maintenant classiques : conductivité inverse, détection de corrosion ou de fissures et problèmes spectraux inverses. Parmi les problèmes inverses paraboliques que nous considérerons figure le problème classique de retrouver une distribution initiale de la chaleur et la localisation de sources (de chaleur ou de pollution par exemple). Nous nous intéresserons aussi à l'identification de coefficients ou de nonlinéarités.

Nous adressons cet ouvrage à tous ceux qui souhaitent s'intéresser à l'analyse mathématique des problèmes inverses.

Metz, mai 2009 *Mourad Choulli*

Introduction

Les problèmes inverses, parfois appelés problèmes d'identifiabilité, se rencontrent dans diverses disciplines et sont d'origines variées. Expliquons d'abord sur un exemple simple ce que peut être un problème inverse. Nous considérons une barre de fer rectangulaire que nous faisons chauffer à l'une de ces extrémités. La diffusion de la chaleur à l'intérieur de la barre est modélisée par un problème aux limites pour une équation de la chaleur. Le problème est alors le suivant : pouvons-nous déterminer le coefficient de diffusion en mesurant la température de la barre à l'autre extrémité ? Combien de mesures sont-elles nécessaires pour s'assurer que nous déterminons le coefficient de diffusion de manière unique ? Dans la pratique, nous souhaitons calculer ce coefficient. Pour ce faire, nous commençons par remplacer le modèle continue par un modèle discret. Une difficulté peut alors apparaître à ce moment là, puisque l'unicité du coefficient de diffusion à partir des mesures n'a aucune raison de subsister pour le modèle discret. Ceci est étroitement lié au problème de stabilité. C'est-à-dire comment pouvons nous contrôler les perturbations sur le coefficient de diffusion (dues au fait de remplacer le modèle continue par un modèle discret et aux erreurs de calculs) par les erreurs que faisons sur les mesures ?

Nous donnons une formulation mathématique de ce problème. La barre de fer est représentée par un domaine Ω de $\mathbb{R}^2$ ou $\mathbb{R}^3$. Un modèle possible pour la diffusion de la chaleur à l'intérieur de Ω est le problème aux limites suivant

$$\begin{cases} \partial_t u - \operatorname{div}(a(x)\nabla u) = 0, & \text{dans } \Omega \times (0, T), \\ u = 0, & \text{dans } \Omega \times \{0\}, \\ u = f, & \text{sur } \Gamma_1 \times (0, T), \\ \partial_\nu u = 0, & \text{sur } \Gamma_2 \times (0, T), \end{cases}$$

où f représente la source de chaleur sur la partie Γ_1 du bord de Ω, Γ_2 est le reste du bord et $a(x)$ est le coefficient du diffusion, supposé constant en fonction du temps.

Pouvons-nous alors déterminer le coefficient $a(x)$ à partir des mesures

$$u = g, \quad M \times (0, T),$$

M étant une partie de Γ_2 ?

Pour ce problème, nous examinons d'abord l'unicité, ce qui correspond à l'injectivité de l'application qui à a associe g. Nous nous intéressons ensuite à la stabilité. Plus précisément, nous souhaitons établir une estimation de la forme

$$d_1(a_1, a_2) \leq \omega(d_2(g_1, g_2)), \quad \text{pour } d_1(a_1, a_2) \text{ voisin de zéro,}$$

où ω est une fonction croissante, définie sur $]0, +\infty[$ et telle que $\omega(s)$ tend vers 0 quand s converge vers 0. Par d_1 et d_2, nous désignons des distances définies respectivement sur l'ensemble des coefficients et l'ensemble des mesures.

Notons que, dû à l'effet régularisant des équations elliptiques et paraboliques, le module de continuité ω, ici et dans la quasi-totalité des autres cas, est un logarithme ou une puissance de celui-ci. Il existe des exemples où il a été démontré que c'est optimal. D'où la notion de problème mal-posé au sens de Hadamard. Pour cette raison, si nous souhaitons calculer a à partir de g, en minimisant par exemple une fonctionnelle de la forme

$$J(a) = \|u - g\|^2_{L^2(M \times (0, T))},$$

nous devons utiliser une méthode de régularisation, de type de Tikhonov par exemple.

Concernant les mesures, il y a plusieurs possibilités. Nous pouvons par exemple remplacer ce qui précède par

$$u(\cdot, t_i) = g_i, \quad \text{sur } M, \ 1 \leq i \leq N,$$

avec t_i, $1 \leq i \leq N$, des points de $(0, T)$. Nous pouvons aussi faire varier f. Nous nous donnons un ensemble J fini ou infini. Pour chaque f_j, $j \in J$, nous avons une mesure g_j. Dans ce cas le problème inverse consiste en la détermination de a à partir de l'application

$$\Lambda : f_j \rightarrow g_j.$$

Dans l'exemple que nous venons d'évoquer, il s'agissait d'un problème inverse dans lequel nous essayons de déterminer un coefficient. Il existe aussi d'autres types de problèmes inverses, par exemple les problèmes inverses géométriques. Citons un exemple faisant partie d'une large gamme de problème de contrôle non destructif. Nous considérons le problème d'identifier et de localiser la corrosion à l'intérieur d'un pipeline. Ces contrôles sont très important par exemple en industrie pétrolière car ils permettent de prévenir des dégradations qui peuvent déboucher sur des incendies difficiles à maîtriser. Deux types d'inspection des pipelines sont possibles. Nous pouvons par exemple envoyer un courant électrique sur la partie extérieure du pipeline et mesurer ensuite le potentiel résultant sur cette même partie. En général, le potentiel est solution d'un problème aux limites pour l'équation de Laplace. À partir des mesures, nous essayons de localiser la corrosion et de déterminer son étendue. Les modèles mathématiques existant dans la littérature sont en dimension deux, ce qui correspond dans l'exemple présent à une section du pipeline. Le problème aux limites est posé sur un domaine dont une partie de sa frontière intérieure est inconnue (ce qui modélise la partie corrodée). Dans l'autre méthode d'inspection, nous procédons par imagerie thermique. Le problème aux limites est similaire, sauf que l'équation de Laplace est remplacée par l'équation de la chaleur. Pour l'un ou l'autre des modèles, le problème inverse consiste à déterminer la partie inconnue du bord du domaine à partir de mesures frontières. Là aussi, les questions centrales sont l'unicité et la stabilité. C'est-à-dire, est-ce que les mesures dont nous disposons sont suffisantes pour déterminer de manière unique la partie inconnue du bord du domaine ? Quelle distance choisissons-nous pour quantifier les perturbations du bord inconnu ? Peut-on contrôler ces perturbations par les erreurs éventuelles sur les mesures ?

La formulation de ce problème inverse est relativement simple. La section du pipeline est représentée par un domaine Ω de $\mathbb{R}^2$, dont la frontière extérieure est notée Γ_1 et la frontière intérieure Γ_2. La partie corrodée de Γ_2, inconnue, est notée γ. Si f est le courant électrique que nous appliquons sur Γ_1 (en fait f est supportée sur une partie de Γ_1) alors le potentiel électrique à l'intérieur de la section du pipeline est solution du problème aux limites

$$\begin{cases} \Delta u = 0, & \text{dans } \Omega, \\ \partial_\nu u = f, & \text{sur } \Gamma_1, \\ \partial_\nu u = 0, & \text{sur } \Gamma_2. \end{cases}$$

Nous considérons le problème de déterminer γ à partir de mesures sur une partie M de Γ_1 :

$$u = g, \quad \text{sur } M.$$

Pour la stabilité, il est usuel pour ce type de problème de munir l'ensemble des parties inconnues γ du bord par la distance de Hausdorff d_H. Dans ce cas, nous avons des résultats de stabilité de type

$$d_H(\gamma_1, \gamma_2) \leq \omega(d(g_1, g_2)), \quad \text{pour } d_H(\gamma_1, \gamma_2) \text{ assez petit,}$$

pour une certaine distance d sur l'ensemble des mesures.

Citons aussi un autre problème inverse géométrique très important. Il s'agit du problème de détection de mines antipersonnel. D'une manière générale, nous essayons de détecter un objet, ayant une conductivité différente du milieu qui l'entoure, par des mesures électriques. Le procédé est similaire à celui de la détection de la corrosion. Il consiste à appliquer un courant électrique sur la partie extérieure du milieu qui entoure l'objet recherché et mesurer ensuite le potentiel résultant sur cette même partie. Dans l'exemple présent, le potentiel est solution d'une équation elliptique sous forme divergentielle. Nous utilisons alors les mesures pour trouver la forme de l'objet et sa conductivité.

Si D désigne l'objet inconnu que nous souhaitons détecter et si Ω est le milieu qui l'entoure, alors le potentiel à l'intérieur de Ω est solution du problème aux limites

$$\begin{cases} \operatorname{div}[(a(x)\chi_{\Omega \setminus D} + b(x)\chi_D)\nabla u] = 0, & \text{dans } \Omega, \\ \partial_\nu u = f, & \text{sur } \partial\Omega. \end{cases}$$

Ici, $\chi_{\Omega \setminus D}$, χ_D sont les fonctions caractéristiques respectives de $\Omega \setminus D$ et D ; $a(x)$ et $b(x)$ sont les coefficients de conductivité respectifs de $\Omega \setminus D$ et D. Nous nous intéressons alors à la détermination de D et b à partir des mesures, où M est une partie du bord de Ω,

$$u = g, \quad \text{sur } M.$$

Pour la stabilité, nous pouvons envisager, là encore, le cas où l'ensemble des sous-domaines inconnus est muni de la distance de Hausdorff.

Il existe bien d'autres problèmes inverses géométriques. Par exemple, les problèmes de détection de fissures ou de cavités, pour ne citer que ces deux là.

Un point qu'il est important de remarquer dès à présent. Les exemples de problèmes inverses que nous venons de voir sont non linéaires. En fait, hormis quelques cas particuliers, c'est le cas de tous les problèmes inverses, au moins ceux qui sont les plus intéressants à étudier.

Il y a une classe de problèmes inverses de nature différente de ceux que nous avons présenté plus haut. Il s'agit des problèmes spectraux inverses. Le plus fameux d'entre eux concerne le problème de savoir si nous pouvons deviner la forme d'un tambour seulement en entendant les fréquences des vibrations qu'il peut produire : "can we hear the shape of a drum?" Un autre problème spectral inverse consiste à se demander s'il est possible de déterminer la métrique d'une variété riemanienne sans bord à partir du spectre de l'opérateur de Laplace-Beltrami sur celle-ci. Nous citons aussi le problème classique concernant la reconstruction d'un opérateur de Schrödinger $A_q = -\Delta + q$, q étant un potentiel, à partir de certaines de ces données spectrales. Ce problème en dimension un a été étudié de manière intensive à partir de 1920, surtout par l'école russe (nous pouvons citer les monographies de B. M. Levitan [Le] et V. A. Marchenko [March]). Sur le même sujet, le livre de J. Pöschel et E. Trubowitz [PT] est une exellente référence. Par contre, en dimension supérieure les progrès sont plus récents.

Dans cet ouvrage nous présentons une sélection de problèmes inverses elliptiques et paraboliques. À travers cette sélection, nous mettons en évidence un large éventail de techniques d'analyse mathématique pour les équations aux dérivées partielles, utilisées pour établir des résultats d'unicité et de stabilité. Toutefois, le contenu reste purement introductif et loin de couvrir toutes les techniques possibles. Nous n'avons pas non plus chercher à inclure les résultats les plus récents, nous avons préféré plutôt présenter de manière assez détaillée quelques résultats, qui sont maintenant devenus, pour la plupart, classiques.

Cet ouvrage se compose de trois chapitres. Le premier rassemble l'essentiel des résultats concernant les espaces fonctionnels et les résultats d'existence et de régularité pour les équations elliptiques et paraboliques dont nous aurons besoin tout au long du reste de l'ouvrage. Les énoncés des résultats qui ne seront utilisés que ponctuellement seront rappelés au moment approprié dans les deux autres chapitres. Le but de ce premier chapitre et de donner des définitions et des énoncés précis des théorèmes que nous utiliserons dans la suite, afin d'éviter des renvois permanents à d'autres ouvrages.

Le second chapitre sera consacré aux problèmes inverses elliptiques. Nous débutons par une construction de solutions "optique géométrique". Nous avons gardé l'appellation "optique géométrique", qui est celle utilisée dans la littérature. Pour nous ça sera tout simplement des solutions particulières et, pour la clarté de l'exposé, nous ne donnerons pas le lien avec l'optique géométrique. Le lecteur intéressé pourra se faire une idée de l' "optique géométrique" en se référant par exemple à Taylor [Ta]. Ces solutions "optique géométrique" sont alors utilisées pour démontrer la densité des produits de solutions des équations de Schrödinger. Le résultat de densité permet de déduire d'une façon assez simple que nous pouvons déterminer de manière unique le potentiel dans une équation de Schrödinger à partir de l'opérateur dit de Dirichlet-Neumann (DN en abrégé) (ou Steklov-Poincaré). Un résultat de stabilité pour ce problème inverse se démontre aussi en utilisant les solutions "optique géométrique". Tout ceci fait partie du premier paragraphe, qui contient en plus deux autres méthodes de construction des solutions "optique géométrique". L'une que nous pouvons qualifier de directe et l'autre est fondée sur une inégalité de Carleman globale. Les inégalités de Carleman sont, selon les points de vues, des inégalités d'énergie ou des estimations a priori dans des espaces L^p avec poids. À notre connaissance, les inégalités de Carlemen globales sont très récentes et ont été introduites la première fois par Fursikov et Imanuvilov pour étudier la contrôlabilité de certaines équations d'évolution. Par contre, les inégalités de Carleman locales sont, elles, beaucoup plus anciennes. Elles ont été inventées pour démontrer des résultats de prolongement unique.

Le second paragraphe du second chapitre est dédié à un problème spectral inverse. Nous étudions une généralisation au cas multidimensionnel d'un résultat en dimension un assez ancien, dû à Borg et Lenvinson. Sans être vraiment très précis, il s'agit du problème de savoir si nous pouvons reconstruire un opérateur de Schrödinger-Dirichlet (ou Schrödinger-Neumann) sur un domaine borné, à partir de ses valeurs propres et les traces de ses fonctions propres (ceci n'est pas en fait tout à fait correct puisque, contrairement

à la dimension un, les valeurs propres sont multiples). Pour l'unicité, nous
nous ramenons au problème de déterminer un potentiel dans un opérateur de
Schrödinger à partir d'une famille d'opérateurs DN. Nous montrons aussi un
résultat de stabilité, en ramenant celui-ci à un problème de stabilité pour
un problème inverse pour l'équation des ondes, dont la démonstration est
fondée sur l'utilisation de solutions particulières, dites "beam solutions" pour
l'équation des ondes avec potentiel et les propriétés de la transformée rayon
X. Le résultat de stabilité que nous avons trouvé dans la littérature faisait
intervenir de manière explicite uniquement un nombre fini de valeurs propres
et les traces des fonctions propres correspondantes, l'autre partie est contenue
dans un reste. Un tel énoncé n'est pas très intéressant puisqu'en dernière partie de ce paragraphe nous montrons qu'en fait la version multidimensionnelle
du théorème de Borg-Levinson est encore vraie en se donnant uniquement les
valeurs propres et les traces des fonctions propres à partir de n'importe quel
rang (c'est-à-dire les propriétés asymptotiques des valeurs propres et les traces
des fonctions propres sont suffisantes pour reconstuire l'opérateur considéré).
La version que nous donnons fait intervenir la totalité des valeurs propres
et les traces des fonctions propres. Il suffisait en fait d'utiliser des topologies
adéquates qui, d'ailleurs, apparaîssent naturellement. Pour établir l'extension
de la version multidimensionnelle du théorème de Borg-Levinson, nous avons
utilisé la méthode dite "born approximation" provenant des techniques de
"scattering" inverse.

Dans le troisième paragraphe du chapitre 2, nous construisons des solutions
singulières locales pour des opérateurs elliptiques sous forme divergentielle. Ses
solutions ont des singularités de type une puissance de l'inverse de la distance
à un point donné, ce qui est assez naturel pour des équations elliptiques. À
quoi serviront ces solutions singulières ? Pour répondre à cette question, nous
remarquons que l'idée de départ est très simple. Pour étudier le problème
de conductivité inverse, nous commençons par appliquer la formule de Green
aux différences de solutions de deux problèmes, chacun avec une conductivité
différente. Après quelques "manipulations" élémentaires, nous débouchons sur
une relation d'othogonalité. Dans celle-ci, nous notons que si nous avions des
solutions ayant une certaine singularité, alors nous pourrions tirer de cette
relation d'orthogonalité des résultats d'unicité et de stabilité de la conductivité
au bord. D'ailleurs, c'est ce que nous faisons dans ce paragraphe. À la fin de
celui-ci, nous donnons aussi une alternative aux solutions singulières. Elle
consiste à exhiber des fonctions test particulières qui ont, en quelque sorte,
un comportement locale proche d'une version intégrée du comportement des
solutions singulières au voisinage de la singularité.

Pour le problème de la détection de la corrosion, sous certaines conditions, nous pouvons nous ramener à un problème inverse pour un coefficient frontière. Dans le quatrième paragraphe du chapitre 2, nous démontrons
quelques résultats de stabilité logarithmique pour ce problème, à partir d'une
seule mesure répartie sur une partie du bord. Dans le cas d'un domaine

rectangulaire ou une couronne, les résultats se démontrent très simplement "à la main" par une analyse de Fourier. Le résultat que nous démontrons dans le cas d'un domaine régulier quelconque est, quant à lui, fondé sur une inégalité de Carleman.

Le cinquième paragraphe du chapitre 2 est consacré à deux problèmes inverses géométriques, l'un concernant un problème de conductivité inverse et l'autre provient de l'étude de la résistance du contact entre le métal et le semi-conducteur dans un matériau semi-conducteur. En nous fondant sur des techniques de dérivation par rapport au domaine, empruntées à l'optimisation de formes, nous démontrons des résultats de stabilité lipschitzienne pour ces deux problèmes dans le cas où l'ensemble des sous-domaines inconnus est donné par une famille à un paramètre.

Dans le sixième et dernier paragraphe du chapitre 2, nous étudions un problème inverse pour la détection de fissures dans le cas d'une équation elliptique sous forme divergentielle. Nous utilisons des outils "sophistiqués" fondés sur l'analyse complexe dans le plan (généralisation de la fonction conjuguée, transformation quasi-conforme, point critiques géométiques, ... etc), notamment le comportement des solutions au voisinage des points critiques géométriques, pour établir un résultat de stabilité logarithmique pour le problème de déterminer des fissures régulières à partir d'une mesure frontière. Dans le cas de fissures irrégulières, en utilisant la notion de point conductif et des résultats de convergence "par rapport au domaine" de solutions de problèmes elliptiques posés sur des domaines non réguliers, nous montrons un résultat d'unicité dans le cas où l'opérateur elliptique est réduit au laplacien.

Le chapitre trois est, quant à lui, consacré aux problèmes inverses paraboliques. Nous commençons dans un premier paragraphe par démontrer un résultat d'existence pour un problème consistant en la détermination du coefficient du plus bas degré dans une équation parabolique linéaire à partir de la mesure au temps final. Nous démontrons ensuite un résultat d'unicité pour la détermination du terme non linéaire dans une équation parabolique semi-linéaire à partir d'une mesure frontière. Pour établir ces deux résultats, nous avons utilisés des arguments fondés essentiellement sur le principe du maximum.

Le second paragraphe de ce troisième chapitre est dédié à des problèmes inverses paraboliques dont nous montrons la stabilité par des méthodes utilisant des inégalités de Carleman globales. Ces inégalités se montrent directement, tout simplement en utilisant des intégrations par parties et quelques "manipulations", pas trop "sophistiquées". Un point délicat que nous n'avons pas traité ici est la preuve de l'existence de la fonction poids que nous utilisons, qui doit posséder certaines propriétés particulières.

Dans le troisième paragraphe du chapitre trois, nous étudions un problème inverse dans lequel nous essayons de déterminer une source singulière apparaîssant dans une équation parabolique à partir d'une mesure frontière.

Nous montrons des résultats l'unicité par une méthode directe utilisant l'unicité du prolongement, des solutions particulières de l'équation de Helmholtz et le théorème de Müntz.

Nous considérons le problème de déterminer la condition initiale dans une équation parabolique au paragraphe quatre du chapitre trois. Grâce à la transformation de Reznitskaya, nous nous ramenons à un problème inverse pour l'équation des ondes pour lequel nous avons un résultat de stabilité lipschitzienne. De retour au problème de départ, nous remarquons qu'une réécriture de la transformation de Reznitskaya dans de nouvelles variables permet de ramener celle-ci à une transformée de Laplace, ce qui permet d'exhiber une norme pour la mesure frontière, construite sur celle d'un espace de Bergman-Selberg. Pour cette norme, le résultat de stabilité est lipschitzien.

Le paragraphe cinq du chapitre trois est consacré à la détermination du terme de plus bas degré dans une équation parabolique à partir de la trace, en un temps donné, de l'opérateur DN parabolique. Le développement de la solution de notre équation parabolique dans la base des fonctions propres de l'opérateur de Schrödinger associé à notre équation permet, grâce à un lemme algébrique, de se ramener à l'unicité d'une série de Dirichlet. Dans ce cas notre problème original devient alors équivalent à un problème spectral inverse, dont nous avons montré l'unicité par la version multidimensionnelle du théorème de Borg-Levinson.

Au paragraphe six du chapitre trois, nous construisons avec les même outils qu'au premier paragraphe du chapitre 2 des solutions "optique géométrique". En suivant les grandes lignes du premier paragraphe du chapitre deux, nous démontrons des résultats d'unicité et de stabilité pour le problème qui consiste à déterminer le terme de plus bas degré à partir d'un opérateur DN.

Dans le septième et dernier paragraphe du chapitre trois, nous reprenons le problème du premier paragraphe concernant la détermination du terme non linéaire dans une équation parabolique semi-linéaire à partir d'une mesure frontière. Nous montrons un résultat de stabilité pour celui-ci. Nous écrivons la différence de deux solutions, chacune correspondante à une non linéarité, en terme de la solution fondamentale de l'équation de la chaleur pour des conditions au bord de Neumann. Le point important dans notre démonstration réside dans une minoration de cette solution fondamentale. Cette minoration résulte en fait, par un principe de comparaison, d'un résultat intéressant en lui même, qui concerne l'établissement d'une minoration gaussienne pour le noyau de la chaleur associé au laplacien-Neumann sur un domaine régulier.

Table des matières

Notations

$\partial_i u$ dérivée partielle de u par rapport à la variable x_i

$\partial^2_{ij} u$ dérivée partielle seconde de u par rapport aux variables x_i et x_j

$\nabla u = (\partial_1 u, \ldots, \partial_n u)$ gradient de u

$\mathrm{div}P = \sum_{i=1}^n \partial_i P_i$ divergence de $P = (P_1, \ldots, P_n)$

$\mathcal{J}P = (\partial_i P_j)$ matrice jacobienne de $P = (P_1, \ldots, P_n)$

$\Delta u = \sum_{i=1}^n \partial^2_{ii} u$ laplacien de u

$\mathcal{H}u = (\partial^2_{ij} u)$ matrice hessienne de u

$\nabla_\tau u$ gradient tangentiel de u

$\mathrm{div}_\tau P$ divergence tangentiel de P

$\Delta_\tau u$ l'opérateur de Laplace-Beltrami appliqué à u

$\partial^\alpha u = \partial_1^{\alpha_1} \ldots \partial_n^{\alpha_n} u$ pour $\alpha = (\alpha_1, \ldots \alpha_n) \in \mathbb{N}^n$

ν vecteur normale unitaire sortant

$\partial_\nu u$ dérivée de u dans la direction de ν

$|\alpha| = \sum_{i=1}^n \alpha_i$ si $\alpha = (\alpha_1, \ldots \alpha_n) \in \mathbb{N}^n$

$|E|$ mesure de Lebesgue de l'ensemble E

$\xi \cdot \eta = \sum_{i=1}^n \xi_i \eta_i$ si $\xi = (\xi_1, \ldots, \xi_n) \in \mathbb{C}^n$ et $\eta = (\eta_1, \ldots, \eta_n) \in \mathbb{C}^n$

$|\xi| = (\sum_{i=1}^n |\xi_i|^2)^{\frac{1}{2}}$ si $\xi = (\xi_1, \ldots, \xi_n) \in \mathbb{C}^n$

$\xi^\alpha = \xi_1^{\alpha_1} \ldots \xi_n^{\alpha_n}$,   si $\xi = (\xi_1, \ldots, \xi_n) \in \mathbb{C}^n$ et $\alpha = (\alpha_1, \ldots \alpha_n) \in \mathbb{N}^n$

$\alpha! = \alpha_1! \ldots \alpha_n!$ si $\alpha = (\alpha_1, \ldots \alpha_n) \in \mathbb{N}^n$

$\| \cdot \|_X$ norme de l'espace de Banach X

$\langle \cdot, \cdot \rangle_{X',X}$ crochet de dualité entre l'espace de Banach X et son dual X'

1

Rappels et compléments

Dans ce premier chapitre nous regroupons les propriétés principales des espaces fonctionnels que nous utiliserons et quelques résultats classiques (surtout de régularité) concernant les équations elliptiques et paraboliques. Nous donnons aussi un aperçu concis sur les distributions et la théorie des semi-groupes.

1.1 Espaces L^p et espaces de Hölder

1.1.1 Espaces $L^p(\Omega)$

Soit Ω un ouvert de $\mathbb{R}^n$. Nous rappelons que $L^1(\Omega)$ désigne l'espace (des classes d'équivalences) de fonctions intégrables au sens de Lebesgue. C'est-à-dire, comme nous le faisons habituellement, nous confondons deux fonctions qui coïncident presque partout (p.p. en abrégé).

Pour $f \in L^1(\Omega)$, nous notons

$$\|f\|_{L^1(\Omega)} = \int_\Omega |f(x)|dx.$$

Lorsqu'il n'y aura aucune confusion, nous écrirons $\int_\Omega |f|$ au lieu de $\int_\Omega |f(x)|dx$.

Nous rappelons aussi que $L^p(\Omega)$, $1 \le p < \infty$, est l'espace

$$L^p(\Omega) = \{f : \Omega \to \mathbb{R}; \ f \text{ mesurable et } |f|^p \in L^1(\Omega)\},$$

et que

$L^\infty(\Omega) = \{f : \Omega \to \mathbb{R}; \ f \text{ mesurable et il existe } C > 0 \text{ telle que } |f| \le C \text{ p.p. sur } \Omega\}$.

Avec les notations

$$\|f\|_{L^p(\Omega)} = (\int_\Omega |f|^p)^{\frac{1}{p}}, \text{ si } 1 \le p < \infty,$$

M. Choulli, *Une Introduction aux Problèmes Invereses Elliptiques et Paraboliques*,
Mathématiques et Applications 65. DOI: 10.1007/978-3-642-02460-3_1,
© Springer -Verlag Berlin Heidelberg 2009

et

$$\|f\|_{L^\infty(\Omega)} = \inf\{C;\ |f| \leq C \text{ p.p. sur } \Omega\},$$

il est bien connu que $L^p(\Omega)$ est un espace de Banach pour la norme $\|\cdot\|_p$, pour tout p, $1 \leq p \leq \infty$.

Pour $1 < p < \infty$, nous notons p' l'exposant conjugué de p, c'est-à-dire

$$\frac{1}{p} + \frac{1}{p'} = 1,$$

et pour $p = 1$, nous posons $p' = \infty$.

Théorème 1.1. *(Inégalité de Hölder) Soit $1 \leq p \leq \infty$. Si $f \in L^p(\Omega)$ et $g \in L^{p'}(\Omega)$ alors $fg \in L^1(\Omega)$ et*

$$\|fg\|_{L^1(\Omega)} \leq \|f\|_{L^p(\Omega)} \|g\|_{L^{p'}(\Omega)}.$$

Lorsque Ω est borné, si $f \in L^p(\Omega)$, $1 \leq p \leq \infty$, alors, pour $1 \leq q \leq p$, l'inégalité de Hölder nous donne

$$\int_\Omega |f|^q \leq (\int_\Omega |f|^{qr})^{\frac{1}{r}} (\int_\Omega 1)^{\frac{1}{r'}},$$

où $r = \frac{p}{q}$. Nous en déduisons le

Corollaire 1.2. *Si Ω est borné et si $1 \leq q \leq p$, alors $L^p(\Omega) \subset L^q(\Omega)$ et*

$$\|f\|_{L^q(\Omega)} \leq |\Omega|^{\frac{1}{q} - \frac{1}{p}} \|f\|_{L^p(\Omega)}.$$

Les preuves des résultats de ce sous-paragraphe se trouvent dans n'importe quel ouvrage traitant de l'intégration au sens de Lebesgue (voir par exemple P. Malliavin [Mal] ou W. Rudin [Ru]).

1.1.2 Espaces $L^p(a, b; X)$

Nous donnons une brève introduction de l'intégrabilité au sens de Bochner des fonctions, définies sur un intervalle, à valeurs vectorielles. Pour une étude complète et détaillée, nous renvoyons le lecteur à J. Diestel et J. J. Uhl Jr. [DU].

Soient X un espace de Banach et $-\infty < a < b < +\infty$. Une fonction $f : [a, b] \to X$ est dite simple s'il existe $E_1, \ldots, E_m$ des ensembles mesurables de $[a, b]$ et $x_1, \ldots, x_m \in X$ tels que

$$f(t) = \sum_{i=1}^{m} \chi_{E_i}(t) x_i.$$

Nous dirons que $f : [a, b] \to X$ est mesurable s'il existe une suite de fonctions simples (f_k), $f_k : [a, b] \to X$, telle que

$$f_k \to f \text{ p.p. sur } [a, b].$$

Une fonction $f : [a, b] \to X$ mesurable est dite intégrable (au sens de Bochner) s'il existe une suite de fonctions simples (f_k), $f_k : [a, b] \to X$, telle que

$$\lim_k \int_a^b \|f - f_k\|_X = 0.$$

Dans ce cas, $\int_a^b f(t)dt$ est défini par

$$\int_a^b f(t)dt = \lim_k \int_a^b f_k(t)dt,$$

où $\int_a^b f_k(t)dt$ est défini de manière naturelle.

Théorème 1.3. *(Bochner)* $f : [a, b] \to X$ *mesurable est intégrable si et seulement si* $\|f\|_X \in L^1(a, b)$.

Pour $1 \le p \le \infty$, nous posons

$$L^p(a, b; X) = \{f : [a, b] \to X \text{ intégrable telle que } \|f\|_X \in L^p(a, b)\}.$$

Comme dans le cas scalaire, nous ne faisons pas la distinction entre deux fonctions égales presque partout.

Muni de la norme

$$\|f\|_{L^p(a,b;X)} = \left(\int_a^b \|f\|_X^p \right)^{\frac{1}{p}} \text{ si } p < \infty$$

et

$$\|f\|_{L^\infty(a,b;X)} = \inf\{C; \|f(t)\|_X \le C \text{ p.p. sur } [a, b]\} \text{ si } p = \infty,$$

$L^p(a, b; X)$ est un espace de Banach.

1.1.3 Les espaces de Hölder

Soit Ω un ouvert borné de $\mathbb{R}^n$. Pour $0 < \alpha < 1$, nous dirons que $f \in C^0(\overline{\Omega})$ est hölderienne d'exposant α si

$$[f]_\alpha = \sup\left\{\frac{|f(x) - f(y)|}{|x - y|^\alpha}; \; x, \, y \in \Omega, \; x \ne y\right\} < \infty.$$

Nous notons alors

$$C^\alpha(\overline{\Omega}) = \{f \in C^0(\overline{\Omega}); \ [f]_\alpha < \infty\},$$

que nous munissons de la norme

$$\|f\|_{C^\alpha(\overline{\Omega})} = \|f\|_{C^0(\overline{\Omega})} + [f]_\alpha.$$

Plus généralement, pour tout $k \geq 0$ entier, nous définissons l'espace $C^{k,\alpha}(\overline{\Omega})$ par

$$C^{k,\alpha}(\overline{\Omega}) = \{f \in C^k(\overline{\Omega}); \ \partial^\beta f \in C^\alpha(\overline{\Omega}), \ \beta \in \mathbb{N}^n, \ |\beta| = k\}.$$

Cet espace, muni de la norme

$$\|f\|_{C^{k,\alpha}(\overline{\Omega})} = \sum_{\beta \in \mathbb{N}^n, \ |\beta| \leq k} \|\partial^\beta f\|_{C^0(\overline{\Omega})} + \sum_{\beta \in \mathbb{N}^n, \ |\beta| = k} [\partial^\beta f]_\alpha,$$

est un Banach.

Si $T > 0$ est un réel donné et $Q = \Omega \times (0,T)$, $C^{\alpha, \frac{\alpha}{2}}(\overline{Q})$ désignera l'espace des fonctions $f \in C^0(\overline{Q})$ telles que

$$[f]_{\alpha, \frac{\alpha}{2}} = \sup\left\{\frac{|f(x,t) - f(y,s)|}{[|x-y|^2 + |t-s|]^{\frac{\alpha}{2}}}; \ (x,t), \ (y,s) \in Q, \ (x,t) \neq (y,s)\right\} < \infty,$$

et pour $k \geq 0$ entier, nous posons

$$C^{2k+\alpha, k+\frac{\alpha}{2}}(\overline{Q}) = \{f \in C^{2k,k}(\overline{Q}); \ \partial^\beta \partial_t^\gamma f \in C^{\alpha, \frac{\alpha}{2}}(\overline{Q}), \ (\beta, \gamma) \in \mathbb{N}^n \times \mathbb{N}, \ |\beta| + 2\gamma = 2k\}.$$

$C^{2k+\alpha, k+\frac{\alpha}{2}}(\overline{Q})$ est un espace de Banach lorsque nous le munissons de la norme

$$\|f\|_{C^{\alpha, \frac{\alpha}{2}}(\overline{Q})} = \sum_{(\beta,\gamma) \in \mathbb{N}^n \times \mathbb{N}, \ |\beta| + 2\gamma \leq 2k} \|\partial_x^\beta \partial_t^\gamma f\|_{C^0(\overline{Q})}$$

$$+ \sum_{(\beta,\gamma) \in \mathbb{N}^n \times \mathbb{N}, \ |\beta| + 2\gamma = 2k} [\partial_x^\beta \partial_t^\gamma f]_{\alpha, \frac{\alpha}{2}}.$$

Une étude approfondie des espaces $C^\alpha(\overline{\Omega})$ est faite dans le D. Gilbarg et N. S. Trudinger [GT], et celle des espaces $C^{2k+\alpha, k+\frac{\alpha}{2}}(\overline{Q})$ dans le O. A. Ladyzhenskaja, V. A. Solonnikov et N. N. Ural'tzeva [LSU].

1.1.4 Ouverts réguliers

Soit Ω un ouvert borné de $\mathbb{R}^n$ de frontière Γ. Nous dirons que Ω est de classe C^∞ si Γ est une variété indéfiniment différentiable de dimension $(n-1)$, Ω étant localement d'un seul côté de Γ. En d'autres termes, $\overline{\Omega}$ est une variété à bord de classe C^∞, de bord Γ. Nous introduisons les notations

$$Q = \{y = (y', y_n) \in \mathbb{R}^{n-1} \times \mathbb{R}; \ |y'| < 1, \ -1 < y_n < 1\},$$
$$Q_+ = \{y = (y', y_n) \in Q; \ y_n > 0\},$$
$$Q_0 = \{y = (y', y_n) \in Q; \ y_n = 0\}.$$

Notons que, d'après la définition, si Ω est de classe C^∞ alors nous pouvons trouver $O_1, \ldots O_k$ une famille finie d'ouverts bornés de $\mathbb{R}^n$ recouvrant Γ, telle que, pour chaque j, il existe φ_j un C^∞-difféomorphisme de O_j sur Q vérifiant

$$\varphi_j(O_j \cap \Omega) = Q_+ \text{ et } \varphi_j(O_j \cap \Gamma) = Q_0.$$

De plus, si $O_j \cap O_i \neq \emptyset$, il existe un homéomorphisme H_{ij} de $\varphi_i(O_i \cap O_j)$ sur $\varphi_j(O_i \cap O_j)$, de classe C^∞ et à jacobien positif, tel que $\varphi_j = H_{ij} \circ \varphi_i$ sur $O_i \cap O_j$.

Si dans la définition ci-dessus nous remplaçons φ_j est un C^∞-difféomorphisme de O_j sur Q par φ_j est une bijection de O_j sur Q telle que φ_j et φ_j^{-1} sont lipschitziennes, pour tout j, alors Ω sera dit un ouvert lipschitzien.

En modifiant la régularité des fonctions φ_j, nous devinons aisément comment définir d'autres types de régularité de l'ouvert Ω : C^k, $C^{k,\alpha}$, k entier et $0 < \alpha < 1$, etc.

1.2 Quelques éléments de la théorie des distributions

1.2.1 Définitions

Soit Ω un ouvert de $\mathbb{R}^n$. Pour $K \subset \Omega$ compact, nous posons

$$\mathcal{D}_K(\Omega) = \{\varphi \in C^\infty(\Omega); \ \operatorname{supp}(\varphi) \subset K\}.$$

$\mathcal{D}_K(\Omega)$ est un espace de Fréchet quand il est muni de la topologie définie par la famille de semi-normes

$$p_{K,m}(\varphi) = \sup_{|\alpha| \leq m, \ x \in K} |\partial^\alpha \varphi(x)|.$$

Soit $\mathcal{D}(\Omega) = \cup \mathcal{D}_K(\Omega)$, la réunion étant sur la collection de tous les compacts K de Ω. Nous notons que $\mathcal{D}(\Omega)$ n'est rien d'autres que l'espace des fonctions de $C^\infty(\Omega)$ qui sont à support compact. Même si nous ne l'utiliserons pas, la topologie habituelle sur $\mathcal{D}(\Omega)$ est celle qui en fait une limite inductive des espaces de Fréchet $\mathcal{D}_K(\Omega)$.

Un résultat très important dans les applications est le

Théorème 1.4. $\mathcal{D}(\Omega)$ *est dense dans* $L^p(\Omega)$.

Nous considérons maintenant $\mathcal{D}'(\Omega)$, le dual topologique de $\mathcal{D}(\Omega)$. C'est-à-dire l'espace des formes linéaires continues sur $\mathcal{D}(\Omega)$.

Voici un critère simple qui permet de vérifier si une forme linéaire sur $\mathcal{D}(\Omega)$ est continue.

Proposition 1.5. *Une forme linéaire u sur $\mathcal{D}(\Omega)$ est dans $\mathcal{D}'(\Omega)$ si et seulement si, pour tout $K \subset \Omega$ compact, il existe une constante positive C et un entier positif k tels que*

$$|u(\varphi)| \leq C \sup_{|\alpha| \leq k,\, x \in K} |\partial^{\alpha}\varphi(x)|, \ \varphi \in \mathcal{D}_K(\Omega).$$

Si $u \in \mathcal{D}'(\Omega)$, nous définissons $\partial^{\alpha}u$, $\alpha \in \mathbb{N}^n$, par

$$\partial^{\alpha}u(\varphi) = (-1)^{|\alpha|}u(\partial^{\alpha}\varphi) \ \varphi \in \mathcal{D}(\Omega).$$

Vu la proposition précédente, il est clair que $\partial^{\alpha}u \in \mathcal{D}'(\Omega)$.

Soit ω un sous-ouvert de Ω. La restriction de $u \in \mathcal{D}'(\Omega)$ à ω, notée $u_{|\omega}$, est l'élément de $\mathcal{D}'(\omega)$ donné par

$$u_{|\omega}(\varphi) = u(\tilde{\varphi}), \ \varphi \in \mathcal{D}(\omega),$$

où $\tilde{\varphi}$ est le prolongement de φ par 0 sur $\Omega \backslash \omega$.

Ceci nous permet de définir le support de $u \in \mathcal{D}'(\Omega)$, noté supp($u$), comme étant le complémentaire du plus grand ouvert sur lequel u est nulle.

Le plus souvent $C^{\infty}(\Omega)$ est noté $\mathcal{E}(\Omega)$. Nous rappelons que $\mathcal{E}(\Omega)$ est un espace de Fréchet lorsque nous le munissons de la topologie définie par la famille de semi-normes

$$\|\varphi\|_{m,K} = \sup_{|\alpha| \leq m,\, x \in K} |\partial^{\alpha}\varphi(x)|,$$

où m parcourt $\mathbb{N}$ et K parcourt une famille dénombrable de compacts croissants dont la réunion est égale à Ω.

Nous pouvons montrer que $\mathcal{E}'(\Omega)$, le dual topologique de $\mathcal{E}(\Omega)$, s'identifie au sous-espace des distributions de $\mathcal{E}'(\mathbb{R}^n)$ qui sont à support compact dans Ω.

Terminons ce sous-paragraphe par remarquer que l'espace $\mathcal{D}(\Omega)$ permet de définir des espaces locaux : si $X(\Omega)$ est un Banach de fonctions définies sur Ω, nous posons

$$X_{loc}(\Omega) = \{f; \ \varphi f \in X(\Omega), \ \varphi \in \mathcal{D}(\Omega)\}.$$

1.2.2 Produit de convolution

Pour $k \geq 0$ entier, l'espace des fonctions de $C^k(\mathbb{R}^n)$ à support compact est noté $C_c^k(\mathbb{R}^n)$.

Le produit de convolution d'une fonction $f \in C_c^0(\mathbb{R}^n)$ et $g \in L_{\text{loc}}^1(\mathbb{R}^n)$ est donné par

$$(f * g)(x) = \int_{\mathbb{R}^n} f(x-y)g(y)dy.$$

Un résultat classique concernant l'effet régularisant du produit de convolution est

Théorème 1.6. *Soient* $f \in C_c^k(\mathbb{R}^n)$ *et* $g \in L_{\text{loc}}^1(\mathbb{R}^n)$. *Alors* $f * g \in C^k(\mathbb{R}^n)$ *et*

$$\partial^\alpha(f * g) = \partial^\alpha f * g, \ \alpha \in \mathbb{N}^n, \ |\alpha| \leq k.$$

Si de plus $g \in C^l(\mathbb{R}^n)$, *alors* $f * g \in C^{k+l}(\mathbb{R}^n)$ *et*

$$\partial^{\alpha+\beta}(f * g) = \partial^\alpha f * \partial^\beta g, \ \alpha, \ \beta \in \mathbb{N}^n, \ |\alpha| \leq k \ et \ |\beta| \leq l.$$

Une extension naturelle du produit de convolution de deux fonctions est le produit de convolution entre une distribution et une fonction. Cette extension consiste à définir $u * \varphi$, $u \in \mathcal{D}'(\mathbb{R}^n)$ et $\varphi \in \mathcal{D}(\mathbb{R}^n)$, de la manière suivante :

$$(u * \varphi)(x) = u(\varphi(x - \cdot)).$$

Nous montrons que $u * \varphi \in C^\infty(\mathbb{R}^n)$ et

$$\partial^\alpha(u * \varphi) = \partial^\alpha u * \varphi = u * \partial^\alpha \varphi, \ \alpha \in \mathbb{N}^n.$$

Si de plus $u \in \mathcal{E}'(\mathbb{R}^n)$, alors $u * \varphi \in \mathcal{D}(\mathbb{R}^n)$. Ceci suggère la possibilité de définir le produit de convolution entre deux distributions dont l'une est à support compact par

$$(u * v) * \varphi = u * (v * \varphi), \ \varphi \in \mathcal{D}(\mathbb{R}^n).$$

En effet, cette relation définie bien un unique élément $u * v$ de $\mathcal{D}'(\mathbb{R}^n)$ comme le montre le

Théorème 1.7. *Soient* $u \in \mathcal{D}'(\mathbb{R}^n)$ *et* $v \in \mathcal{E}'(\mathbb{R}^n)$. *Alors il existe un unique élément de* $\mathcal{D}'(\mathbb{R}^n)$, *noté* $u * v$ *tel que*

$$(u * v) * \varphi = u * (v * \varphi), \ \varphi \in \mathcal{D}(\mathbb{R}^n).$$

1.2.3 Transformée de Fourier

Nous rappelons que la transformée de Fourier d'une fonction $f \in L^1(\mathbb{R}^n)$ est donnée par

$$\mathcal{F}f(\xi) = \int_{\mathbb{R}^n} e^{-ix\cdot\xi} f(x)dx, \ \xi \in \mathbb{R}^n.$$

Soit $\mathcal{S}(\mathbb{R}^n)$ l'espace des fonctions C^∞ à décroissance rapide à l'infini. C'est-à-dire

$$\mathcal{S}(\mathbb{R}^n) = \{\varphi \in C^\infty(\mathbb{R}^n); \ \lim_{|x|\to+\infty} x^\alpha \partial^\beta \varphi(x) = 0, \ \alpha, \ \beta \in \mathbb{N}^n\}.$$

La topologie de $\mathcal{S}(\mathbb{R}^n)$ peut-être définie par la suite dénombrable de semi-normes

$$d_{\alpha\beta}(\varphi) = \sup_{x\in\mathbb{R}^n} |x^\alpha \partial^\beta \varphi(x)|, \ \alpha, \ \beta \in \mathbb{N}^n$$

qui en fait un espace métrisable complet. Si

$$\sum_{\alpha,\ \beta \in \mathbb{N}^n} a_{\alpha\beta} = 1$$

alors la métrique

$$d(\varphi, \psi) = \sum_{\alpha,\ \beta \in \mathbb{N}^n} a_{\alpha\beta} \frac{d_{\alpha\beta}(\varphi - \psi)}{1 + d_{\alpha\beta}(\varphi - \psi)}$$

induit sur $\mathcal{S}(\mathbb{R}^n)$ une topologie équivalente à celle définie par la famille de semi-normes $(d_{\alpha\beta})$.

Dans le reste de ce paragraphe, nous utiliserons l'opérateur de dérivation $D_j = -i\partial_j$.

L'espace $\mathcal{S}(\mathbb{R}^n)$ est bien adapté pour la transformée de Fourier. En effet, nous avons le

Théorème 1.8. *L'opérateur $\varphi \to \mathcal{F}\varphi$ est un isomorphisme de $\mathcal{S}(\mathbb{R}^n)$ sur $\mathcal{S}(\mathbb{R}^n)$ qui vérifie*

$$\mathcal{F}(D_j\varphi) = \xi_j \mathcal{F}\varphi \ et \ \mathcal{F}(x_j\varphi) = -D_j\mathcal{F}\varphi$$

et nous avons la formule d'inversion

$$\mathcal{F}^2\varphi = (2\pi)^n \check{\varphi},$$

où $\check{\varphi}(\cdot) = \varphi(-\cdot)$.

D'autre part, il n'est pas difficile de montrer la

Proposition 1.9. *Soient $\varphi,\ \psi \in \mathcal{S}(\mathbb{R}^n)$. Alors*

$$\int_{\mathbb{R}^n} \mathcal{F}\varphi\psi = \int_{\mathbb{R}^n} \varphi \mathcal{F}\psi,$$

$$\int_{\mathbb{R}^n} \varphi\overline{\psi} = (2\pi)^{-n} \int_{\mathbb{R}^n} \mathcal{F}\varphi\overline{\mathcal{F}\psi},$$

$$\mathcal{F}(\varphi * \psi) = \mathcal{F}\varphi\mathcal{F}\psi,$$

$$\mathcal{F}(\varphi\psi) = (2\pi)^{-n}\mathcal{F}\varphi * \mathcal{F}\psi.$$

Puisque $\varphi \to \mathcal{F}\varphi$ est un isomorphisme sur $\mathcal{S}(\mathbb{R}^n)$, nous pouvons donc l'étendre à $\mathcal{S}'(\mathbb{R}^n)$. Si $u \in \mathcal{S}'(\mathbb{R}^n)$, nous définissons $\mathcal{F}u$ comme étant l'unique élément de $\mathcal{S}'(\mathbb{R}^n)$ qui vérifie

$$\mathcal{F}u(\varphi) = u(\mathcal{F}\varphi), \ \varphi \in \mathcal{S}(\mathbb{R}^n).$$

Nous définissons aussi $\check{u} \in \mathcal{S}'(\mathbb{R}^n)$ comme l'unique élément de $\mathcal{S}'(\mathbb{R}^n)$ tel que

$$\check{u}(\varphi) = u(\check{\varphi}), \ \varphi \in \mathcal{S}(\mathbb{R}^n).$$

Le résultat que nous énonçons découle du Théorème 1.6.

Théorème 1.10. *La transformée de Fourier est un isomorphisme sur $\mathcal{S}'(\mathbb{R}^n)$ muni de sa topologie pré-faible. De plus, nous avons la formule d'inversion*

$$\mathcal{F}^2 u = (2\pi)^n \check{u}, \ u \in \mathcal{S}'(\mathbb{R}^n).$$

Comme conséquence des Théorèmes 1.6 et 1.7, nous avons

Théorème 1.11. $f \in \mathcal{S}(\mathbb{R}^n) \to \mathcal{F}f \in \mathcal{S}(\mathbb{R}^n)$ *se prolonge en un isomorphisme sur $L^2(\mathbb{R}^n)$. De plus, nous avons la formule de Parseval :*

$$\int_{\mathbb{R}^n} f\overline{g} = (2\pi)^{-n} \int_{\mathbb{R}^n} \mathcal{F}f\overline{\mathcal{F}g}, \ f, \ g \in L^2(\mathbb{R}^n).$$

Comme dans $\mathcal{S}(\mathbb{R}^n)$, la transformée de Fourier sur $\mathcal{S}'(\mathbb{R}^n)$ transforme le produit de convolution en produit de fonctions et inversement. Plus précisément, nous avons le

Théorème 1.12. *(a) Si $u \in \mathcal{E}'(\mathbb{R}^n)$ et $v \in \mathcal{S}'(\mathbb{R}^n)$ alors $u * v \in \mathcal{S}'(\mathbb{R}^n)$ et*

$$\mathcal{F}(u * v) = \mathcal{F}u\mathcal{F}v.$$

(b) Si $\varphi \in \mathcal{D}(\mathbb{R}^n)$ et $u \in \mathcal{S}'(\mathbb{R}^n)$ alors

$$\mathcal{F}(\varphi u) = (2\pi)^{-n} \mathcal{F}\varphi * \mathcal{F}u$$

Nous remarquons que si $u \in \mathcal{E}'(\mathbb{R}^n)$ alors $\mathcal{F}u$ peut-être définie par $\mathcal{F}u(\xi) = u(e^{ix\cdot\xi})$ et que $\mathcal{F}u$ s'étend en une fonction entière sur $\mathbb{C}^n$. En particulier, $\mathcal{F}\delta = 1$, δ étant la masse de Dirac en 0. Ceci et les formules du théorème précédent permettent d'établir

$$\mathcal{F}(D_j u) = \xi_j \mathcal{F}u \text{ et } \mathcal{F}(x_j u) = -D_j \mathcal{F}u, \ u \in \mathcal{S}'(\mathbb{R}^n).$$

Pour faire ce paragraphe, nous nous sommes basé sur L. Hörmander [Hor1] (voir aussi L. Schwartz [Sc1] pour une étude complète et détaillée de la théorie des distributions).

1.3 Espaces de Sobolev

1.3.1 Les espaces H^s

Pour $s \in \mathbb{R}$, nous posons

$$H^s(\mathbb{R}^n) = \{u \in \mathcal{S}'(\mathbb{R}^n); \ (1 + |\xi|^2)^{\frac{s}{2}} \mathcal{F}u \in L^2(\mathbb{R}^n)\}.$$

Nous pouvons vérifier que $H^s(\mathbb{R}^n)$ est un espace de Hilbert lorsqu'il est muni du produit scalaire

$$(u, v)_{H^s(\mathbb{R}^n)} = \int_{\mathbb{R}^n} (1 + |\xi|^2)^s \mathcal{F}u(\xi)\overline{\mathcal{F}v}(\xi)d\xi.$$

Les principales propriétés des espaces $H^s(\mathbb{R}^n)$ sont collectées dans le

Théorème 1.13. *(i) $H^s(\mathbb{R}^n)$ s'injecte continûment dans $H^t(\mathbb{R}^n)$ si $s \geq t$.*

(ii) $\mathcal{D}(\mathbb{R}^n)$ est dense dans $H^s(\mathbb{R}^n)$, pour tout s.

(iii) $H^0(\mathbb{R}^n) = L^2(\mathbb{R}^n)$ étant identifié avec son dual, nous avons, pour tout $s > 0$, $(H^s(\mathbb{R}^n))'$ coïncide algébriquement et topologiquement avec $H^{-s}(\mathbb{R}^n)$.

Nous définissons maintenant les espaces $H^s(\Gamma)$. Pour simplifier l'exposé, nous supposons que Γ est la frontière d'un ouvert borné Ω de classe C^∞. D'où, il existe $O_1, \ldots O_k$ une famille finie d'ouverts bornés de $\mathbb{R}^n$ recouvrant Γ telle que, pour chaque j, il existe φ_j un C^∞-difféomorphisme de O_j sur Q vérifiant

$$\varphi_j(O_j \cap \Omega) = Q_+ \text{ et } \varphi_j(O_j \cap \Gamma) = Q_0,$$

où Q, Q_+ et Q_0 sont comme dans le sous-paragraphe 1.1.4. C'est-à-dire

$$Q = \{y = (y', y_n) \in \mathbb{R}^{n-1} \times \mathbb{R}; \ |y'| < 1, \ -1 < y_n < 1\},$$
$$Q_+ = \{y = (y', y_n) \in Q; \ y_n > 0\},$$
$$Q_0 = \{y = (y', y_n) \in Q; \ y_n = 0\}.$$

Soit $(\alpha_j) \in \mathcal{D}(\Gamma)$ une partition de l'unité subordonnée au recouvrement (O_j). C'est-à-dire, pour chaque j, $\alpha_j \in \mathcal{D}(\Gamma)$, $\operatorname{supp}(\alpha_j) \subset O_j \cap \Gamma$ et $\sum \alpha_j = 1$ sur Γ.

Tout élément $f \in L^1(\Gamma)$ se décompose alors de la manière suivante

$$f = \sum_{j=1}^k \alpha_j f.$$

Nous posons

$$\varphi_j^*(\alpha_j f)(y') = (\alpha_j f)(\varphi_j^{-1}(y', 0)), \text{ si } |y'| < 1.$$

α_j étant à support compact dans $O_j \cap \Gamma$, $\varphi_j^*(\alpha_j f)$ est à support compact dans $\{y' \in \mathbb{R}^{n-1}; \ |y'| < 1\}$. Nous considérons donc $\varphi_j^*(\alpha_j f)$ comme définie sur $\mathbb{R}^{n-1}$.

L'application linéaire $f \to \varphi_j^*(\alpha_j f)$ est continue de $\mathcal{D}(\Gamma)$ dans $\mathcal{D}(\mathbb{R}^{n-1})$ et se prolonge en une application linéaire continue de $\mathcal{D}'(\Gamma)$ dans $\mathcal{D}'(\mathbb{R}^{n-1})$.

Pour $s \in \mathbb{R}$, nous définissons $H^s(\Gamma)$ par

$$H^s(\Gamma) = \{u \in \mathcal{D}'(\Gamma); \, \varphi_j^*(\alpha_j u) \in H^s(\mathbb{R}^{n-1}), \, j = 1, \ldots, k\}.$$

Cette définition est indépendante du choix du système de cartes locales (O_j, φ_j) et de la partition de l'unité (α_i).

Pour chaque système $(O_j, \varphi_j, \alpha_j)$,

$$\|u\|_{H^s(\Gamma)} = \Big(\sum_{j=1}^{k} \|\varphi_j^*(\alpha_j u)\|_{H^s(\mathbb{R}^{n-1})}^2\Big)^{\frac{1}{2}}$$

est une norme hilbertienne sur $H^s(\Gamma)$.

Les différentes normes, obtenues en faisant varier le système $(O_j, \varphi_j, \alpha_j)$, sont toutes équivalentes.

Dans le théorème qui suit, nous rassemblons les propriétés principales des espaces $H^s(\Gamma)$.

Théorème 1.14. *(i) $H^s(\Gamma)$ s'injecte continûment dans $H^t(\Gamma)$ si $s \geq t$.*

(ii) $\mathcal{D}(\Gamma)$ est dense dans $H^s(\Gamma)$ si $s \geq 0$.

(iii) En identifiant $H^0(\Gamma) = L^2(\Gamma)$ avec son dual, nous avons $(H^s(\Gamma))' = H^{-s}(\Gamma)$ si $s \geq 0$.

Nous renvoyons à J. L. Lions et E. Magenes [LM] pour un exposé complet sur les espaces H^s, y compris les espaces $H^s(\Omega)$.

1.3.2 Les espaces $W^{m,p}$

Soit Ω un ouvert de $\mathbb{R}^n$ de frontière Γ. Partant du fait que $L_{loc}^1(\Omega)$ s'injecte dans $\mathcal{D}'(\Omega)$, nous définissons, pour $m \in \mathbb{N}$ et $1 \leq p \leq \infty$, l'espace $W^{m,p}(\Omega)$ par

$$W^{m,p}(\Omega) = \{f \in L^p(\Omega); \, \partial^\alpha f \in L^p(\Omega) \, \alpha \in \mathbb{N}^n, \, |\alpha| \leq m\},$$

où $\partial^\alpha f$ est sous-entendu au sens $\mathcal{D}'(\Omega)$.

$W^{m,p}(\Omega)$, quand nous le munissons de sa norme naturelle

$$\|f\|_{W^{m,p}(\Omega)} = \sum_{|\alpha| \leq m} \|\partial^\alpha f\|_{L^p(\Omega)}, \tag{1.1}$$

est un espace de Banach.

Dans le cas $p = 2$, comme nous le faisons d'habitude, nous posons $W^{m,2}(\Omega) = H^m(\Omega)$. Ce dernier est alors un espace de Hilbert pour le produit scalaire

$$(f,g)_{H^m(\Omega)} = \sum_{|\alpha| \leq m} \int_\Omega \partial^\alpha f \partial^\alpha g.$$

Notons que la norme associée à ce produit scalaire est équivalente à celle donnée par (1.1).

Nous énonçons deux théorèmes classiques d'injections.

Théorème 1.15. *Si Ω un ouvert borné de $\mathbb{R}^n$ et si $W_0^{1,p}(\Omega)$ est la fermeture de $\mathcal{D}(\Omega)$ dans $W^{1,p}(\Omega)$, alors*

(i) $W_0^{1,p}(\Omega)$ s'injecte continûment dans $L^{\frac{np}{n-p}}(\Omega)$ pour $p < n$, et dans $C^0(\overline{\Omega})$ pour $p > n$.

(ii) Il existe une constante positive $C = C(n,p)$ telle que pour tout $u \in W_0^{1,p}(\Omega)$

$$\|u\|_{L^{\frac{np}{n-p}}(\Omega)} \leq C\|\nabla u\|_{L^p(\Omega)^n}, \ si \ p < n,$$

$$\sup_\Omega |u| \leq C|\Omega|^{\frac{1}{n} - \frac{1}{p}}\|\nabla u\|_{L^p(\Omega)^n}, \ si \ p > n.$$

Théorème 1.16. *Soit Ω un domaine borné de $\mathbb{R}^n$ de classe $C^{0,1}$.*

(i) Si $mp < n$ alors $W^{m,p}(\Omega)$ s'injecte continûment dans $L^{p^*}(\Omega)$, $p^* = \frac{np}{n-mp}$, et l'injection de $W^{m,p}(\Omega)$ dans $L^q(\Omega)$ est compacte pour tout $q < p^*$.

(ii) Si $0 \leq k < m - \frac{n}{p} < k+1$, k entier, alors $W^{m,p}(\Omega)$ s'injecte continûment dans $C^{k,\alpha}(\overline{\Omega})$, $\alpha = m - \frac{n}{p} - k$, et l'injection de $W^{m,p}(\Omega)$ dans $C^{k,\beta}(\overline{\Omega})$ est compacte pour tout $\beta < \alpha$.

Nous rappelons aussi le théorème de trace :

Théorème 1.17. *Nous supposons que Ω est borné et de classe C^k, $k \geq 1$. Alors l'application*

$$u \to (u, \partial_\nu u, \ldots, \partial_\nu^{k-1} u)$$

de $\mathcal{D}(\overline{\Omega}) \to (\mathcal{D}(\Gamma))^k$ se prolonge en une application, encore notée

$$u \to (u, \partial_\nu u, \ldots, \partial_\nu^{k-1} u),$$

linéaire continue de $H^k(\Omega) \to \prod_{j=0}^{k-1} H^{k-j-\frac{1}{2}}(\Gamma)$. Cette application est surjective et il existe un relèvement linéaire continu

$$R : g = (g_0, \ldots, g_{k-1}) \in \prod_{j=0}^{k-1} H^{k-j-\frac{1}{2}}(\Gamma) \to Rg \in H^k(\Omega)$$

tel que $\partial_\nu^j Rg = g_j$, $0 \leq j \leq k-1$.

Et nous terminons ce paragraphe par le

Théorème 1.18. *Soit Ω un ouvert quelconque. Si $u \in H^1(\Omega)$ alors*

$$u^+ = \sup(u, 0), \ u^- = \sup(-u, 0), \ |u| = u^+ + u^- \in H^1(\Omega),$$

et

$$\nabla u^+ = \chi_{[u>0]} \nabla u, \ \nabla u^- = \chi_{[u<0]} \nabla u.$$

Les démonstrations des Théorèmes 1.15, 1.16 et 1.18 peuvent être consultées dans D. Gilbarg et N. S. Trudinger [GT]. En ce qui concerne le Théorème 1.17, nous renvoyons à J. L. Lions et E. Magenes [LM].

1.3.3 Les espaces $H^k(a, b; X)$

Soit X un espace de Banach et $-\infty \leq a < b \leq +\infty$. Nous appelons distribution vectorielle sur (a, b) toute application linéaire continue sur $\mathcal{D}(a, b)$ dans X. C'est-à dire

$$\mathcal{D}'(a, b; X) = \mathcal{L}(\mathcal{D}(a, b), X).$$

Soient $u \in \mathcal{D}'(a, b; X)$ et $k \geq 0$ entier. L'application

$$\varphi \to (-1)^k u(\varphi^{(k)}), \ \varphi \in \mathcal{D}(a, b),$$

définie alors une distribution que nous notons $u^{(k)}$.

Pour $k \geq 1$ entier, nous définissons $H^k(a, b; X)$ comme suit

$$H^k(a, b; X) = \{u \in L^2(a, b; X); \ u^{(j)} \in L^2(a, b; X), \ j = 1, \ldots, k\}.$$

Clairement, $H^k(a, b; X)$ est un espace de Hilbert pour la norme

$$\|u\|_{H^k(a,b;X)} = \left(\sum_{j=0}^{k} \|u^{(j)}\|_{L^2(a,b;X)}^2\right)^{\frac{1}{2}}.$$

Soient V et H deux espaces de Hilbert tels que V est dense dans H et V s'injecte continûment dans H. Nous considérons alors l'espace

$$W(a, b; V, V') = \{u \in L^2(a, b; V) \ u' \in L^2(a, b; V')\}.$$

Une propriété de régularité des éléments de $W(a, b; V, V')$ est donnée par le

Théorème 1.19. *Soient a, $b \in \mathbb{R}$. Alors tout élément de $W(a, b; V, V')$ est presque partout égal à une fonction continue de $[a, b]$ dans H. De plus, $W(a, b; V, V')$ s'injecte continûment dans $C([a, b]; H)$.*

Pour compléter les résultats de ce sous-paragraphe, nous invitons le lecteur à consulter J. L. Lions et E. Magenes [LM].

1.3.4 Quelques formules d'intégration par parties

Soit Ω un ouvert borné de classe C^1, de frontière Γ. Une première formule classique d'intégration par parties est

$$\int_\Omega \partial_i u v = -\int_\Omega u \partial_i v + \int_\Gamma uv\nu_i, \ u, \ v \in H^1(\Omega). \tag{1.2}$$

De cette formule se déduisent aisément les suivantes :

$$\int_\Omega \Delta u v = -\int_\Omega \nabla u \cdot \nabla v + \int_\Gamma \partial_\nu u v, \ u \in H^2(\Omega) \text{ et } v \in H^1(\Omega), \tag{1.3}$$

$$\int_\Omega (\Delta u v - u \Delta v) = \int_\Gamma (\partial_\nu u v - u \partial_\nu v), \ u, \ v \in H^2(\Omega) \tag{1.4}$$

et, si $Q = \Omega \times (0, T)$, $\Sigma = \Gamma \times (0, T)$,

$$\int_Q (\Delta - \partial_t) u v - \int_Q u(\Delta + \partial_t) v = \int_\Sigma (\partial_\nu u v - u \partial_\nu v)$$

$$- \int_\Omega [u(\cdot, T)v(\cdot, T) - u(\cdot, 0)v(\cdot, 0)] \tag{1.5}$$

pour $u, \ v \in L^2(0, T; H^2(\Omega)) \cap H^1(0, T; L^2(\Omega))$.

1.3.5 Espaces de type H_Δ

Soit Ω un ouvert borné de $\mathbb{R}^n$, de frontière Γ. Nous définissons l'espace $H_\Delta(\Omega)$ comme suit

$$H_\Delta(\Omega) = \{u \in H^1(\Omega); \ \Delta u \in L^2(\Omega)\}.$$

Muni de la norme

$$\|u\|_{H_\Delta(\Omega)} = (\|u\|_{H^1(\Omega)} + \|\Delta u\|_{L^2(\Omega)})^{\frac{1}{2}}$$

$H_\Delta(\Omega)$ est un espace de Hilbert.

L'intérêt de cet espace réside dans le

Théorème 1.20. *Nous supposons que Ω est de classe C^1.*

(1) (Théorème de trace) L'application

$$\partial_\nu : C^1(\overline{\Omega}) \to C(\Gamma) : u \to \partial_\nu u_{|\Gamma}$$

se prolonge en une application continue, encore notée ∂_ν, de $H_\Delta(\Omega)$ dans $H^{-\frac{1}{2}}(\Gamma)$.

(2) (Formule d'intégration par parties) Pour tous $u \in H_\Delta(\Omega)$ et $v \in H^1(\Omega)$,

$$\int_\Omega \Delta u v = -\int_\Omega \nabla u \cdot \nabla v + \langle \partial_\nu u, v \rangle_{H^{-\frac{1}{2}}(\Gamma), H^{\frac{1}{2}}(\Gamma)}.$$

Il est utile dans l'étude du problème de conductivité de pouvoir disposer d'un théorème de trace pour un espace un peu plus général que $H_\Delta(\Omega)$. Pour $a \in W^{1,\infty}(\Omega)$, considérons l'espace

$$H_a(\Omega) = \{u \in H^1(\Omega); \ \mathrm{div}(a\nabla u) \in L^2(\Omega)\},$$

qui est un Hilbert pour la norme

$$\|u\|_{H_a(\Omega)} = \|u\|_{H^1(\Omega)} + \|\mathrm{div}(a\nabla u)\|_{L^2(\Omega)}.$$

Pour cet espace nous avons le théorème de trace suivant

Théorème 1.21. *(Théorème de trace) L'application*

$$u \to a\partial_\nu u_{|\Gamma}$$

définit un opérateur borné de $H_a(\Omega)$ dans $H^{-\frac{1}{2}}(\Gamma)$.

Le lecteur trouvera une démonstration du dernier théorème dans [Ka2].

1.3.6 Inégalités de Poincaré

Soient $\xi \in \mathbb{R}^n$, $|\xi| = 1$, a, $b \in \mathbb{R}$ et $d = b - a$. Nous posons

$$\Pi_d(\xi) = \{x \in \mathbb{R}^n; a < x \cdot \xi < b\}$$

et nous dirons que $\Pi_d(\xi)$ est une bande d'épaisseur d dans la direction ξ.

Une première inégalité de Poincaré est donnée par la

Proposition 1.22. *Soit Ω un ouvert de $\mathbb{R}^n$ tel qu'il existe une bande $\Pi_d(\xi)$ avec $\Omega \subset \Pi_d(\xi)$. Alors*

$$\|u\|_{L^2(\Omega)}^2 \leq \frac{d^2}{2}\|\nabla u\|_{L^2(\Omega)}^2, \ u \in H_0^1(\Omega).$$

Dans le cas d'un domaine borné, nous avons l'inégalité de Poincaré suivante :

Proposition 1.23. *Soient Ω un domaine borné de $\mathbb{R}^n$ et $\lambda_1(\Omega)$ la première valeur propre du laplacien-Dirichlet. Alors*

$$\|u\|_{L^2(\Omega)}^2 \leq \frac{1}{\lambda_1(\Omega)}\|\nabla u\|_{L^2(\Omega)}^2, \ \forall u \in H_0^1(\Omega).$$

Il existe d'autres inégalités de Poincaré, notamment pour des sous-espaces de $H^1(\Omega)$ autres que $H_0^1(\Omega)$ (voir par exemple R. Dautray et J. L. Lions [DL] pour plus de détails).

1.3.7 Dérivation tangentielle

Soit Ω un ouvert borné de classe C^1, de frontière Γ. Si $f \in C^1(\Gamma)$, nous définissons son gradient tangentiel, noté ∇_τ, par

$$\nabla_\tau f = \nabla \tilde{f} - \partial_\nu \tilde{f} \nu, \tag{1.6}$$

où $\tilde{f}$ est un prolongement de f dans un voisinage de Γ.

Si $P \in C^1(\Gamma, \mathbb{R}^n)$ et si $\tilde{P}$ est un prolongement de P dans un voisinage de Γ, la divergence tangentielle de P est donnée par

$$\text{div}_\tau(P) = \text{div}(\tilde{P}) - \tilde{P}'\nu \cdot \nu, \tag{1.7}$$

avec $\tilde{P}' = (\partial_j \tilde{P}_i)$.

Bien évidemment, les formules (1.6) et (1.7) ne dépendent pas des prolongements choisis.

Lorsque Ω est de classe C^2, nous pouvons définir l'opérateur de Laplace-Beltrami, noté Δ_τ, sur Γ en posant

$$\Delta_\tau u = \text{div}_\tau(\nabla_\tau u), \ u \in C^2(\Gamma).$$

Nous disposons du résultat classique suivant :

Théorème 1.24. *Nous supposons que Ω est de classe C^2.*

(1) Si $u \in C^2(\overline{\Omega})$ ou $u \in H^3(\Omega)$ alors

$$\Delta u = \Delta_\tau u + H\partial_\nu u + \partial_{\nu^2}^2 u, \tag{1.8}$$

où H est la courbure moyenne et $\partial_{\nu^2}^2 u = \mathcal{H}u\nu \cdot \nu$, avec $\mathcal{H}u = (\partial_{ij}^2 u)$.

(2) Pour $u \in H^2(\Omega)$ et $v \in H^3(\Omega)$, nous avons

$$\int_\Gamma \nabla_\tau u \nabla_\tau v = -\int_\Gamma u \Delta_\tau v. \tag{1.9}$$

(3) Pour $W \in C^1(\Gamma)^n$ et $u \in H^2(\Omega)$, nous avons

$$\int_\Gamma u\text{div}_\tau W = -\int_\Gamma \nabla u \cdot W + \int_\Gamma (Hu + \partial_\nu u)W \cdot \nu. \tag{1.10}$$

(Voir A. Henrot et M. Pierre [HP] pour une démonstration.)

1.4 Equations elliptiques

1.4.1 Régularité elliptique

Ω étant un domaine borné de $\mathbb{R}^n$ de frontière Γ, nous considérons l'opérateur différentiel E donné par

$$Eu = \sum_{i,j} a_{ij}(x)\partial^2_{ij}u + \sum_i b_i(x)\partial_i u + c(x)u,$$

où a_{ij}, b_i et c sont des fonctions mesurables sur Ω. Nous supposons que E est uniformément elliptique. C'est-à-dire qu'il existe $\lambda > 0$ un réel tel que

$$\mathbf{a}(x)\xi \cdot \xi \geq \lambda|\xi|^2 \text{ p.p. } x \in \Omega \text{ et } \xi \in \mathbb{R}^n, \qquad (1.11)$$

avec $\mathbf{a}(x) = (a_{ij}(x))$.

Pour les problèmes aux limites elliptiques, nous disposons de résultats de régularité hölderienne. Plus précisément, nous avons le

Théorème 1.25. *Sous les hypothèses suivantes :*

(a) Ω est de classe $C^{2,\alpha}$,

(b) a_{ij}, b_i, $c \in C^\alpha(\overline{\Omega})$, $f \in C^\alpha(\overline{\Omega})$ et $g \in C^{2,\alpha}(\Gamma)$ (resp. $g \in C^{1,\alpha}(\Gamma)$),

(c) $c \leq 0$,

(d) $q \in C^{1,\alpha}(\Gamma)$,

le problème aux limites

$$\begin{cases} Eu = f, & dans \; \Omega, \\ u = g, \; (resp. \; \partial_\nu u + qu = g), & sur \; \Gamma, \end{cases} \qquad (1.12)$$

admet une unique solution $u \in C^{2,\alpha}(\overline{\Omega})$. De plus, il existe une constante $C > 0$, ne dépendant que des normes des coefficients de E dans $C^\alpha(\overline{\Omega})$, Ω, α et λ (dépendant aussi de la norme de q dans $C^{1,\alpha}$ dans le second cas), telle que

$$\|u\|_{C^{2,\alpha}(\overline{\Omega})} \leq C(\|f\|_{C^\alpha(\overline{\Omega})} + \|g\|_{C^{2,\alpha}(\Gamma)})$$
$$(resp. \; \|u\|_{C^{2,\alpha}(\overline{\Omega})} \leq C(\|f\|_{C^\alpha(\overline{\Omega})} + \|g\|_{C^{1,\alpha}(\Gamma)})).$$

Si $q \in L^\infty(\Omega)$, nous désignons par A_q l'opérateur $A_q = -\Delta + q$ ayant pour domaine $D(A_q) = H_0^1(\Omega) \cap H^2(\Omega)$.

Nous utiliserons au prochain chapitre à plusieurs reprises le

Théorème 1.26. *Nous supposons que Ω est de classe C^2. Soit $q \in L^\infty(\Omega)$ telle que 0 n'est pas dans le spectre de A_q. Alors, pour tout couple $(F, f) \in L^2(\Omega) \times H^{\frac{3}{2}}(\Gamma)$, le problème aux limites non homogène*

$$\begin{cases} -\Delta u + qu = F, & dans \ \Omega, \\ u = f, & sur \ \Gamma, \end{cases}$$

admet une unique solution $u \in H^2(\Omega)$. De plus, nous avons l'estimation

$$\|u\|_{H^2(\Omega)} \le C(\|F\|_{L^2(\Omega)} + \|f\|_{H^{\frac{3}{2}}(\Gamma)}),$$

où la constante C dépend uniquement de Ω et q.

Un autre résultat, pour l'opérateur $\mathrm{div}(a\nabla \cdot)$, que nous aurons l'occasion d'utiliser au chapitre 2, est le suivant :

Théorème 1.27. *Soit $a \in L^\infty(\Omega)$ telle que $a \ge a_0 > 0$ p.p. dans Ω, supposé lipschitzien. Alors pour tout $\varphi \in H^{\frac{1}{2}}(\Gamma)$, il existe un unique $u \in H^1(\Omega)$ solution du problème aux limites*

$$\begin{cases} \mathrm{div}(a\nabla u) = 0, & dans \ \Omega, \\ u = \varphi, & sur \ \Gamma. \end{cases}$$

Ce résultat est une conséquence immédiate du théorème de Stampacchia. De plus la solution est caractérisée par

$$\int_\Omega a|\nabla u|^2 dx = \min\{\int_\Omega a|\nabla v|^2 dx; \ v \in K_\varphi\},$$

où K_φ est le convexe fermé

$$K_\varphi = \{v \in H^1(\Omega); \ v_{|\Gamma} = \varphi\}.$$

Avec plus de régularité sur Ω et les coefficients de E, il est possible de démontrer que les solutions de (1.12) sont de classe H^{2+k}. Dans le cas du laplacien nous avons le

Théorème 1.28. *Soit $k \ge 0$ un entier et nous supposons que Ω est de classe C^{2+k}. Si $f \in H^k(\Omega)$ et $g \in H^{k+\frac{3}{2}}(\Gamma)$ alors le problème aux limites*

$$\begin{cases} -\Delta u = f, & dans \ \Omega, \\ u = g, & sur \ \Gamma, \end{cases}$$

admet une unique solution $u \in H^{2+k}(\Omega)$.

Pour une étude détaillée et systématique des équations elliptiques, nous renvoyons le lecteur à D. Gilbarg et N. S. Trudinger [GT], J.-L. Lions et E. Magenes [LM], O. A. Ladyzhenskaja et N. N. Ural'tzeva [LU] (voir aussi R. Dautray et J.-L. Lions [DL], L. C. Evans [Ev], M. Renardy et R. C. Rogers [RR]).

1.4.2 Problème de transmission

Soient Ω un domaine de $\mathbb{R}^n$, de frontière Γ et ω un ouvert, $\overline{\omega} \subset \Omega$, que nous supposons lipschitzien. Soit E un opérateur du second ordre de la forme

$$Eu = \sum_{i,j} \partial_j(a_{ij}\partial_i u),$$

avec $\mathbf{a} = (a_{ij}) \in L^{\infty}(\Omega)^{n \times n}$ vérifiant la condition d'ellipticité

$$\mathbf{a}(x)\xi \cdot \xi \geq \lambda|\xi|^2 \text{ p.p. } x \in \Omega \text{ et } \xi \in \mathbb{R}^n,$$

pour une certaine constante $\lambda > 0$.

Grâce au théorème de Lax-Milgram, il est aisé de démontrer que, pour tout $f \in L^2(\Omega)$, le problème aux limites

$$\begin{cases} Eu = f, & \text{dans } \Omega, \\ u = 0, & \text{sur } \Gamma, \end{cases} \tag{1.13}$$

admet une unique solution variationnelle. C'est-à-dire, il existe un unique $u \in H_0^1(\Omega)$ tel que

$$\int_{\Omega} \mathbf{a}\nabla v \cdot \nabla u = \int_{\Omega} fv, \ v \in H_0^1(\Omega).$$

Si les a_{ij} sont continues sur $\overline{\omega}$ et $\overline{\Omega}\backslash\omega$, (1.13) se découple en deux problèmes, l'un sur ω, et l'autre sur $\Omega\backslash\overline{\omega}$; la solution de chacun des deux problèmes étant liée à l'autre par des relations dites de transmission. Avant de donner un énoncé précis, nous introduisons quelques notations. Nous posons

$$\partial_{\nu_E} u = \sum_{i,j} a_{ij} \cos(\nu, x_i)\partial_j u$$

et si w est une fonction définie sur Ω, nous notons $w^i = w_{|\omega}$, $w^e = w_{|\Omega\backslash\overline{\omega}}$. Nous considérons aussi les opérateurs

$$E^i u = \sum_{k,l} \partial_j(a_{kl}^i \partial_i u), \ E^e u = \sum_{k,l} \partial_j(a_{kl}^e \partial_i u).$$

Théorème 1.29. *Nous supposons que, pour tout k, l, $a_{kl}^i \in C(\overline{\omega})$ et $a_{ij}^e \in C(\overline{\Omega}\backslash\omega)$. Alors les deux assertions suivantes sont équivalentes :*

(i) $u \in H_0^1(\Omega)$ est la solution variationnelle du problème aux limites (1.13).

(ii) $(u^i, u^e) \in H^1(\omega) \times H^1(\Omega\backslash\overline{\omega})$ est la solution du problème de transmission

$$\begin{cases} E^i u^i = f^i, & dans\ \mathcal{D}'(\omega), \\ E^e u^e = f^e, & dans\ \mathcal{D}'(\Omega\backslash\overline{\omega}), \\ u^i = u^e, & au\ sens\ H^{\frac{1}{2}}(\partial\omega) \\ \partial_{\nu_{E^i}} u^i + \partial_{\nu_{E^e}} u^e = 0, & au\ sens\ (H^{\frac{1}{2}}_{00})'(\partial\omega), \\ u^e = 0, & au\ sens\ H^{\frac{1}{2}}(\Gamma), \end{cases}$$

où $H^{\frac{1}{2}}_{00}(\partial\omega) = \{v \in H^{1/2}(\partial\omega);\ il\ existe\ w \in H^1_0(\Omega),\ w_{|\partial\omega} = v\}.$

Nous renvoyons à R. Dautray et J. L. Lions [DL] pour une démonstration de ce théorème.

Concernant la régularité hölderienne, d'après un résultat énoncé dans O. A. Ladyzhenskaja et N. N. Ural'tzeva [LU], nous avons le

Théorème 1.30. *Soit $0 < \alpha < 1$ et on suppose que ω et $\Omega\backslash\overline{\omega}$ sont de classe $C^{2,\alpha}$. Si $f \in C^\alpha(\overline{\Omega})$ et si, pour tout i,j, $a_{ij} \in C^{1,\alpha}(\overline{\omega}) \cap C^{1,\alpha}(\overline{\Omega}\backslash\omega)$, alors u, la solution de (1.13), est dans $C^{2,\alpha}(\overline{\omega}) \cap C^{2,\alpha}(\overline{\Omega}\backslash\omega)$.*

1.4.3 Principe du maximum pour les solutions classiques

Tout au long de ce sous-paragraphe Ω désigne un domaine borné de $\mathbb{R}^n$, de frontière Γ. Soit E un opérateur aux dérivées partielles de la forme

$$Eu = \sum_{i,j} a_{ij}(x)\partial^2_{ij}u + \sum_i b_i(x)\partial_i u + c(x)u,$$

où les fonctions a_{ij}, b_i et c sont supposées continues sur $\overline{\Omega}$, et la matrice $(a_{ij}(x))$ est symétrique définie positive pour tout $x \in \Omega$. En d'autres termes, E est un opérateur elliptique du second ordre.

Théorème 1.31. *(Principe du maximum faible) Nous supposons que $c \equiv 0$. Soit $u \in C(\overline{\Omega}) \cap C^2(\Omega)$ telle que $Eu \geq 0$ (resp. $Eu \leq 0$) dans Ω. Alors*

$$\max_{\overline{\Omega}} u = \max_{\Gamma} u\ (resp.\ \min_{\overline{\Omega}} u = \min_{\Gamma} u).$$

Corollaire 1.32. *(Principe de comparaison) Nous supposons que $c \leq 0$. Soient u, $v \in C(\overline{\Omega}) \cap C^2(\Omega)$ telles que $Eu \leq Ev$ dans Ω et $u \geq v$ sur Γ. Alors $u \geq v$.*

Théorème 1.33. *(Principe du maximum fort) Soit $u \in C(\overline{\Omega}) \cap C^2(\Omega)$ telle que $Eu \geq 0$. Nous supposons que l'une des conditions suivantes est satisfaite :*

(i) $c = 0$,

(ii) $c \leq 0$ et $\max u \geq 0$,

(iii) $\max u = 0$,

et que u est non constante. Alors u ne peut pas atteindre son maximum en un point de Ω.

Lemme 1.34. (*Hopf*) *Nous supposons que Ω est de classe C^2. Soit $u \in C^1(\overline{\Omega}) \cap C^2(\Omega)$ telle que $Eu \geq 0$. S'il existe un $x_0 \in \Gamma$ tel que $u(x_0) > u(x)$ pour tout $x \in \Omega$, et si l'une des trois conditions suivantes est vérifiée :*

(i) $c = 0$,

(ii) $c \leq 0$ et $u(x_0) \geq 0$,

(iii) $u(x_0) = 0$,

alors $\partial_\nu u(x_0) > 0$.

La preuve des résultats énoncés dans ce sous-paragraphe se trouvent dans la plupart des ouvrages traitant des équations elliptiques (voir par exemple, D. Gilbarg et N. S. Trudinger [GT], M. Protter et H. Weinberger [PW] ou M. Renardy et R. C. Rogers [RR]).

1.4.4 Principe du maximum et inégalité de Harnack pour les solutions variationnelles

Soit Ω un ouvert borné de $\mathbb{R}^n$ de frontière Γ. Soit E un opérateur différentiel d'ordre deux sous forme divergentielle. C'est-à-dire

$$Eu = -\sum_i D_i \left(\sum_j a_{ij} D_j u + c_i u \right) + \sum_i d_i D_i u + du.$$

Nous supposons que E est strictement elliptique : il existe une constante positive λ telle que

$$\sum_{i,j} a_{ij}(x) \xi_i \xi_j \geq \lambda |\xi|^2 \text{ p.p. } x \in \Omega, \ \xi \in \mathbb{R}^n,$$

et que les coefficients de E sont bornées.

Nous associons à E l'opérateur différentiel bilinéaire

$$\mathcal{E}(u,v) = \sum_{i,j} a_{ij} D_j u D_i v + \sum_i (c_i u D_i v + d_i D_i u v) + duv.$$

Pour $f \in \mathcal{D}'(\Omega)$, nous considérons l'équation

$$Eu = f, \text{ dans } \Omega. \tag{1.14}$$

Nous dirons que $u \in W^{1,1}_{loc}(\Omega)$ est une solution faible de (1.14) si

$$\int_\Omega \mathcal{E}(u,v) = \langle f, v \rangle, \ v \in \mathcal{D}(\Omega).$$

Aussi, si $u \in H^1(\Omega)$, nous dirons que $u \leq 0$ sur Γ si $u^+ \in H^1_0(\Omega)$.

Si u, $v \in H^1(\Omega)$, $u \le v$ sur Γ signifie bien évidemment que $u - v \le 0$ sur Γ, au sens mentionné ci-dessus.

Nous définissons, pour $u \in H^1(\Omega)$, $\sup_\Gamma u$ comme suit

$$\sup_\Gamma u = \inf\{k \in \mathbb{R};\ u \le k \text{ sur } \Gamma\}.$$

Théorème 1.35. (*Principe du maximum*) *Sous l'hypothèse* $d + \sum D_i c_i \ge 0$ *dans* $\mathcal{D}'(\Omega)$, *si* $u \in H^1(\Omega)$ *est une solution faible de* $Eu = 0$ *dans* Ω *alors*

$$\sup_\Omega u \le \sup_\Gamma u^+.$$

Théorème 1.36. (*Inégalité de Harnack*) *Nous supposons que* Ω *est connexe. Soit* $u \in H^1_{loc}(\Omega)$ *une solution faible positive de* $Eu = 0$ *dans* Ω. *Alors pour tout compact* K *de* Ω, *nous avons*

$$\sup_K u \le C \inf_K u,$$

où C *est une constante positive qui ne dépend que des normes dans* $L^\infty(\Omega)$ *des coefficients de* $\lambda^{-1}E$, n *et* $\mathrm{dist}(K, \Gamma)$.

Le lecteur trouvera dans D. Gilbarg et N. S. Trudinger [GT] une preuve des deux derniers théorèmes.

1.4.5 Unicité du prolongement

Soient Ω un ouvert borné de $\mathbb{R}^n$, de frontière Γ, et E un opérateur aux dérivées partielles de la forme

$$Eu = \sum_{i,j} a_{ij}(x)\partial^2_{ij}u + \sum_i b_i(x)\partial_i u + c(x)u,$$

où les fonctions a_{ij} sont de classe C^1 sur $\overline{\Omega}$, b_i et c sont supposées mesurables et bornées sur Ω, et la matrice $(a_{ij}(x))$ est symétrique définie positive pour tout $x \in \Omega$.

Théorème 1.37. *Nous supposons que* Ω *est connexe. Soit* $u \in H^2(\Omega)$ *tel que* $Eu = 0$. *Soit* ω *un sous-ouvert de* Ω. *Si* $u = 0$ *sur* ω *alors* u *est identiquement nulle.*

Corollaire 1.38. *Nous supposons que* Ω *est un ouvert connexe de classe* C^2. *Soit* γ *un sous-ouvert de* Γ. *Soit* $u \in H^2(\Omega)$ *tel que* $Eu = 0$ *et* $u = \partial_\nu u = 0$ *sur* γ. *Alors* u *est identiquement nulle.*

Nous renvoyons le lecteur à J. C. Saut et B. Scheurer [SS1] pour une démonstration du théorème ci-dessus et son corollaire.

1.4.6 Fonctions harmoniques sphériques et fonctions de Gegenbauer

Nous rappelons que le laplacien (ou l'opérateur de Laplace-Beltrami) sur la sphère est la trace Δ_τ du laplacien sur la sphère :

$$\Delta_\tau u(\xi) = \Delta_x u(\frac{x}{|x|})_{|x=\xi}.$$

Pour une fonction u de classe C^2 sur un ouvert de $\mathbb{R}^n \setminus \{0\}$, nous avons la formule du laplacien en coordonnées polaires dans $\mathbb{R}^n$

$$(\Delta u)(r\xi) = \frac{1}{r^{n-1}}\partial_r(r^{n-1}\partial_r)u(r\xi) + \frac{1}{r^2}\Delta_\tau(r\xi).$$

Considérons le système de coordonnées sphériques

$$\begin{cases} \xi_1 = r\sin\theta_{n-1}\ldots\sin\theta_2\sin\theta_1 \\ \xi_2 = r\sin\theta_{n-1}\ldots\sin\theta_2\cos\theta_1 \\ \vdots \\ \xi_{n-1} = r\sin\theta_{n-1}\cos\theta_{n-2} \\ \xi_n = r\cos\theta_{n-1}. \end{cases}$$

Pour $\xi = \xi(r, \theta_1, \ldots, \theta_{n-1}) \in rS^{n-1}$, l'expression de Δ_τ dans le système de coordonnés sphériques est la suivante :

$$\Delta_\tau u(\xi) = [\frac{1}{\sin^{n-2}\theta_{n-1}}\partial_{n-1}\sin^{n-2}\theta_{n-1}\partial_{n-1}+$$
$$\frac{1}{\sin^2\theta_{n-1}\sin^{n-3}\theta_{n-2}}\partial_{n-1}\sin^{n-3}\theta_{n-2}\partial_{n-1} + \ldots$$
$$\ldots + \frac{1}{\sin^2\theta_{n-1}\ldots\sin^2\theta_2}\partial_1^2]u(\xi),$$

avec $\partial_i = \frac{\partial}{\partial\theta_i}$, $i = 1, \ldots, n-1$.

Pour $k \in \mathbb{N}$, nous considérons l'équation

$$\Delta_\tau Y = -k(k+n-2)Y, \text{ sur } S^{n-1}. \tag{1.15}$$

Proposition 1.39. *(i) Pour tout $k \in \mathbb{N}$, l'ensemble $\mathcal{Y}_k^n$ des fonctions Y solutions de (1.15) est un espace vectoriel de dimension finie. Précisément, nous avons $dim\mathcal{Y}_0^1 = 1$, $dim\mathcal{Y}_1^n = n$,*

$$dim\mathcal{Y}_k^2 = 2, \quad dim\mathcal{Y}_k^3 = 2k+1, \quad dim\mathcal{Y}_k^4 = (k+1)^2, \quad k \geq 1,$$

et d'une manière plus générale

$$dim\mathcal{Y}_k^n = \sum_{l=0}^n dim\mathcal{Y}_l^{n-1}.$$

(ii) Les espaces $\mathcal{Y}_k = \mathcal{Y}_k^n$ sont deux à deux orthogonaux dans $L^2(S^{n-1})$ et $L^2(S^{n-1})$ est la somme hilbertienne des sous-espaces $\mathcal{Y}_k$.

Nous appelons les éléments de $\mathcal{Y}_k^n$ les fonctions harmoniques sphériques d'ordre k de $\mathbb{R}^n$.

Nous définissons le polynôme de Gegenbauer C_k^p, $k \in \mathbb{N}$ et $p \geq 0$, par la formule suivante

$$C_k^p(t) = \sum_{0 \leq l \leq [\frac{k}{2}]} \frac{(-1)^l (2t)^{k-2l} \Gamma(p+k-l)}{l!(k-2l)! \Gamma(p)},$$

où $[x]$ est la partie entière de x et Γ est la fonction eulérienne usuelle.

Nous avons $C_0^p(t) = 1$, $C_1^p(t) = 2pt$ et

$$C_2^p(t) = 2p(p+1)(t^2 - \frac{1}{2p+2}), \quad C_3^p(t) = \frac{4}{3}p(p+1)(p+2)(t^3 - \frac{3}{2p+3}t).$$

Il est démontré que C_k^p est solution de l'équation différentielle

$$(1-t^2)\frac{d^2}{dt^2}P - (2p+1)t\frac{d}{dt}P + k(2p+k))P = 0. \tag{1.16}$$

En utilisant cette équation différentielle et l'expression de Δ_τ dans le système des coordonnées sphériques, nous démontrons que

$$Y(x) = Y(x_1, \ldots, x_n) = C_k^{\frac{n-2}{2}}(\frac{x_n}{r}), \text{ avec } r = |x|,$$

est une fonction harmonique sphérique et que $H = r^k Y$ est harmonique sur $\mathbb{R}^n \setminus \{0\}$.

Le lecteur intéressé, par les détails des résultats de ce sous-paragraphe, pourra consulter N. J. Vilenkin [Vi].

1.5 Equations paraboliques

1.5.1 Régularité parabolique

Soient Ω un domaine borné de $\mathbb{R}^n$, de frontière Γ, $T > 0$ un réel et $Q = \Omega \times (0, T)$. Nous dirons qu'un opérateur P de la forme

$$Pu = \sum_{i,j} a_{ij}(x,t)\partial_{ij}^2 u + \sum_i b_i(x,t)\partial_i u + c(x,t)u - \partial_t u,$$

où a_{ij}, b_i et c sont des fonctions mesurables sur Q, est uniformément parabolique s'il existe $\lambda > 0$ un réel tel que

$$\mathbf{a}(x,t)\xi \cdot \xi \geq \lambda |\xi|^2 \text{ p.p. } (x,t) \in Q \text{ et } \xi \in \mathbb{R}^n,$$

avec $\mathbf{a}(x,t) = (a_{ij}(x,t))$.

Soient $\Sigma = \Gamma \times (0,T)$, $\Sigma_0 = \Omega \times \{0\}$ et

$$P_0 v = \sum_{i,j} a_{ij}(x,0)\partial^2_{ij} v + \sum_i b_i(x,0)\partial_i v + c(x,0)v.$$

Comme dans le cas elliptique, nous avons le résultat de régularité hölde-rienne

Théorème 1.40. *Sous les hypothèses suivantes :*

(a) Ω est de classe $C^{2,\alpha}$,

(b) a_{ij}, b_i, $c \in C^{\alpha,\frac{\alpha}{2}}(\overline{Q})$, $u_0 \in C^{2,\alpha}(\overline{\Omega})$, $f \in C^{\alpha,\frac{\alpha}{2}}(\overline{Q})$ et $g \in C^{2+\alpha,1+\frac{\alpha}{2}}(\overline{\Sigma})$,

(c) $P_0 u_0 - \partial_t g(\cdot,0) = f(\cdot,0)$ et $g(\cdot,0) = u_0$ sur Γ (conditions de compatibilité),

le problème aux limites

$$\begin{cases} Pu = f, & \text{dans } Q, \\ u = u_0, & \text{dans } \Sigma_0, \\ u = g, & \text{sur } \Sigma, \end{cases}$$

admet une unique solution $u \in C^{2+\alpha,1+\frac{\alpha}{2}}(\overline{Q})$. De plus, il existe une constante $C > 0$, ne dépendant que des normes des coefficients de P dans $C^{\alpha,\frac{\alpha}{2}}(\overline{Q})$, Ω, α et λ, telle que

$$\|u\|_{C^{2+\alpha,1+\frac{\alpha}{2}}(\overline{Q})} \le C(\|f\|_{C^{\alpha,\frac{\alpha}{2}}(\overline{Q})} + \|g\|_{C^{2+\alpha,1+\frac{\alpha}{2}}(\Sigma)} + \|u_0\|_{C^{2,\alpha}(\overline{\Omega})}).$$

Avant de donner les premiers résultats d'existence et de régularité des solutions faibles, nous nous plaçons d'abord dans un cadre abstrait.

Soit H un espace de Hilbert muni d'un produit scalaire $(\cdot,\cdot)$, et notons $|\cdot|$ la norme associée à ce produit scalaire. Soit V un autre espace de Hilbert, de norme $\|\cdot\|$, dense dans H et qui s'injecte continûment dans H. En identifiant H à son dual, nous avons $V \subset H \subset V'$.

Pour $T > 0$, nous nous donnons, pour presque tout $t \in [0,T]$, une forme bilinéaire $a(t,u,v) : V \times V \to \mathbb{R}$ vérifiant

(a) $t \to a(t,u,v)$ est mesurable, pour tout $(u,v) \in V \times V$.

(b) $|a(t,u,v)| \le M\|u\|\|v\|$, p.p. $t \in [0,T]$ et pour tout $(u,v) \in V \times V$.

(c) $a(t,u,u) \ge \alpha\|u\|^2 - C|u|^2$, p.p. $t \in [0,T]$ et pour tout $u \in V$,

où $\alpha > 0$, $M > 0$ et C sont des constantes.

Théorème 1.41. *(J.-L. Lions) Pour tout $f \in L^2(0,T;V')$ et pour tout $u_0 \in H$, il existe un unique u tel que*

$$u \in L^2(0,T;V) \cap C([0,T];H), \ u' \in L^2(0,T;V')$$

et

$$\begin{cases} \langle u'(t),v\rangle_{V',V} + a(t,u(t),v) = \langle f(t),v\rangle_{V',V}, & \text{p.p. } t \in [0,T], \ v \in V, \\ u(0) = u_0. \end{cases} \tag{1.17}$$

Soient a_{ij}, b_i et $c \in L^\infty(Q)$. Si $\mathbf{a}(x,t) = (a_{ij}(x,t))$, nous supposons qu'il existe $\lambda > 0$ tel que

$$\mathbf{a}(x,t)\xi \cdot \xi \geq \lambda|\xi|^2, \text{ p.p. } (x,t) \in Q, \ \xi \in \mathbb{R}^n.$$

Nous appliquons le théorème ci-dessus à $H = L^2(\Omega)$, $V = H_0^1(\Omega)$ et

$$a(t,u,v) = \sum_{i,j} \int_\Omega a_{ij}(x,t)\partial_i u \partial_j v + \sum_i \int_\Omega b_i(x,t)\partial_i u v + \int_\Omega c(x,t)uv,$$

pour avoir : pour tout $f \in L^2(0,T; H^{-1}(\Omega))$ et pour tout $u_0 \in L^2(\Omega)$, il existe un unique $u \in L^2(0,T; H_0^1(\Omega)) \cap C([0,T]; L^2(\Omega))$ avec $u' \in L^2(0,T; H^{-1}(\Omega))$ vérifiant (1.17). Nous appelerons u la solution faible du problème aux limites

$$\begin{cases} \partial_t u - \sum_{i,j} \partial_j(a_{ij}\partial_i u) + \sum_i b_i \partial_i u + cu = f, & \text{dans } Q, \\ u = u_0, & \text{sur } \Sigma_0, \\ u = 0, & \text{sur } \Sigma. \end{cases} \tag{1.18}$$

Nous notons que u vérifie la première équation de (1.18) dans $\mathcal{D}'(Q)$, la seconde est satisfaite dans $L^2(\Omega)$. Quant à la troisième équation de (1.18), elle est contenue dans le fait que $u \in L^2(0,T; H_0^1(\Omega))$.

Nous considérons maintenant l'espace $H^{2,1}(Q)$ donné par

$$H^{2,1}(Q) = L^2(0,T,H^2(\Omega)) \cap H^1(0,T,L^2(\Omega)).$$

Afin d'énoncer un théorème de trace pour cet espace, nous notons, pour r et s deux réels positifs,

$$H^{r,s}(\Sigma) = L^2(0,T,H^r(\Gamma)) \cap H^s(0,T,L^2(\Gamma)).$$

Théorème 1.42. *Soient $u \in H^{2,1}(Q)$ et $v \in H^{\frac{3}{2},\frac{3}{4}}(\Sigma)$. Alors*

(i) $(u, \partial_\nu u)_{|\Gamma} \in H^{\frac{3}{2},\frac{3}{4}}(\Sigma) \times H^{\frac{1}{2},\frac{1}{4}}(\Sigma)$.

(ii) $v(\cdot,0) \in H^{\frac{1}{2}}(\Gamma)$.

(iii) $u(\cdot,0) \in H^1(\Omega)$ and $u(\cdot,0)_{|\Gamma} = u_{|\Gamma}(\cdot,0)$.

(iv) Les deux opérateurs

$$u \in H^{2,1}(Q) \to (u_{|\Sigma}, \partial_n u_{|\Sigma}, u(\cdot,0)) \in H^{\frac{3}{2},\frac{3}{4}}(\Sigma) \times H^{\frac{1}{2},\frac{1}{4}}(\Sigma) \times H^1(\Omega)$$

$$v \in H^{\frac{3}{2},\frac{3}{4}}(\Sigma) \to v(\cdot,0) \in H^{\frac{1}{2}}(\Gamma),$$

sont bornés.

(v) L'opérateur

$$\tau : u \in H^{2,1}(Q) \to \mathcal{F}_0 = \{(u_0,g) \in H^1(\Omega) \times H^{\frac{3}{2},\frac{3}{4}}(\Sigma); \ u_0|_\Gamma = g(\cdot,0)\}$$

$$u \to (u(\cdot,0), u_{|\Sigma})$$

(borné) est surjectif.

On note que nous pouvons, d'une manière tout à fait standard, démontrer que

$$\|(u_0, g)\|_* = \inf\{\|u\|_{H^{2,1}(Q)}; \ \tau u = (u_0, g)\}, \ (u_0, g) \in \mathcal{F}_0,$$

définie une norme équivalente à la norme suivante

$$\|(u_0, g)\| = \|u_0\|_{H^1(\Omega)} + \|g\|_{H^{\frac{3}{2}, \frac{3}{4}}(\Sigma)}.$$

Nous donnons maintenant un résultat de régularité $H^{2,1}$ pour un problème parabolique non homogène. Pour cela nous avons besoin de faire un certain nombre d'hypothèses.

h1) $a_{ij} \in L^\infty(Q)$, $1 \le i, j \le k$, et il existe deux constantes positives λ et Λ telles que

$$\lambda|\xi|^2 \le (a_{ij}(x,t))\xi \cdot \xi \le \Lambda|\xi|^2, \ \text{p.p } (x,t) \in Q, \ \forall \xi \in \mathbb{R}^n.$$

h2) $\partial_k a_{ij} \in L^\infty(0, T; L^n(\Omega))$, $\partial_t a_{ij} L^\infty(0, T; L^{n/2}(\Omega))$, $1 \le i, j, k \le n$, $b_i \in L^\infty(0, T; L^n(\Omega))$, $1 \le i \le n$ et $c \in L^\infty(0, T; L^{n/2}(\Omega))$.

h3) Il existe $\epsilon : \mathbb{R}_+ \to \mathbb{R}_+$ décroissante avec $\lim_{\sigma \searrow 0} \epsilon(\sigma) = 0$ telle que

$$\|\chi_A \partial_k a_{ij}(\cdot, t)\|_{L^n(\Omega)} + \|\chi_A \partial_t a_{ij}(\cdot, t)\|_{L^{n/2}(\Omega)} + \|\chi_A b_i(\cdot, t)\|_{L^n(\Omega)}$$
$$+ \|\chi_A c(\cdot, t)\|_{L^{n/2}(\Omega)} \le \epsilon(\sigma),$$

pour tous $1 \le i, j, k \le n$, pour presque tout $t \in (0, T)$ et pour tout ensemble mesurable A tel que $|A| \le \sigma$.

Nous notons

$$Eu = \sum_{i,j} a_{ij}(x,t)\partial^2_{ij}u + \sum_i b_i(x,t)\partial_i u + c(x,t)u.$$

Théorème 1.43. *Soient $u_0 \in H^1_0(\Omega)$, $g \in H^{\frac{3}{2}, \frac{3}{4}}(\Sigma)$ et $f \in L^2(Q)$ tels que $u_{0|\Gamma} = g(\cdot, 0)$. Si Ω est de classe C^2 et si les hypothèses précédentes sont satisfaites, alors le problème aux limites*

$$\begin{cases} \partial_t u - Eu = f, & dans \ Q, \\ u = u_0, & dans \ \Sigma_0, \\ u = g, & sur \ \Sigma, \end{cases}$$

admet une unique solution $u \in H^{2,1}(Q)$. De plus

(i) Pour $(u_0, g) = (0,0)$, il existe une constante positive C, définie par une fonction croissante de T, qui ne dépend que de Ω, λ, Λ et $\epsilon(\sigma)$ telle que

$$\|u\|_{H^{2,1}(Q)} \le C\|f\|_{L^2(Q)}.$$

(ii) Si en plus a_{ij}, b_i, $1 \le i, j \le n$, et c sont dans $L^\infty(Q)$ alors si

$$M \ge \max_{i,j}(\|a_{ij}\|_{L^\infty(Q)} + \|b_i\|_{L^\infty(Q)}) + \|c\|_{L^\infty(Q)},$$

il existe une constante positive C, définie par une fonction croissante de T, qui ne dépend que de M, Ω, λ, Λ et ε(σ) telle que

$$\|u\|_{H^{2,1}(Q)} \leq C(\|f\|_{L^2(Q)} + \|u_0\|_{H^1(\Omega)} + \|g\|_{H^{\frac{3}{2},\frac{3}{4}}(\Sigma)}).$$

Pour démontrer le Théorème 1.43, nous utilisons d'abord le Théorème 1.42 (v) pour nous ramener à une condition initiale et une condition au bord nulles et nous appliquons ensuite le Théorème II de [Ar] et les remarques qui le suivent (voir aussi [MPS]).

Nous citons aussi un autre résultat de régularité que nous aurons l'occasion d'utiliser au chapitre 3.

Théorème 1.44. *Nous supposons que Ω est de classe C^2. Si $f \in L^p(Q)$, $1 < p < \infty$, alors le problème aux limites*

$$\begin{cases} \partial_t u - \Delta u = f, & dans\ Q, \\ u = 0, & sur\ \Sigma \cup \Sigma_0, \end{cases}$$

admet une unique solution $u \in L^p(Q)$ telle que

$$\partial_t u,\ \partial_i u,\ \partial_{ij}^2 u \in L^p(Q),\ 1 \leq i, j \leq n.$$

De plus

$$\|\partial_t u\|_{L^p(Q)} + \sum_i \|\partial_i u\|_{L^p(Q)} + \sum_{i,j} \|\partial_{ij}^2 u\|_{L^p(Q)} \leq C\|f\|_{L^p(Q)},$$

où C est une constante indépendante de f.

Ce théorème s'étend au cas d'une condition initiale dans l'espace de Sobolev $W^{2-2/p,p}(\Omega)$ et une condition au bord dans l'espace de Sobolev-Besov $W^{2-1/p,1-1/2p}(\Sigma)$. Nous revoyons à [LSU] pour la définition précise de ces espaces et les énoncés de la régularité L^p dans un cadre général.

Pour une étude détaillée des équations paraboliques, nous référons à O. A. Ladyzhenskaja, V. A. Solonnikov et N. N. Ural'tzeva [LSU], A. Friedman [Frie] et G. M. Lieberman [Lie].

1.5.2 Principe du maximum

Nous énonçons les principes du maximum faible et fort pour les opérateurs paraboliques. Ω étant un domaine borné de $\mathbb{R}^n$ de frontière Γ, nous posons

$$D = \Omega \times (0, T], \quad Q = \Omega \times (0, T)$$

et

$$\Sigma_p = (\Gamma \times [0, T]) \cup (\overline{\Omega} \times \{0\}) \text{ (la frontière parabolique de } Q).$$

P désigne un opérateur aux dérivées partielles de la forme

$$Pu = \sum_{i,j} a_{ij}(x,t)\partial_{ij}^2 u + \sum_i b_i(x,t)\partial_i u + c(x,t)u - \partial_t u,$$

où les fonctions a_{ij}, b_i et c sont supposées continues sur $\overline{Q}$, et la matrice $(a_{ij}(x,t))$ est symétrique définie positive pour tout $(x,t) \in D$.

Théorème 1.45. (*Principe du maximum faible*) *Nous supposons que $c \equiv 0$. Soit $u \in C(\overline{D}) \cap C^{2,1}(D)$ telle que $Pu \geq 0$ (resp. $Pu \leq 0$) dans D. Alors*

$$\max_{\overline{D}} u = \max_{\Sigma_p} u \ (\text{resp. } \min_{\overline{D}} u = \min_{\Sigma_p} u).$$

Corollaire 1.46. *Nous supposons $c \leq 0$. Soit $u \in C(\overline{D}) \cap C^{2,1}(D)$ tel que $Pu \geq 0$ (resp. $Pu \leq 0$) dans D. Alors*

$$\max_{\overline{D}} u = \max_{\Sigma_p} u^+ \ (\text{resp. } \min_{\overline{D}} u = \min_{\Sigma_p} u^-).$$

En particulier, si $Pu = 0$ dans D alors

$$\max_{\overline{D}} |u| = \max_{\Sigma_p} |u|.$$

Théorème 1.47. (*Principe du maximum fort*) *Soit $u \in C(\overline{D}) \cap C^{2,1}(D)$ telle que $Pu \geq 0$ dans D et nous posons $M = \max_{\overline{D}} u$. Nous supposons que l'une des trois conditions suivantes est satisfaite :*

(i) $c = 0$,

(ii) $c \leq 0$ et $M \geq 0$,

(iii) $M = 0$

et que $u = M$ en $(x_0, t_0) \in D$. Alors $u = M$ sur $\overline{\Omega} \times [0, t_0]$.

Proposition 1.48. *Nous faisons l'hypothèse que Ω est de classe C^2. Soit $u \in C^1(\overline{D}) \cap C^2(D)$ satisfaisant $Pu \geq 0$ dans D et nous notons $M = \max u$. En outre, nous supposons qu'il existe $(x_0, t_0) \in \Gamma \times (0, T]$ tel que $u(x_0, t_0) = M$ et $u < M$ sur Q ; et que l'une des trois conditions suivantes est vérifiée :*

(i) $c = 0$,

(ii) $c \leq 0$ et $M \geq 0$,

(iii) $M = 0$.

Alors $\partial_\nu u(x_0, t_0) > 0$.

La preuve des différents résultats, que nous avons énoncé dans ce sous-paragraphe, se trouvent dans les ouvrages classiques traitant des équations paraboliques (voir par exemple A. Friedman [Frie], M. Protter et H. Weinberger [PW] ou M. Renardy et R. C. Rogers [RR]).

1.5.3 Unicité du prolongement

Nous introduisons d'abord une définition. Soient $\mathcal{O}$ un ouvert de $\mathbb{R}^n \times \mathbb{R}$ et ω un sous-ouvert de $\mathcal{O}$. Nous définissons l'ouvert ω^1 comme étant l'ensemble des points $(x, t) \in \mathcal{O}$ pour lesquels il existe $(x_1, t) \in \omega$ tel que le segment joignant (x, t) à (x_1, t) est contenu dans $\mathcal{O}$. Et par induction sur k nous définissons une suite (ω^k) de sous-ouverts de $\mathcal{O}$ par : $\omega^{k+1} = (\omega^k)^1$, $k \geq 1$. L'ouvert donné par

$$\omega_{hc} = \cup_{k \geq 1} \omega^k$$

est appelé la composante horizontale de ω dans $\mathcal{O}$.

Nous remarquons que si ω est connexe alors ω_{hc} l'est aussi.

Soient Ω un ouvert de $\mathbb{R}^n$, de frontière Γ, $Q = \Omega \times (0, T)$ et P un opérateur parabolique de la forme

$$Pu = \sum_{i,j} a_{ij}(x, t) \partial_{ij}^2 u + \sum_i b_i(x, t) \partial_i u + c(x, t) u - \partial_t u,$$

où les fonctions a_{ij} sont de classe C^1 sur $\overline{Q}$, b_i et c sont supposées mesurables et bornées sur Q, et la matrice $(a_{ij}(x, t))$ est symétrique définie positive pour tout $(x, t) \in Q$.

Théorème 1.49. *Soit $u \in H^{2,1}(Q)$ tel que $Pu = 0$ et $u = 0$ dans un sous ouvert connexe U de Q. Soit ω l'ouvert connexe maximal contenant U sur lequel $u = 0$. Alors $\omega = \omega_{hc}$.*

Nous supposons que Ω est connexe et de classe C^2 et soit γ une partie ouverte et non vide de Γ.

Corollaire 1.50. *Soit $u \in H^{2,1}(\Omega \times (t_1, t_2))$ tel que $Pu = 0$ et $u = \partial_\nu u = 0$ sur $\gamma \times (t_1, t_2)$. Alors $u = 0$ dans $\Omega \times (t_1, t_2)$.*

Le lecteur trouvera une preuve du dernier théorème et son corollaire dans J. C. Saut et B. Scheurer [SS2], par exemple.

1.5.4 Un petit aperçu de la théorie des semi-groupes

Soit X un espace de Banach. Une famille $(T(t))_{t \geq 0}$ de $\mathcal{L}(X)$ est dite un semi-groupe fortement continu ou C_0-semi-groupe si elle satisfait aux propriétés suivantes :

(s1) $T(s + t) = T(t)T(s)$, $t, s \geq 0$,

(s2) $T(0) = I$,

(s3) Pour tout $x \in X$, $t \in [0, +\infty) \to T(t)x \in X$ est continue.

Soit $(T(t))_{t\geq 0}$ un C_0-semi-groupe de $\mathcal{L}(X)$; nous considérons l'opérateur $A : X \to X$ définie par la formule

$$Ax = \lim_{h \searrow 0} \frac{T(h)x - x}{h}.$$

En général A est un opérateur non borné, et son domaine est donné par

$$D(A) = \{x \in X; \ \lim_{h \searrow 0} \frac{T(h)x - x}{h} \ \text{existe}\}.$$

À première vue, $D(A)$ peut être réduit à $\{0\}$. En fait, ce n'est jamais le cas puisque nous pouvons démontrer que $D(A)$ est dense dans X. L'opérateur A est appelé le générateur infinitésimal du semi-groupe $(T(t))_{t\geq 0}$.

Nous définissons l'ensemble résolvant $\rho(A)$, d'un opérateur non borné $A : X \to X$, comme étant l'ensemble des $\lambda \in \mathbb{C}$ tels que $\lambda I - A$ est un isomorphisme sur X. Pour $\lambda \in \rho(A)$, nous posons $R_\lambda(A) = (\lambda I - A)^{-1}$.

Une question intéressante que nous pouvons nous poser est de savoir quand est-ce qu'un opérateur non borné, à domaine dense, est le générateur infinitésimal d'un C_0-semi-groupe. La réponse à cette question est donnée par le théorème de Hille-Yosida suivant :

Théorème 1.51. *Soit $A : X \to X$ un opérateur non borné à domaine $D(A) = \{x \in X; \ Ax \in X\}$ dense dans X. Alors A est le générateur d'un C_0-semi-groupe $(T(t))_{t\geq 0}$ vérifiant $\|T(t)\|_X \leq M e^{\omega t}$, avec $M \geq 1$ et $\omega \in \mathbb{R}$ deux constantes, si et seulement si les deux conditions suivantes sont satisfaites :*

(i) A est fermé.

(ii) Si $\lambda \in \mathbb{R}$ et $\lambda > \omega$ alors $\lambda \in \rho(A)$ et

$$\|R_\lambda(A)^n\|_X \leq \frac{M}{(\lambda - \omega)^n}, \ n \in \mathbb{N}.$$

Dans ce qui suit, nous noterons e^{tA} le C_0-semi-groupe dont le gérérateur infinitésimal est A.

Nous considérons maintenant les semi-groupes analytiques. Un C_0-semi-groupe e^{tA} est analytique s'il vérifie les deux conditions suivantes :

(a1) il existe $\theta \in (0, \frac{\pi}{2})$ telle que e^{tA} s'etend en une famille d'opérateurs bornés pour tout $t \in S_\theta = \{0\} \cup \{z \in \mathbb{C}; \ |\arg(z)| < \theta\}$ et les conditions $(s1)$ et $(s3)$ sont satisfaites pour tout $t \in S_\theta$.

(a2) $t \in S_\theta \setminus \{0\} \to e^{tA} \in \mathcal{L}(X)$ est analytique.

Comme dans le théorème de Hille-Yosida, nous avons une caractérisation des générateurs de semi-groupes analytiques en terme de leur résolvante :

Théorème 1.52. *Soit $A : X \to X$ un opérateur non borné à domaine dense. Alors A est le générateur d'un semi-groupe analytique si et seulement s'il existe $\omega \in \mathbb{R}$ telle que $\Sigma_\omega = \{\lambda \in \mathbb{C};\ \Re\lambda > \omega\} \subset \rho(A)$ et, de plus, il existe une constante C pour laquelle*

$$\|R_\lambda(A)\|_{\mathcal{L}(X)} \le \frac{C}{|\lambda - \omega|}\ \lambda \in \Sigma_\omega. \tag{1.19}$$

Dans ce cas, $\rho(A) \supset S_{\omega,\delta} = \{\lambda \in \mathbb{C};\ |arg(\lambda - \omega)| < \frac{\pi}{2} + \delta\}$ pour un certain $\delta > 0$ et l'estimation (1.19) est encore valable pour $\lambda \in S_{\omega,\delta}$. De plus le semi-groupe e^{tA} est représenté par

$$e^{tA} = \frac{1}{2i\pi} \int_\Sigma e^{\lambda t} R_\lambda(A) d\lambda,$$

où Σ est n'importe quel chemin de $e^{-i(\frac{\pi}{2}+\delta')}\infty$ à $e^{i(\frac{\pi}{2}+\delta')}\infty$ contenu dans $\overline{S_{\omega,\delta'}}$, $\delta' < \delta$.

Soit A le générateur infinitésimal d'un semi-groupe analytique tel que son spectre $\sigma(A) = \mathbb{C} \setminus \rho(A)$ est contenu dans le demi-plan $\{\lambda \in \mathbb{C};\ \Re(\lambda) < -\delta\}$, $\delta > 0$. Nous définissons

$$(-A)^{-\alpha} = \frac{\sin(\pi\alpha)}{\pi} \int_0^{+\infty} \lambda^{-\alpha} (\lambda I - A)^{-1} d\lambda, 0 < \alpha < 1,$$

et pour β positif non entier

$$(-A)^{-\beta} = (-A)^{-[\beta]} A^{\beta-[\beta]}.$$

En fait, nous pouvons définir directement $(-A)^{-\alpha}$, pour tout $\alpha > 0$, par une intégrale de contour (voir par exemple A. Pazy [Pa] pour de plus amples détails). Plus tard, nous utiliserons le fait que, pour tout $\alpha > 0$, l'opérateur $(-A)^\alpha e^{tA}$, $t > 0$, est borné et

$$\|(-A)^\alpha e^{tA}\|_X \le M_\alpha t^{-\alpha} e^{-\delta t}, \tag{1.20}$$

où M_α est une constante positive.

Pour tout $\alpha > 0$, $(-A)^{-\alpha}$ est un isomorphisme sur X. Son inverse, noté naturellement $(-A)^\alpha$, est un opérateur (non borné) fermé et à domaine dense $D((-A)^\alpha) = R((-A)^{-\alpha})$.

Nous donnons un résultat de régularité pour un problème de Cauchy pour le générateur d'un semi-groupe analytique.

Théorème 1.53. *Soient A le générateur d'un semi-groupe analytique e^{tA} dans X et $0 < \alpha \le 1$. Si $x \in X$ et $f \in C^{0,\alpha}([0,T];X)$, alors le problème de Cauchy*

$$\begin{cases} u'(t) = Au(t) + f(t),\ 0 < t \le T, \\ u(0) = x, \end{cases}$$

admet une unique solution

$$u \in C([0,T];X) \cap C^{1,\alpha}(]0,T];X) \text{ avec } Au \in C^{0,\alpha}(]0,T];X).$$

Dans le cas $x = 0$, nous avons la régularité suivante pour u :

$$u \in C^1([0,T];X) \cap C^{1,\alpha}(]0,T];X).$$

Pour $q \in L^{\infty}(\Omega)$, positive et non identiquement nulle, nous désignons par A l'opérateur

$$Au = \Delta u + q(x)u, \text{ avec } D(A) = H_0^1(\Omega) \cap H^2(\Omega),$$

ou bien

$$Au = \Delta u + q(x)u \text{ avec } D(A) = \{u \in H^2(\Omega); \ \partial_\nu u = 0 \text{ sur } \Gamma\}.$$

Dans ce cas, il est bien connu que $-A$ est le générateur d'un semi-groupe analytique et $\sigma(A) \subset \{\lambda \in \mathbb{C}; \ \Re(\lambda) > 0\}$, et donc les puissances fractionnaires de $(-A)^\alpha$ de A sont bien définies, pour $\alpha \in \mathbb{R}$.

Le lecteur trouvera une étude détaillée de la théorie des semi-groupes, par exemple dans J. A. Goldstein [Go] ou A. Pazy [Pa].

2

Problèmes inverses elliptiques

2.1 Détermination d'un potentiel dans l'équation de Schrödinger : construction de solutions "optique géométrique"

Nous considérons le problème inverse qui consiste à déterminer $q \in L^\infty(\Omega)$, Ω étant un domaine régulier de $\mathbb{R}^n$, à partir de l'opérateur Dirichlet-Neumann (ou Steklov-Poincaré) Λ_q donné par : $\Lambda_q : \varphi \to \partial_\nu u$, où u est la solution de $(-\Delta + q)u = 0$ dans Ω et $u = \varphi$ sur Γ. Le point clé dans la preuve de l'unicité pour ce problème inverse est la densité de produits de solutions. Précisons ce que nous entendons par densité de produits de solutions. Nous prouvons que l'espace vectoriel engendré par les produits $u_1 u_2$ est dense dans $L^1(\Omega)$, où u_j, $j = 1, 2$, décrit l'ensemble des solutions H^2 de $(-\Delta + q_j)u_j = 0$ dans Ω, $q_j \in L^\infty(\Omega)$. Ce dernier résultat repose essentiellement sur la construction de solutions "optique géométrique" pour l'équation $(-\Delta + q_j)u_j = 0$. C'est-à-dire des solutions de la forme $u_j = e^{-ix \cdot \xi}(1 + w_j)$, avec $\xi \in \mathbb{C}^n$ vérifiant $\xi \cdot \xi = 0$ et w_i tend, en norme L^2, vers 0 quand $|\xi|$ tend vers ∞. En d'autres termes, des solutions qui sont des perturbations des exponentielles harmoniques $e^{-ix \cdot \xi}$.

Comme autre application des solutions "optique géométrique", nous donnons et démontrons un résultat de stabilité logarithmique pour le problème inverse $q \to \Lambda_q$.

2.1.1 Solutions "optique géométrique" et densité des produits de solutions

Nous commençons par introduire quelques notations spécifiques à ce paragraphe. Nous notons $D_j = -i\partial_j$ et, pour $\alpha = (\alpha_1 \ldots, \alpha_n) \in \mathbb{N}^n$,

$$D^\alpha = D_1^{\alpha_1} \ldots D_n^{\alpha_n}.$$

Dans ce qui suit, $P(D)$ désigne un opérateur différentiel linéaire à coefficients constants. C'est-à-dire

M. Choulli, *Une Introduction aux Problèmes Invereses Elliptiques et Paraboliques*,
Mathématiques et Applications 65. DOI: 10.1007/978-3-642-02460-3_2,
© Springer -Verlag Berlin Heidelberg 2009

$$P(D) = \sum_{|\alpha| \leq m} a_\alpha D^\alpha,$$

où $m \geq 0$ est un entier et $a_\alpha \in \mathbb{C}$, pour chaque α.

Nous associons à $P(D)$ son symbole $P(\xi)$:

$$P(\xi) = \sum_{|\alpha| \leq m} a_\alpha \xi^\alpha, \ \xi = (\xi_1, \ldots \xi_n) \in \mathbb{C}^n.$$

Nous utiliserons aussi la fonction

$$\tilde{P}(\xi) = (\sum_\beta |D^\beta P(\xi)|^2)^{\frac{1}{2}}.$$

Si ξ, $\eta \in \mathbb{R}^n$ et $\gamma \in \mathbb{N}^n$, nous avons comme conséquence de la formule de Taylor,

$$D^\gamma P(\xi + \eta) = \sum_\beta D^{\gamma+\beta} P(\eta) \frac{(i\xi)^\beta}{\beta!}.$$

Nous déduisons de cette dernière identité qu'il existe une constante positive C, dépendant uniquement de n et m (le degré de P), telle que

$$\frac{\tilde{P}(\xi + \eta)}{\tilde{P}(\eta)} \leq (1 + C|\xi|)^m, \ \xi, \ \eta \in \mathbb{R}^n. \tag{2.1}$$

Pour $1 \leq p \leq \infty$, nous introduisons l'espace

$$B_{p,\tilde{P}} = \{u \in \mathcal{S}'(\mathbb{R}^n); \ \tilde{P}\mathcal{F}u \in L^p(\mathbb{R}^n)\},$$

que nous munissons de sa norme naturelle :

$$\|u\|_{p,\tilde{P}} = \|\tilde{P}\mathcal{F}u\|_{L^p(\mathbb{R}^n)}.$$

Rappelons que $\mathcal{F}$ désigne la transformée de Fourier.

Notons

$$B_{p,\tilde{P}}^{loc} = \{u \in \mathcal{S}'(\mathbb{R}^n); \ \varphi u \in B_{p,\tilde{P}}, \ \forall \varphi \in \mathcal{D}(\mathbb{R}^n)\}$$

et si $\mathcal{O}$ est un ouvert de $\mathbb{R}^n$, nous posons

$$B_{p,\tilde{P}}(\mathcal{O}) = \{u = v_{|\mathcal{O}}; \ v \in B_{p,\tilde{P}}\}.$$

Nous utiliserons un peu plus loin le

Lemme 2.1. *Soient $u \in B_{\infty,\tilde{P}}$ et $v \in \mathcal{D}(\mathbb{R}^n)$. Alors $uv \in B_{\infty,\tilde{P}}$ et*

$$\|uv\|_{\infty,\tilde{P}} \leq C\|u\|_{\infty,\tilde{P}},$$

où C est une constante qui dépend uniquement de v, n et m (le degré de P).

Preuve. D'après le Théorème 1.12, $\mathcal{F}(uv) = (2\pi)^{-n}\mathcal{F}u * \mathcal{F}v$. D'où

$$\tilde{P}(\xi)\mathcal{F}(uv)(\xi) = (2\pi)^{-n} \int \tilde{P}(\xi)\mathcal{F}(u)(\xi - \eta)\mathcal{F}(v)(\eta)d\eta.$$

Cette identité, combinée avec (2.1), implique

$$|\tilde{P}(\xi)\mathcal{F}(uv)(\xi)| \leq (2\pi)^{-n} \sup_{\tau} |\tilde{P}(\tau)\mathcal{F}(u)(\tau)| \int (1 + C|\eta|)^m |\mathcal{F}(v)(\eta)|d\eta,$$

où la constante C dépend uniquement de n et m. $\qquad\qquad\square$

Nous énonçons un résultat concernant l'existence d'une solution fondamentale d'un opérateur différentiel linéaire à coefficients constants. Nous rappelons que $F \in \mathcal{D}'(\mathbb{R}^n)$ est une solution fondamentale de l'opérateur $P(D)$ si $P(D)F = \delta$, où δ est la mesure de Dirac en 0.

Nous avons, d'après le Théorème 10.2.1 de [Hor2] et sa preuve, le

Théorème 2.2. $P(D)$ possède une solution fondamentale $F \in B^{loc}_{\infty,\tilde{P}}$ vérifiant $\dfrac{F}{\cosh|x|} \in B_{\infty,\tilde{P}}$ et il existe une constante positive C, qui dépend uniquement de n et m, telle que

$$\left\|\frac{F}{\cosh|x|}\right\|_{\infty,\tilde{P}} \leq C. \tag{2.2}$$

Ce théorème est le point clé pour démontrer le résultat suivant :

Théorème 2.3. *Soit X un ouvert borné de $\mathbb{R}^n$. Alors il existe $E \in \mathcal{L}(L^2(X))$ possédant les propriétés suivantes :*

(i) $P(D)Ef = f$ pour tout $f \in L^2(X)$,

(ii) pour tout opérateur différentiel linéaire $Q(D)$ à coefficients constants tel que $\dfrac{|Q(\xi)|}{\tilde{P}(\xi)}$ est borné sur $\mathbb{R}^n$, $Q(D)E$ définit un opérateur borné sur $L^2(X)$ et

$$\|Q(D)E\|_{\mathcal{L}(L^2(X))} \leq C \sup_{\xi\in\mathbb{R}^n} \frac{|Q(\xi)|}{\tilde{P}(\xi)},$$

où C est une constante positive dépendant uniquement de n, m et X.

Preuve. Pour $f \in L^2(X)$, nous notons f_0 son extension par 0 en dehors de X.

Soit $F \in B^{loc}_{\infty,\tilde{P}}$ une solution fondamentale de $P(D)$ ayant la régularité du Théorème 2.2. Nous définissons alors l'opérateur E comme suit

$$E : f \in L^2(X) \to (F * f_0)_{|X}.$$

La propriété (i) résulte tout simplement de

$$P(D)(F * f_0) = P(D)F * f_0 = \delta * f_0 = f_0.$$

Nous fixons maintenant $\varphi \in \mathcal{D}(\mathbb{R}^n)$ telle que $\varphi = 1$ dans un voisinage de la fermeture de $X - X = \{x - y; \ x, \ y \in X\}$. Nous vérifions aisément que

$$[(\varphi F) * f_0]_{|X} = [F * f]_{|X}$$

et donc

$$\|Q(D)Ef\|_{L^2(X)} \leq \|Q(D)(\varphi F) * f_0\|_{L^2(\mathbb{R}^n)} = \|\mathcal{F}[Q(D)(\varphi F) * f_0]\|_{L^2(\mathbb{R}^n)}.$$

Or $\mathcal{F}[Q(D)(\varphi F) * f_0] = Q(\xi)\mathcal{F}(\varphi F)\mathcal{F}f_0$. Par suite,

$$\|Q(D)Ef\|_{L^2(X)} \leq \|Q(\xi)\mathcal{F}(\varphi F)\|_{L^\infty(\mathbb{R}^n)}\|f\|_{L^2(X)}. \tag{2.3}$$

Nous utilisons alors l'identité

$$Q(\xi)\mathcal{F}(\varphi F) = \frac{Q(\xi)}{\tilde{P}(\xi)}\tilde{P}(\xi)\mathcal{F}[(\varphi \cosh|x|)\frac{F}{\cosh|x|}],$$

le Lemme 2.1 et le fait que F satisfait à (2.2) pour déduire

$$\|Q(\xi)\mathcal{F}(\varphi F)\|_{L^\infty(\mathbb{R}^n)} \leq C \sup_{\xi \in \mathbb{R}^n} \frac{|Q(\xi)|}{\tilde{P}(\xi)}.$$

Ceci et (2.3) entrainent alors (ii).   □

Nous introduisons maintenant la notion d'opérateur elliptique. On dit que $P(D)$ est elliptique si

$$\sum_{|\alpha|=m} a_\alpha \xi^\alpha \neq 0 \text{ pour tout } 0 \neq \xi \in \mathbb{R}^n.$$

Nous disposons du résultat de régularité

Théorème 2.4. *Soit X un ouvert borné de $\mathbb{R}^n$ et nous supposons que $P(D)$ est elliptique. Si $u \in \mathcal{D}'(X)$ est telle que $P(D)u \in L^2(X)$, alors $u \in B_{2,\tilde{P}}(X)$.*

Ce résultat est un cas particulier du Théorème 11.1.8 de [Hor2].

Ci-dessous, $P_a(D)$, $a \in (\mathbb{C}^n \setminus \mathbb{R}^n) \cup \{0\}$, désigne l'opérateur différentiel

$$P_a(D) = -\Delta - ia \cdot \nabla = \sum D_j^2 + a_j D_j$$

Comme $P_a(\xi) = |\xi|^2 + a \cdot \xi$, $P_a(D)$ est donc elliptique.

Rappelons que si Ω est un ouvert borné de $\mathbb{R}^n$ de classe C^2, alors (voir par exemple J.-L. Lions et E. Magenes [LM])

$$H^2(\Omega) = \{u = v_{|\Omega}; \ v \in H^2(\mathbb{R}^n)\}.$$

En notant que $\tilde{P}_a(\xi) \geq C(1 + |\xi|^2)$, C étant une constante indépendante de ξ, nous obtenons comme conséquence du Théorème 2.4 le

Corollaire 2.5. *Si Ω est de classe C^2 et si $u \in L^2(\Omega)$ vérifie $P_a(D)u \in L^2(\Omega)$, alors $u \in H^2(\Omega)$.*

Pour $q \in L^\infty(X)$, nous posons

$$S_q = \{u \in H^2(X), \ -\Delta u + qu = 0 \text{ dans } X\}.$$

Comme nous l'avons dit plus haut, le résultat de densité des produits de solutions, que nous énonçons un peu plus loin, est fondé sur la construction de solutions "optique géométrique" de l'équation $(-\Delta + q)u = 0$. C'est l'objet de la proposition suivante :

Proposition 2.6. *Soient X un ouvert borné de $\mathbb{R}^n$, $q \in L^\infty(X)$ et $M > 0$ tels que $\|q\|_{L^\infty(X)} \le M$. Alors nous pouvons trouver une constante positive C, ne dépendant que de M, pour laquelle : pour tout $\xi \in \mathbb{C}^n$ tel que $\xi \cdot \xi = 0$ et $|\Im\xi| > C$, il existe $w_\xi \in H^2(X)$ vérifiant*

$$\|w_\xi\|_{L^2(X)} \le \frac{C}{|\Im\xi| - C} \tag{2.4}$$

et

$$u_\xi = e^{-i\xi \cdot x}(1 + w_\xi) \in S_q.$$

Preuve. Clairement, en prolongeant q par 0 en dehors de X, il suffit d'établir le résultat pour $\Omega \supset X$ de classe C^2 (nous pouvons par exemple prendre pour Ω une boule) et prendre ensuite des restrictions à X.

Notons d'abord que w_ξ doit être une solution de l'équation

$$-\Delta w + 2i\xi \cdot \nabla w = -q(1 + w) \text{ dans } \Omega. \tag{2.5}$$

Nous posons

$$P_\xi(\eta) = -2\xi \cdot \eta + \eta \cdot \eta.$$

D'après le Théorème 2.3, il existe $E_\xi \in \mathcal{L}(L^2(\Omega))$ tel que

$$(2i\xi \cdot \nabla - \Delta)E_\xi f = f,$$

pour tout $f \in L^2(\Omega)$ et

$$\|E_\xi\|_{\mathcal{L}(L^2(\Omega))} \le K \sup_{\eta \in \mathbb{R}^n} \frac{1}{\tilde{P}_\xi(\eta)}$$

$$\le K \sup_{\eta \in \mathbb{R}^n} \frac{1}{|\nabla P_\xi(\eta)|} \le \frac{K}{|\Im\xi|}, \tag{2.6}$$

où la constante K ne dépend que de n et Ω.

Nous considérons l'application

$$F_\xi : L^2(\Omega) \to L^2(\Omega)$$
$$f \to E_\xi[-q(1+f)].$$

Nous avons

$$\|F_\xi f - F_\xi g\|_{L^2(\Omega)} \le \frac{K\|q\|_{L^\infty(\Omega)}}{|\Im\xi|} \|f - g\|_{L^2(\Omega)}, \ f, g \in L^2(\Omega),$$

par (2.6). Par suite, F_ξ possède un unique point fixe $w_\xi \in L^2(\Omega)$ dès que $|\Im\xi| > C = KM$. Comme $P_\xi(D)w_\xi = -q(1+w_\xi) \in L^2(\Omega)$, w_ξ est dans $H^2(\Omega)$ par le Corollaire 2.5.

Pour finir, nous utilisons

$$\|w_\xi\|_{L^2(\Omega)} \le \|F_\xi w_\xi - F_\xi 0\|_{L^2(\Omega)} + \|F_\xi 0\|_{L^2(\Omega)}$$
$$\le \frac{C}{|\Im\xi|}(\|w_\xi\|_{L^2(\Omega)} + 1).$$

$\square$

Nous utilisons maintenant ce dernier résultat pour établir le

Théorème 2.7. *Soit X un ouvert borné de $\mathbb{R}^n$, $n \ge 3$. Si q_1, $q_2 \in L^\infty(X)$ alors*
$$F = vect\{uv, \ u \in S_{q_1}, \ v \in S_{q_2}\}$$
est dense dans $L^1(X)$.

Nous aurons besoin du

Lemme 2.8. *Si $n \ge 3$, alors pour tout $k \in \mathbb{R}^n$ et pour tout $R > 0$, il existe ξ_1, $\xi_2 \in \mathbb{C}^n$ tels que*

$$|\Im\xi_j| \ge R, \quad \xi_j \cdot \xi_j = 0, \quad \xi_1 + \xi_2 = k, \ j = 1, \ 2. \tag{2.7}$$

Preuve. Soient k_1, $k_2 \in \mathbb{R}^n$ non nuls, orthogonaux à k et orthogonaux entre eux (notons que ceci n'est possible que si $n \ge 3$) tels que

$$|k_2|^2 = \frac{|k|^2}{4} + |k_1|^2.$$

Nous posons

$$\begin{cases} \xi_1 = (\frac{k}{2} + k_1) + ik_2, \\ \xi_2 = (\frac{k}{2} - k_1) - ik_2. \end{cases} \tag{2.8}$$

Nous vérifions aisément que ξ_1 et ξ_2 ont les propriétés requises dès que $|k_2|$ est assez grand. $\square$

Preuve du Théorème 2.7. Nous raisonnons par l'absurde. Si F n'était pas dense dans $L^1(X)$ alors, par le théorème de séparation de Hahn-Banach (voir par exemple H. Brézis [Bre] ou L. Schwartz [Sc2]), il existerait $f \in L^\infty(X)$ non identiquement nulle telle que

$$\int_X fg dx = 0, \ g \in F. \tag{2.9}$$

Fixons $k \in \mathbb{R}^n$, $k \neq 0$. D'après le Lemme 2.8, pour R assez grand il existe $\xi_1, \xi_2 \in \mathbb{C}^n$ tels que

$$|\Im\xi_j| \geq R, \quad \xi_j \cdot \xi_j = 0, \quad \xi_1 + \xi_2 = k, \ j = 1, \ 2.$$

Nous appliquons alors la Proposition 2.6 pour avoir l'existence de $w_{\xi_j} \in H^2(X)$, $j = 1, 2$, telle que

$$\|w_{\xi_j}\|_{L^2(X)} \leq \frac{C}{R - C},$$

où la constante C est indépendante de R, et

$$u_j = e^{-i\xi_j \cdot x}(1 + w_{\xi_j}) \in S_{q_j}.$$

Comme $u_1 u_2 \in F$, (2.9) implique

$$\int_X e^{-ik \cdot x} f dx + \int_X z dx = 0, \tag{2.10}$$

avec $z = e^{-ik \cdot x}(w_{\xi_1} + w_{\xi_2} + w_{\xi_1} w_{\xi_2})f$. Or w_{ξ_j} converge vers zéro dans $L^2(X)$ quand R tend vers $+\infty$. Par suite, nous passons à la limite dans (2.10) pour avoir

$$\int_X e^{-ik \cdot x} f dx = 0, \ k \in \mathbb{R}^n.$$

C'est-à-dire que $\mathcal{F}f = 0$ et donc $f = 0$, ce qui aboutit à une contradiction. $\square$

Nous énonçons aussi un autre résultat de densité qui nous sera bien utile pour résoudre un problème spectral inverse au paragraphe 2.2. Pour q, q_1, $q_2 \in L^\infty(X)$ et $\lambda, \mu \in \mathbb{R}$, nous notons

$$S_q(\lambda) = \{u \in H^2(X); \ (-\Delta + q - \lambda)u = 0 \text{ dans } X\}$$

et

$$F(q_1, q_2, \mu) = \text{vect} \cup_{\lambda \leq -\mu} S_{q_1}(\lambda) S_{q_2}(\lambda).$$

Théorème 2.9. *Soit X un ouvert borné de $\mathbb{R}^n$, avec $n \geq 2$. Soient $M > 0$, q_1, $q_2 \in L^\infty(X)$ telles que $\|q_1\|_{L^\infty(X)}$, $\|q_2\|_{L^\infty(X)} \leq M$. Alors il existe $\lambda_0 > 0$ qui dépend uniquement de M et Ω tel que $F(q_1, q_2, \lambda_0)$ est dense dans $L^1(X)$.*

Pour montrer ce théorème, nous procédons de la même manière que dans la preuve du Théorème 2.7; sauf qu'à la place de la proposition 2.6 et du Lemme 2.8 nous utilisons la

Proposition 2.10. *Soient $M > 0$ et $q \in L^\infty(X)$ telles que $\|q\|_{L^\infty} \leq M$. Alors il existe $\lambda_0 > 0$, qui dépend uniquement de M et Ω pour lequel : pour tout $\lambda \leq -\lambda_0$ et pour tout $\xi \in \mathbb{C}^n$ vérifiant $\xi \cdot \xi = \lambda$, il existe $w_{\lambda,\xi} \in H^2(X)$ telle que*

$$\|w_{\lambda,\xi}\|_{L^2(\Omega)} \leq \frac{C}{|\lambda|}$$

et $u = e^{-i\xi \cdot x}(1 + w_{\lambda,\xi}) \in S_q(\lambda)$, où la constante C est indépendante de λ et ξ.

et le fait que si $\lambda < 0$, $k \in \mathbb{R}^n$ et k_1 est orthogonal à k, avec $|k_1|^2 = \frac{|k|^2}{4} + |\lambda|$ alors ξ_1 et ξ_2 donnés par

$$\xi_1 = \frac{k}{2} + ik_1 \text{ et } \xi_2 = \overline{\xi_1}$$

vérifient $\xi_1 \cdot \xi_1 = \xi_2 \cdot \xi_2 = \lambda$ et $\xi_1 + \xi_2 = k$.

Pour la construction des solutions "optique géométrique" nous nous sommes largement inspiré de V. Isakov [Isa1]. Dans ce même article, l'auteur exhibe aussi des solutions "optique géométrique" pour les opérateurs $(\partial_t - \Delta) + q$ et $(\partial_{tt} - \Delta) + q$, et d'autres. Nous donnons au sous-paragraphe 2.1.4 une construction plus directe qui est due à P. Hähner [Ha]. Nous verrons aussi au sous-paragraphe 2.1.5 une autre façon de construire les solutions "optique géométrique", qui sont nulles sur une partie de la frontière. Elle est fondée sur une inégalité de Carleman. Signalons aussi que les deux articles de J. Sylvester et G. Uhlmann [SU1], [SU2] contiennent une construction de solutions "optique géométrique" sur l'espace tout entier, dans des espaces de Sobolev appropriés.

2.1.2 Détermination du potentiel à partir de l'opérateur DN

Soit Ω un domaine borné de $\mathbb{R}^n$ de classe C^2 et de frontière Γ.

Si $q \in L^\infty(\Omega)$, nous désignons par A_q l'opérateur $A_q = -\Delta + q$ ayant pour domaine $D(A_q) = H_0^1(\Omega) \cap H^2(\Omega)$.

D'après le Théorème 1.26, si $q \in L^\infty(\Omega)$ est telle que 0 n'est pas une valeur propre de l'opérateur A_q et si $\varphi \in H^{\frac{3}{2}}(\Gamma)$, alors le problème aux limites non homogène

$$\begin{cases} (-\Delta + q)u = 0, \text{ dans } \Omega, \\ u_{|\Gamma} = \varphi, \end{cases} \tag{2.11}$$

admet une unique, solution $u_{q,\varphi} \in H^2(\Omega)$ et il existe une constante C, indépendante de φ, telle que

$$\|u_{q,\varphi}\|_{H^2(\Omega)} \leq C\|\varphi\|_{H^{\frac{3}{2}}(\Gamma)}. \tag{2.12}$$

Il en résulte que l'opérateur

$$\Lambda_q : \varphi \in H^{\frac{3}{2}}(\Gamma) \to \partial_\nu u_{q,\varphi} \in H^{\frac{1}{2}}(\Gamma)$$

est borné.

Le premier résultat que nous nous proposons de démontrer est le

Théorème 2.11. *Pour $i = 1$, 2, soit $q_i \in L^\infty(\Omega)$ telle que 0 n'est pas valeur propre de A_{q_i}. Si $n \geq 3$ alors*

$$\Lambda_{q_1} = \Lambda_{q_2} \Rightarrow q_1 = q_2.$$

Preuve. Nous faisons l'hypothèse que $\Lambda_{q_1} = \Lambda_{q_2}$. Soient $\varphi \in H^{\frac{3}{2}}(\Gamma)$ et $v \in S_{q_1}$ (S_{q_1} est défini au sous-paragraphe précédent). Nous montrons sans peine que $u = u_{q_1,\varphi} - u_{q_2,\varphi}$ satisfait à

$$\begin{cases} (-\Delta + q_1)u = (q_2 - q_1)u_{q_2,\varphi}, \text{ dans } \Omega, \\ u_{|\Gamma} = \partial_\nu u_{|\Gamma} = 0. \end{cases} \tag{2.13}$$

Nous appliquons la formule de Green à u et v pour avoir

$$\int_\Omega (q_2 - q_1)u_{q_2,\varphi}v dx = 0, \ \varphi \in H^{\frac{3}{2}}(\Gamma), \ v \in S_{q_1}.$$

Or $\{u_{q_2,\varphi}; \ \varphi \in H^{\frac{3}{2}}(\Gamma)\} = S_{q_2}$. D'où

$$\int_\Omega (q_2 - q_1)g dx = 0, \ g \in F,$$

où $F = \{uv; \ u \in S_{q_1}, \ v \in S_{q_2}\}$. Il s'ensuit que $q_1 = q_2$ car F est dense dans $L^1(\Omega)$ par le Théorème 2.7. $\square$

Pour $a \in W^{2,\infty}(\Omega)$, $a \geq a_0 > 0$, nous considérons le problème aux limites non homogène

$$\begin{cases} \text{div}(a\nabla w) = 0, \text{ dans } \Omega, \\ w_{|\Gamma} = \varphi. \end{cases} \tag{2.14}$$

Notons que si w est une solution H^2 de (2.14) alors $v = a^{\frac{1}{2}}w$ est une solution H^2 de

$$\begin{cases} (-\Delta + a^{-\frac{1}{2}}\Delta a^{\frac{1}{2}})v = 0, \text{ dans } \Omega, \\ v_{|\Gamma} = a^{\frac{1}{2}}\varphi, \end{cases} \tag{2.15}$$

et réciproquement. Il en résulte que (2.14) admet une unique solution $w_{a,\varphi} \in H^2(\Omega)$ et que l'opérateur

$$\Sigma_a : \varphi \in H^{\frac{3}{2}}(\Gamma) \to \partial_\nu w_{a,\varphi} \in H^{\frac{1}{2}}(\Gamma)$$

est borné.

Dans ce qui suit, nous notons l'ensemble des $b \in W^{2,\infty}(\Omega)$ qui vérifient $b \geq b_0$, pour un certain $b_0 > 0$, par $W_+^{2,\infty}(\Omega)$ et, pour $a \in W_+^{2,\infty}(\Omega)$, nous posons $q_a = a^{-\frac{1}{2}}\Delta a^{\frac{1}{2}}$. Aussi, nous désignerons par $v_{q_a,\varphi}$, $\varphi \in H^{\frac{3}{2}}(\Gamma)$, la solution H^2 du problème aux limites

$$\begin{cases} (-\Delta + q_a)v = 0, \text{ dans } \Omega, \\ v_{|\Gamma} = \varphi. \end{cases}$$

D'après ce qui précède, nous avons

$$\partial_\nu w_{a,a^{-\frac{1}{2}}\varphi} = \varphi\partial_\nu a^{-\frac{1}{2}} + a^{-\frac{1}{2}}\partial_\nu v_{q_a,\varphi}.$$

C'est-à-dire,

$$\Sigma_a(a^{-\frac{1}{2}}\varphi) = \varphi\partial_\nu a^{-\frac{1}{2}} + a^{-\frac{1}{2}}\Lambda_{q_a}\varphi. \tag{2.16}$$

Comme conséquence du Théorème 2.11, nous avons le

Corollaire 2.12. *Soient a_1, $a_2 \in W_+^{2,\infty}(\Omega)$ telles que*

$$a_1 = a_2, \ \nabla a_1 = \nabla a_2, \ sur \ \Gamma, \tag{2.17}$$

et $\Sigma_{a_1} = \Sigma_{a_2}$. Alors $a_1 = a_2$.

Preuve. Nous avons $\Lambda_{q_{a_1}} = \Lambda_{q_{a_2}}$ par (2.16) et donc $q_{a_1} = q_{a_2}$ par le Théorème 2.11. C'est-à-dire,

$$a_1^{-\frac{1}{2}}\Delta a_1^{\frac{1}{2}} = a_2^{-\frac{1}{2}}\Delta a_2^{\frac{1}{2}}. \tag{2.18}$$

Nous posons $y = a_1^{\frac{1}{2}} - a_2^{\frac{1}{2}}$. Nous déduisons de (2.18)

$$\begin{aligned} \Delta y &= \Delta a_1^{\frac{1}{2}} - \Delta a_2^{\frac{1}{2}} \\ &= a_1^{\frac{1}{2}}a_2^{-\frac{1}{2}}\Delta a_1^{\frac{1}{2}} - \Delta a_2^{\frac{1}{2}} \\ &= a_1^{\frac{1}{2}}\Delta a_2^{\frac{1}{2}}(a_2^{-\frac{1}{2}} - a_1^{-\frac{1}{2}}). \end{aligned}$$

Mais

$$a_2^{-\frac{1}{2}} - a_1^{-\frac{1}{2}} = \int_0^1 \frac{1}{(a_2^{\frac{1}{2}} + \tau[a_1^{\frac{1}{2}} - a_2^{\frac{1}{2}}])^2}d\tau(a_1^{\frac{1}{2}} - a_2^{\frac{1}{2}}).$$

En utilisant (2.17), nous concluons que y vérifie

$$\begin{cases} \Delta y + cy = 0, \text{ dans } \Omega, \\ y = \partial_\nu y = 0, \text{ sur } \Gamma, \end{cases}$$

où

$$c = -a_1^{\frac{1}{2}}\Delta a_2^{\frac{1}{2}}\int_0^1 \frac{1}{(a_2^{\frac{1}{2}} + \tau[a_1^{\frac{1}{2}} - a_2^{\frac{1}{2}}])^2}d\tau.$$

Il s'ensuit que $y = 0$ par le Corollaire 1.38 (unicité du prolongement). Par suite, $a_1 = a_2$. $\qquad\square$

L'hypothèse (2.17) dans le corollaire 2.12 n'est pas vraiment nécessaire. En effet, nous avons

Théorème 2.13. *Soient a_1, $a_2 \in W^{2,\infty}_+(\Omega)$ telles que $a_1 - a_2 \in C^1(\overline{\Omega})$. Si $\Sigma_{a_1} = \Sigma_{a_2}$ alors*

$$a_1 = a_2 \text{ et } \nabla a_1 = \nabla a_2 \text{ sur } \Gamma.$$

Ce théorème sera démontré au sous-paragraphe 2.3.3.

Nous terminons ce paragraphe par un résultat de stabilité conditionnelle pour le problème inverse qui consiste à déterminer q à partir de Λ_q.

Théorème 2.14. *Soient q_1, $q_2 \in L^\infty(\Omega)$ vérifiant $q_1 - q_2 \in H^1_0(\Omega)$ et*

$$\|q_1\|_{L^\infty(\Omega)}, \ \|q_2\|_{L^\infty(\Omega)}, \ \|q_1 - q_2\|_{H^1(\Omega)} \leq M.$$

Alors il existe deux constantes positives C, D qui ne dépendent que de M, n et Ω telles que

$$\|q_1 - q_2\|_{L^2(\Omega)} \leq C \left(\ln \frac{D}{\|\Lambda_{q_1} - \Lambda_{q_2}\|} \right)^{-\frac{2}{n+2}}$$

si $\|\Lambda_{q_1} - \Lambda_{q_2}\|$ est assez petit, où $\|\Lambda_{q_1} - \Lambda_{q_2}\|$ est la norme de $\Lambda_{q_1} - \Lambda_{q_2}$ dans $\mathcal{L}(H^{\frac{3}{2}}(\Gamma), H^{\frac{1}{2}}(\Gamma))$.

Avant de donner le preuve de ce théorème, nous montrons d'abord un lemme.

Lemme 2.15. *Soient q_1, $q_2 \in L^\infty(\Omega)$ vérifiant*

$$\|q_1\|_{L^\infty(\Omega)}, \ \|q_2\|_{L^\infty(\Omega)} \ \leq M.$$

Alors il existe $r_0 > 0$ tel que pour tout $k \in \mathbb{R}^n$ et pour tout $r \geq r_0$, nous pouvons trouver $u_1 \in S_{q_1}$ et $u_2 \in S_{q_2}$ possédant les propriétés suivantes :

(i) pour $j = 1, 2$, $u_j = e^{-i\xi_j \cdot x}(1 + w_{\xi_j})$, avec $\xi_j \in \mathbb{C}^n$, $\xi_j \cdot \xi_j = 0$ et $\xi_1 + \xi_2 = k$,

(ii) $\|w_{\xi_j}\|_{L^2(\Omega)} \leq \frac{C}{|k| + r}$,

(iii) $\|u_j\|_{H^2(\Omega)} \leq C e^{\delta(r + |k|)}$,

où les constantes C et δ ne dépendent que de M et Ω.

Preuve. Rappelons que $P_\xi(\eta) = \eta \cdot \eta - 2\xi \cdot \eta$. En utilisant l'estimation

$$\tilde{P}^2_\xi \geq |P_\xi|^2 + \sum_j |D^2_j P_\xi|^2,$$

nous arrivons aisément à montrer

$$\tilde{P}_\xi(\eta) \geq \begin{cases} 2, & \text{si, } |\eta| \leq 4|\Im \xi|, \\ \frac{|\eta|^2}{2}, & \text{si } |\eta| > 4|\Im \xi|. \end{cases}$$

Pour $1 \leq k, l \leq n$, on note $Q_k(\eta) = \eta_k$ et $Q_{k,l}(\eta) = \eta_k \eta_l$, $\eta = (\eta_1, \ldots, \eta_n) \in \mathbb{R}^n$.

Si $|\Im\xi| \geq 1$, un calcul simple nous donne

$$\sup_{\eta \in \mathbb{R}^n} \frac{|Q_k(\eta)|}{\tilde{P}_\xi(\eta)}, \quad \sup_{\eta \in \mathbb{R}^n} \frac{|Q_{k,l}(\eta)|}{\tilde{P}_\xi(\eta)} \leq 8|\Im\xi|. \tag{2.19}$$

Soient $k \in \mathbb{R}^n$ et ξ_1, ξ_2 donnés par (2.8). Puisque $|\Im(\xi_j)| \geq \frac{1}{4\sqrt{2}}(|k| + r)$, d'après la Proposition 2.6, il existe $u_j = e^{-i\xi_j \cdot x}(1 + w_j) \in S_{q_j}$ pourvu que $r \geq r_0$, pour un certain r_0 indépendant de ξ_j. De plus,

$$\|w_j\|_{L^2(\Omega)} \leq \frac{C}{|k| + r}.$$

Or, d'après la preuve de la Proposition 2.6, $w_j = E_{\xi_j}(-q_j(1 + w_j)) \in H^2(\Omega)$. Ceci, (2.19) et le Théorème 2.3 (ii) entrainent alors

$$\|w_i\|_{H^2(\Omega)} \leq C(|k| + r).$$

Il en résulte immédiatement l'estimation

$$\|u_j\|_{H^2(\Omega)} \leq Ce^{\delta(|k|+r)}.$$

$\square$

Preuve du Théorème 2.14. Dans cette démonstration C, C', C_0 et C_1 sont des constantes génériques.

Soit $u_j \in S_{q_j}$, $j = 1, 2$, comme dans le lemme ci-dessus. Nous appliquons alors la formule de Green à $u_{q_2, u_{1|\Gamma}} - u_1$ et u_2 pour avoir

$$\int_\Omega (q_2 - q_1) u_1 u_2 = \int_\Gamma [\Lambda_{q_2} - \Lambda_{q_1}](u_{1|\Gamma}) u_2.$$

Nous en déduisons

$$\int_\Omega (q_2 - q_1) e^{-ik \cdot x} = -\int_\Omega (q_2 - q_1) e^{-ik \cdot x}(w_1 + w_2 + w_1 w_2)$$
$$+ \int_\Gamma [\Lambda_{q_2} - \Lambda_{q_1}](u_{1|\Gamma}) u_2.$$

Si q désigne l'extension par 0, en dehors de Ω, de $q_2 - q_1$, nous obtenons

$$|\hat{q}(k)| \leq C\left(\frac{1}{|k| + r} + \|\Lambda_{q_1} - \Lambda_{q_2}\| e^{2\delta(|k|+r)}\right),$$

par les estimations données au Lemme 2.15.

Pour simplifier les notations, nous posons $\gamma = \|\Lambda_{q_1} - \Lambda_{q_2}\|$ et $\rho = |k| + r$. L'inégalité précédente s'écrit alors

$$|\hat{q}(k)| \leq C(\frac{1}{\rho} + \gamma e^{C\rho}).$$

Si $|k| \leq \alpha$, pour $\rho_0 = r_0 + \alpha$, le minimum sur $[\rho_0, +\infty)$ de la fonction $\frac{1}{\rho} + \gamma e^{C\rho}$ est atteint pour ρ_* tel que

$$-\frac{1}{\rho_*^2} + C\gamma e^{C\rho_*} = 0.$$

C'est-à-dire $\gamma = \frac{1}{C\rho_*^2} e^{-C\rho_*}$. Notons que la condition $\rho_* \geq \rho_0$ est satisfaite si γ est assez petit car la fonction $\rho \to \frac{1}{C\rho^2} e^{-C\rho}$ est décroissante. Par suite, si γ est assez petit, nous avons

$$|\hat{q}(k)| \leq C(\frac{1}{\rho_*} + \frac{C}{\rho_*^2}) \leq \frac{C}{\rho_*}(1 + \frac{C}{\rho_0}) = \frac{C'}{\rho_*}, \text{ si } |k| \leq \alpha.$$

Or $\frac{1}{C\gamma} = \rho_*^2 e^{C\rho_*} \leq 2e^{(C+1)\rho_*}$ et donc

$$\frac{1}{\rho_*} \leq \frac{C_0}{\ln(\frac{1}{C_1\gamma})} = \gamma_1.$$

Il en résulte que

$$|\hat{q}(k)| \leq C\gamma_1, \text{ si } |k| \leq \alpha.$$

D'où

$$\int_{|k|\leq\alpha} |\hat{q}(k)|^2 \leq C\alpha^n \gamma_1^2. \tag{2.20}$$

D'autre part, comme $q \in H^1(\mathbb{R}^n)$,

$$\int_{|k|>\alpha} |\hat{q}(k)|^2 \leq \frac{1}{\alpha^2} \int_{|k|>\alpha} |k|^2 |\hat{q}(k)|^2 \leq \frac{\|q\|_{H^1(\mathbb{R}^n)}^2}{\alpha^2} \leq \frac{M^2}{\alpha^2}. \tag{2.21}$$

(2.20) et (2.21) impliquent

$$\|q\|_{L^2(\mathbb{R}^n)}^2 = \|\hat{q}\|_{L^2(\mathbb{R}^n)}^2 \leq C\alpha^n \gamma_1^2 + \frac{M^2}{\alpha^2}, \text{ pour tout } \alpha \geq 0.$$

Le minimum sur $[0, +\infty)$ de la fonction $\alpha \to C\alpha^n \gamma_1^2 + \frac{M^2}{\alpha^2}$ est atteint en α_* tel que

$$nC\alpha_*^{n-1}\gamma_1^2 - \frac{2M^2}{\alpha_*^3} = 0.$$

C'est-à-dire, $\alpha^* = (\frac{2M^2}{nC\gamma_1^2})^{\frac{1}{n+2}}$ et donc

$$\|q\|_{L^2(\mathbb{R}^n)}^2 \leq C\gamma_1^{\frac{4}{n+2}}.$$

$\square$

Pour faire ce sous-paragraphe, nous avons adapté les différents résultats existant dans la littérature. Spécialement, G. Alessandrini [Al1], [Al2], V. Isakov [Isa3], J. Sylvester et G. Uhlmann [SU1], [SU2].

2.1.3 Détermination du potentiel à partir d'un opérateur DN partiel

Soit Ω un domaine borné de $\mathbb{R}^n$ de classe C^2 et de frontière Γ. Soit γ un fermé de Γ d'intérieur non vide. Introduisons $H_\gamma^{\frac{3}{2}}(\Gamma)$, le sous-espace fermé de $H^{\frac{3}{2}}(\Gamma)$, donné par

$$H_\gamma^{\frac{3}{2}}(\Gamma) = \{\varphi \in H^{\frac{3}{2}}(\Gamma);\ \varphi = 0 \text{ sur } \Gamma \setminus \gamma\}.$$

Rappelons qu'au sous-paragraphe 2.1.2 nous avons noté A_q, $q \in L^\infty(\Omega)$, l'opérateur $A_q = -\Delta + q$ ayant pour domaine $D(A_q) = H_0^1(\Omega) \cap H^2(\Omega)$. D'autre part, nous avons vu que si 0 n'est pas dans le spectre de A_q alors

$$\Lambda_q : \varphi \in H^{\frac{3}{2}}(\Gamma) \to \partial_\nu u_{q,\varphi} \in H^{\frac{1}{2}}(\Gamma)$$

définit un opérateur borné, où $u_{q,\varphi} \in H^2(\Omega)$ est la solution du problème aux limites

$$\begin{cases} (-\Delta + q)u = 0, \text{ dans } \Omega, \\ u_{|\Gamma} = \varphi. \end{cases}$$

Nous en déduisons que l'opérateur

$$\tilde{\Lambda}_q : \varphi \in H_\gamma^{\frac{3}{2}}(\Gamma) \to \partial_\nu u_{q,\varphi|\gamma} \in H^{\frac{1}{2}}(\gamma)$$

est aussi borné.

Théorème 2.16. *Nous supposons que $n \geq 3$. Soient q_1, $q_2 \in L^\infty(\Omega)$ telles que $\Gamma \cap supp(q_1 - q_2) = \emptyset$. Alors $\tilde{\Lambda}_{q_1} = \tilde{\Lambda}_{q_2}$ implique $q_1 = q_2$.*

La démonstration de ce théorème utilise le lemme suivant dans lequel, pour $q \in L^\infty(\Omega)$, nous notons

$$S_q = \{u \in H^2(\Omega),\ -\Delta u + qu = 0 \text{ dans } \Omega\}.$$

Lemme 2.17. *Soit ω un ouvert de $\mathbb{R}^n$ tel que $\overline{\omega} \subset \Omega$ et $\Omega \setminus \overline{\omega}$ est connexe. Alors $\tilde{S}_q$ donné par*

$$\tilde{S}_q = \{u \in S_q;\ u = 0 \text{ sur } \Gamma \setminus \gamma\}$$

est dense dans S_q, pour la norme de $L^2(\omega)$.

Preuve. Nous raisonnons par l'absurde. Nous supposons donc qu'il existe $v \in S_q$ tel que

$$\int_\omega uv = 0,\ \forall u \in \tilde{S}_q. \tag{2.22}$$

Soit $G = G(x, y)$ la fonction de Green pour $-\Delta + q$ avec une condition de Dirichlet sur le bord. C'est-à-dire, $G(\cdot, y)$ est la solution du problème aux limites

$$\begin{cases} (-\Delta + q)G(\cdot, y) = \delta_y, \text{ dans } \Omega, \\ G(\cdot, y) = 0, \text{ sur } \Gamma. \end{cases}$$

Si $u \in \tilde{S}_q$ alors une intégration par parties nous donne

$$u(x) = \int_\gamma \partial_{\nu_y} G(x, y) u(y) d\sigma(y), \ x \in \Omega.$$

Donc, pour $\varphi = u_{|\Gamma} \in H^{\frac{3}{2}}_\gamma(\Gamma)$, nous avons

$$u(x) = \int_\gamma \partial_{\nu_y} G(x, y) \varphi(y) d\sigma(y), \ x \in \Omega. \tag{2.23}$$

Inversement, si u est donnée par (2.23) pour un certain $\varphi \in H^{\frac{3}{2}}_\gamma(\Gamma)$ alors u satisfait à $(-\Delta + q)u = 0$ dans Ω. D'autre part, nous vérifions aisément, comme ci-dessus, que $\tilde{u} \in H^2(\Omega)$, la solution du problème aux limites

$$\begin{cases} (-\Delta + q)\tilde{u} = 0, \text{ dans } \Omega, \\ \tilde{u}_{|\Gamma} = \varphi, \end{cases}$$

est donnée par

$$\tilde{u}(x) = \int_\gamma \partial_{\nu_y} G(x, y) \varphi(y) d\sigma(y), \ x \in \Omega. \tag{2.24}$$

Par suite, $u = \tilde{u}$. En particulier, $u = 0$ sur $\Gamma \setminus \gamma$. Nous en déduisons que tout élément de $\tilde{S}_q$ est donné par la formule (2.23) pour un certain $\varphi \in H^{\frac{3}{2}}_\gamma(\Gamma)$. Par conséquent, vu (2.22),

$$\int_\omega v(y) \partial_{\nu_y} G(x, y) d\sigma(y) = 0, \ x \in \gamma.$$

Nous définissons

$$w(x) = \int_\omega G(x, y) v(y) dy, \ x \in \Omega.$$

Clairement, $w \in H^2(\Omega)$, $w = \partial_\nu w = 0$ sur γ et

$$(-\Delta + q)w = \begin{cases} v \text{ dans } \omega \\ v = 0 \text{ dans } \Omega \setminus \overline{\omega}. \end{cases}$$

Il s'ensuit, d'après le Corollaire 1.38 (unicité du prolongement), que $w = v$ dans $\Omega \setminus \overline{\omega}$, ce qui entraine que $w = \partial_\nu w = 0$ sur $\partial \omega$. Mais $(-\Delta + q)w = v$ dans ω. Nous multiplions cette équation par v et nous faisons une intégration par parties pour avoir $\int_\omega v^2 = 0$. Donc $v = 0$ dans ω. Or $(-\Delta + q)v = 0$ dans Ω. Par suite $v = 0$ par le Théorème 1.37 (unicité du prolongement). Ceci donne la contradiction recherchée et termine la preuve. $\qquad \square$

Preuve du Théorème 2.16. Nous procédons de manière similaire à la preuve du Théorème 2.11. Pour $i = 1, 2$, soit $u_i \in \tilde{S}_{q_i}$. D'après la formule de Green, nous avons

$$\int_\Omega (q_1 - q_2)u_1 u_2 dx = \int_\gamma (\partial_\nu u_1 u_2 - u_1 \partial_\nu u_2)d\sigma. \qquad (2.25)$$

Soit $v_1 \in H^2(\Omega)$ la solution du problème aux limites

$$\begin{cases} (-\Delta + q_1)v_1 = 0, \text{ dans } \Omega, \\ v_{1|\Gamma} = u_{2|\Gamma}. \end{cases}$$

Comme $\tilde{\Lambda}_{q_1} = \tilde{\Lambda}_{q_2}$, nous avons alors

$$\partial_\nu v_1 = \partial_\nu u_2 \text{ sur } \gamma. \qquad (2.26)$$

D'autre part, de nouveau par la formule de Green, nous obtenons

$$0 = \int_\Omega (q_1 - q_1)u_1 v_1 dx = \int_\gamma (\partial_\nu u_1 v_1 - u_1 \partial_\nu v_1)d\sigma. \qquad (2.27)$$

Nous combinons (2.25), (2.26), (2.27) et nous utilisons $v_{1|\Gamma} = u_{2|\Gamma}$ pour conclure

$$\int_\omega (q_1 - q_2)u_1 u_2 dx = 0, \ u_i \in \tilde{S}_{q_i} \ i = 1, 2.$$

Il s'ensuit que

$$\int_\omega (q_1 - q_2)u_1 u_2 dx = 0, \ u_i \in S_{q_i} \ i = 1, 2,$$

par le Lemme 2.17. Nous terminons alors la preuve comme celle du Théorème 2.11. C'est-à-dire en utilisant le fait que $F = \text{vect}\{u_1 u_2; \ u_i \in S_{q_i}, \ i = 1, 2\}$ est dense dans $L^1(\Omega)$. $\qquad \square$

Là encore le Théorème 2.16 s'applique au problème de conductivité inverse. Plus précisément, nous considérons la détermination du coefficient de conductivité à partir d'un opérateur Dirichlet-Neumann partiel. Nous reprenons les notations de la fin du paragraphe 2.1.2. Pour $a \in W^{2,\infty}(\Omega)$, $a \geq a_0 > 0$, nous considérons le problème aux limites non homogène

$$\begin{cases} \text{div}(a\nabla w) = 0, \text{ dans } \Omega, \\ w_{|\Gamma} = \varphi \in H_\gamma^{\frac{3}{2}}(\Gamma). \end{cases} \qquad (2.28)$$

Nous avons vu plus haut que ce problème admet une unique solution $w_{a,\varphi} \in H^2(\Omega)$. Nous définissons alors l'opérateur Dirichlet-Neumann partiel $\tilde{\Sigma}_a$ par

$$\tilde{\Sigma}_a : \varphi \in H_\gamma^{\frac{3}{2}}(\Gamma) \to \partial_\nu w_{a,\varphi|\gamma} \in H^{\frac{1}{2}}(\gamma).$$

De façon similaire qu'auparavant, nous montrons sans peine

$$\tilde{\Sigma}_a(a^{-\frac{1}{2}}\varphi) = \varphi\partial_\nu a^{-\frac{1}{2}} + a^{-\frac{1}{2}}\tilde{\Lambda}_{q_a}\varphi, \qquad (2.29)$$

où $q_a = a^{-\frac{1}{2}}\Delta a^{\frac{1}{2}}$.

Pour $i = 1, 2$, soit $a_i \in W^{2,\infty}(\Omega)$, $a_i \geq a_0 > 0$, et nous supposons que $\tilde{\Sigma}_{a_1} = \tilde{\Sigma}_{a_2}$ et $a_1 = a_2$ dans un voisinage de Γ. De la dernière identité nous déduisons $\tilde{\Lambda}_{q_1} = \tilde{\Lambda}_{q_2}$, avec $q_i = q_{a_i}$, $i = 1, 2$. D'où, $q_1 = q_2$ par le Théorème 2.16, ce qui implique, comme au paragraphe 2.1.2, que $a_1 = a_2$.

En résumé, nous venons de démontrer

Théorème 2.18. *Soient a_1, $a_2 \in W^{2,\infty}(\Omega)$, $a_i \geq a_0 > 0$, $i = 1, 2$, telles que $a_1 = a_2$ dans un voisinage de Γ. Alors $\tilde{\Sigma}_{a_1} = \tilde{\Sigma}_{a_2}$ implique $a_1 = a_2$.*

Les résultats de ce paragraphe proviennent essentiellement de H. Ammari et G. Uhlmann [AU].

2.1.4 Une méthode directe de construction de solutions "optique géométrique"

Nous introduisons d'abord quelques définitions. Dans ce qui suit, $(e_1, \ldots, e_n)$ désigne la base canonique de $\mathbb{R}^n$. Notons le cube $(-R, R)^n$ par Q et posons

$$Z_0 = \{\alpha = (\alpha_1, \ldots, \alpha_n) \in \mathbb{R}^n; \; \frac{\alpha_1 R}{\pi} - \frac{1}{2} \in \mathbb{Z} \text{ et } \frac{\alpha_j R}{\pi} \in \mathbb{Z} \text{ si } j \geq 2\}.$$

Observons que

$$Z_0 = \frac{\pi}{2R}e_1 + \frac{\pi}{R}\mathbb{Z}^n$$

et donc $|\alpha_1| \geq \frac{\pi}{2R}$ si $\alpha = (\alpha_1, \ldots, \alpha_n) \in Z_0$.

Nous rappelons qu'une fonction $u \in H^1_{\text{loc}}(\mathbb{R}^n)$ est dite Q-périodique si

$$u(\cdot + 2Re_j) = u(\cdot), \; 1 \leq j \leq n.$$

Remarquons qu'une fonction Q-périodique est entièrement déterminée par ses valeurs dans Q. Le sous-espace de $H^1_{\text{loc}}(\mathbb{R}^n)$ des fonctions Q-périodiques sera noté $H^1_{\text{per}}(Q)$. Clairement, $H^1_{\text{per}}(Q)$ est un sous-espace fermé de $H^1_{\text{loc}}(\mathbb{R}^n)$. Nous définissons aussi $H^2_{\text{per}}(Q)$ par

$$H^2_{\text{per}}(Q) = \{u \in H^1_{\text{per}}(Q); \; \partial_j u \in H^1_{\text{per}}(Q), \; 1 \leq j \leq n\}.$$

Nous introduisons aussi les fonctions Z_0-quasi-périodiques. Une fonction $u \in H^1_{\text{loc}}(\mathbb{R}^n)$ est dite Z_0-quasi-périodique si la fonction $x \to e^{-\frac{i\pi x_1}{2R}}u(x)$ est Q-périodique. L'ensemble des fonctions, de $H^1_{\text{loc}}(\mathbb{R}^n)$, Z_0-quasi-périodiques, noté $H^1_{Z_0}(Q)$, est un sous-espace fermé de $H^1(Q)$. De la même manière, nous définissons $H^2_{Z_0}(Q)$ comme étant l'espace des fonctions de $H^2_{\text{loc}}(Q)$ qui sont Z_0-quasi-périodiques. Nous vérifions sans peine que

$$H^1_{Z_0}(Q) = e^{\frac{i\pi x_1}{2R}} H^1_{\text{per}}(Q) \text{ et } H^2_{Z_0}(Q) = e^{\frac{i\pi x_1}{2R}} H^2_{\text{per}}(Q).$$

Pour $\alpha \in Z_0$, nous posons

$$\varphi_\alpha(x) = (2R)^{-\frac{n}{2}} e^{i\alpha \cdot x}. \tag{2.30}$$

Nous vérifions aisément que φ_α est Z_0-quasi-périodique, $(\varphi_\alpha)_{\alpha \in Z_0}$ est une base hilbertienne de $L^2(Q)$ et

$$\nabla \varphi_\alpha = i\alpha \varphi_\alpha, \quad \Delta \varphi_\alpha = -|\alpha|^2 \varphi_\alpha.$$

Nous donnons maintenant quelques propriétés des fonctions Q-périodiques. Soient $u, v \in C^1(Q) \cap H^1_{\text{per}}(Q)$. En remarquant que $\sigma \to \nu_j(\sigma)$ est anti-périodique sur ∂Q, $1 \leq j \leq n$, nous avons

$$\int_{\partial Q} u \overline{v} \nu_j d\sigma = 0, \ 1 \leq j \leq n$$

et par suite,

$$\int_Q \nabla u \overline{v} dx = -\int_Q u \nabla \overline{v} dx.$$

Aussi, pour $u, v \in C^2(Q) \cap H^2_{\text{per}}(Q)$, $\sigma \to \nabla u(\sigma) \cdot \nu(\sigma)$ étant anti-périodique, nous avons

$$\int_{\partial Q} \partial_\nu u \overline{v} d\sigma = 0, \quad \int_{\partial Q} u \partial_\nu \overline{v} d\sigma = 0.$$

D'où

$$\int_Q \Delta u \overline{v} dx = \int_Q u \Delta \overline{v} dx.$$

Nous nous donnons $u, v \in C^2(\overline{Q})$ deux fonctions Z_0-quasi-périodiques. Donc φ et ψ, données par

$$\varphi(x) = e^{-\frac{i\pi x_1}{2R}} u(x), \quad \psi(x) = e^{-\frac{i\pi x_1}{2R}} v(x)$$

sont Q-périodiques et

$$\nabla u = e^{\frac{i\pi x_1}{2R}} \nabla \varphi + \frac{i\pi}{2R} e^{\frac{i\pi x_1}{2R}} \varphi e_1, \quad \nabla v = e^{\frac{i\pi x_1}{2R}} \nabla \psi + \frac{i\pi}{2R} e^{\frac{i\pi x_1}{2R}} \psi e_1.$$

Des dernières formules, nous déduisons

$$\int_{\partial Q} (\partial_\nu u \overline{v} - u \partial_\nu \overline{v}) d\sigma = \int_{\partial Q} (\partial_\nu \varphi \overline{\psi} - \varphi \partial_\nu \overline{\psi}) d\sigma + \frac{i\pi}{R} \int_{\partial Q} \varphi \overline{\psi} e_1 \cdot \nu d\sigma = 0.$$

De cette identité, nous tirons

$$\int_Q \nabla u \overline{v} dx = -\int_Q u \nabla \overline{v} dx \tag{2.31}$$

et

$$\int_Q \Delta u \bar{v} dx = \int_Q u \Delta \bar{v} dx. \tag{2.32}$$

Un argument classique de densité permet d'étendre (2.31) (resp. (2.32)) à u, $v \in H^1_{Z_0}(Q)$ (resp. u, $v \in H^2_{Z_0}(Q)$).

Proposition 2.19. *Soient $s \in \mathbb{R}$, $s \neq 0$, $\xi \in \mathbb{R}^n$ tel que $\xi \cdot e_1 = 0$ et posons $\zeta = i\xi + se_1$. Alors, pour tout $f \in L^2(Q)$, il existe un unique $\psi \in H^1_{Z_0}(Q) \cap H^2(Q)$ tel que*

$$-\Delta\psi - 2\zeta \cdot \nabla\psi = f, \; dans \, Q. \tag{2.33}$$

De plus

$$\|\psi\|_{L^2(Q)} \leq \frac{R}{\pi|s|}\|f\|_{L^2(Q)}.$$

Preuve. Comme $(\varphi_\alpha)_{\alpha \in Z_0}$ est une base hilbertienne de $L^2(Q)$, (2.33) est équivalente à

$$\langle -\Delta\psi - 2\zeta \cdot \nabla\psi, \varphi_\alpha \rangle = \langle f, \varphi_\alpha \rangle, \; \text{pour tout } \alpha \in Z_0,$$

où $\langle \cdot, \cdot \rangle$ désigne le produit scalaire usuel sur $L^2(Q)$.

Des formules (2.31) et (2.32), nous déduisons

$$\langle -\Delta\psi - 2\zeta \cdot \nabla\psi, \varphi_\alpha \rangle = (\alpha \cdot \alpha - 2i\zeta \cdot \alpha)\langle \psi, \varphi_\alpha \rangle, \; \text{pour tout } \alpha \in Z_0.$$

Comme

$$|\alpha \cdot \alpha - 2i\zeta \cdot \alpha| \geq |\Im(\alpha \cdot \alpha - 2i\zeta)| = |2s\alpha_1| \geq \frac{|s|\pi}{R}, \tag{2.34}$$

nous concluons

$$\langle \psi, \varphi_\alpha \rangle = \frac{\langle f, \varphi_\alpha \rangle}{\alpha \cdot \alpha - 2i\zeta \cdot \alpha}, \; \text{pour tout } \alpha \in Z_0.$$

Nous avons donc

$$\psi = \sum_{\alpha \in Z_0} \frac{\langle f, \varphi_\alpha \rangle}{\alpha \cdot \alpha - 2i\zeta \cdot \alpha} \varphi_\alpha$$

et, par (2.34),

$$\|\psi\|_{L^2(Q)} = \sum_{\alpha \in Z_0} \frac{|\langle f, \varphi_\alpha \rangle|^2}{|\alpha \cdot \alpha - 2i\zeta \cdot \alpha|^2} \leq \frac{R^2}{|s|^2\pi^2}\|f\|_{L^2(Q)}.$$

Pour terminer, nous notons que $\psi \in H^2(Q)$ résulte tout simplement des résultats de régularité elliptique. $\square$

Corollaire 2.20. *Soit $\zeta = i\xi + \eta$, avec ξ, $\eta \in \mathbb{R}^n$ vérifiant $\xi \cdot \eta = 0$ et $\eta \neq 0$. Si X est un ouvert borné de $\mathbb{R}^n$, alors il existe un opérateur borné $E_\zeta : L^2(X) \to H^2(X)$ tel que $\psi = E_\zeta(f) \in H^2(X)$ est solution de*

$$-\Delta\psi - 2\zeta \cdot \nabla\psi = f. \tag{2.35}$$

De plus

$$\|E_\zeta\|_{\mathcal{L}(L^2(X), H^2(X))} \leq \frac{C}{|\eta|},$$

où C est une constante, indépendante de ξ et η.

Preuve. Sans perte de généralité, nous supposons que $0 \in X$. Fixons alors un $R > 0$ tel que pour toute rotation S de $\mathbb{R}^n$ autour de l'origine, $S(X) \subset Q = (-R, R)^n$. Nous nous donnons $\eta \in \mathbb{R}^n$, $\eta \neq 0$, nous posons $s = |\eta|$ et nous considérons S une rotation autour de l'origine telle que $Se_1 = \frac{\eta}{s}$.

Pour $f \in L^2(X)$, nous notons son prolongement, sur $\mathbb{R}^n$ tout entier, par 0 en dehors de X par f_0.

Si $u \in H^1_{\text{loc}}(\mathbb{R}^n)$ alors $v(x) = u(Sx) \in H^1_{\text{loc}}(\mathbb{R}^n)$ et vérifie

$$\zeta_0 \cdot \nabla v(x) = (S\zeta_0) \cdot (\nabla u)(Sx), \quad \Delta v(x) = \Delta u(x),$$

où $\zeta_0 = iS^*\xi + S^*\eta$.

Donc pour trouver une solution de (2.35), il suffit de résoudre

$$v \in H^2(Q) \cap H^1_{Z_0}(Q), \quad -\Delta v - 2\zeta_0 \cdot \nabla v = g,$$

où $g(x) = f_0(Sx)$. D'après la Proposition 2.19, ce dernier problème admet une unique solution telle que

$$\|v\|_{L^2(Q)} \leq \frac{C}{s}\|g\|_{L^2(Q)}.$$

Il suffit de poser $E_\zeta(f) = (v \circ S^*)_{|X}$, qui possède bien les propriétés requises.
□

Proposition 2.21. *Soit $\zeta = i\xi + \eta$, avec ξ, $\eta \in \mathbb{R}^n$ vérifiant $\xi \cdot \eta = 0$ et $\eta \neq 0$. Si X est un ouvert borné de $\mathbb{R}^n$ et $q \in L^\infty(X)$, $\|q\|_{L^\infty(X)} \leq M$, avec M une constante positive donnée, alors nous trouvons une constante $K > 0$, qui ne dépend que de M, pour laquelle pour tous $|\eta| \geq K$ et $f \in L^2(X)$, il existe $\psi \in H^2(X)$ vérifiant*

$$-\Delta\psi - 2\zeta \cdot \nabla\psi + q\psi = f \tag{2.36}$$

et

$$\|\psi\|_{L^2(X)} \leq \frac{C}{|\eta|}\|f\|_{L^2(X)},$$

où C est une constante, indépendante de ξ et η et f.

Preuve. Notons que l'équation (2.36) est équivalente à

$$-\Delta\psi - 2\zeta \cdot \nabla\psi = -q\psi + f.$$

Si E_ζ est l'opérateur du Corollaire 2.20, nous sommes donc ramenés à résoudre

$$\psi = F_\zeta(\psi) = E_\zeta(f) - E_\zeta(q\psi). \qquad (2.37)$$

Nous avons $\|E_\zeta\| \leq \frac{C}{|\eta|}$. Donc si $|\eta| \geq 2CM$ alors

$$\|F_\zeta(\psi_1) - F_\zeta(\psi_2)\|_{L^2(X)} = \|E_\zeta(q\psi_1) - E_\zeta(q\psi_2)\|_{L^2(X)} \leq \frac{1}{2}\|\psi_1 - \psi_2\|_{L^2(X)},$$

pour tous ψ_1, $\psi_2 \in L^2(X)$. Donc, F_ζ étant une contraction stricte sur $L^2(X)$, (2.37) admet une unique solution $\psi \in L^2(X)$, et comme E_ζ envoie $L^2(X)$ dans $H^2(X)$, $\psi \in H^2(X)$. Finalement,

$$\|\psi\|_{L^2(X)} \leq \frac{C}{|\eta|}\|f\|_{L^2(X)} + \frac{CM}{|\eta|}\|\psi\|_{L^2(X)}.$$

D'où, puisque $\frac{CM}{|\eta|} \leq \frac{1}{2}$,

$$\|\psi\|_{L^2(X)} \leq \frac{2C}{|\eta|}\|f\|_{L^2(X)},$$

ce qui termine la preuve. $\qquad\qquad\qquad\qquad\qquad\qquad\qquad\qquad\qquad\qquad\square$

Les résultats de ce sous-paragraphe sont dus à [Ha].

2.1.5 Construction de solutions "optique géométrique" à l'aide d'une inégalité de Carleman

Soit Ω un domaine borné de $\mathbb{R}^n$, de frontière Γ. Même si ce n'est pas toujours nécessaire, nous supposerons que Ω est de classe C^2.

Pour $\xi \in S^{n-1} = \{\eta \in \mathbb{R}^n;\ |\eta| = 1\}$, nous introduisons les ensembles

$$\Gamma_\pm(\xi) = \{x \in \Gamma;\ \pm\nu(x) \cdot \xi > 0\}.$$

Dans tout ce sous-paragraphe, les fonctions que nous considérerons seront à valeurs complexes.

Nous commençons par démontrer la

Proposition 2.22. *Pour tout $\lambda > 0$ et pour tout $u \in C^2(\overline{\Omega})$, $u = 0$ sur Γ,*

$$\frac{4\lambda^2}{m^2}\int_\Omega e^{-2\lambda(x\cdot\xi)}|u|^2 dx + 2\lambda\int_{\Gamma_+(\xi)} e^{-2\lambda(x\cdot\xi)}(\xi\cdot\nu)|\partial_\nu u|^2 d\sigma$$

$$\leq \int_\Omega e^{-2\lambda(x\cdot\xi)}|\Delta u|^2 dx$$

$$- 2\lambda\int_{\Gamma_-(\xi)} e^{-2\lambda(x\cdot\xi)}(\xi\cdot\nu)|\partial_\nu u|^2 d\sigma, \qquad (2.38)$$

où $m = \sup\{|x|;\ x \in \overline{\Omega}\}$.

Preuve. Soient $\lambda > 0$, $u \in C^2(\overline{\Omega})$ $u = 0$ sur Γ et $v = e^{-\lambda(x \cdot \xi)}u$.

Si $L = e^{-\lambda(x \cdot \xi)}\Delta e^{\lambda(x \cdot \xi)} = \Delta + 2\lambda\xi \cdot \nabla + \lambda^2$, alors

$$|e^{-\lambda(x \cdot \xi)}\Delta u|^2 = |Lv|^2. \tag{2.39}$$

Nous écrivons $L = L_+ + L_-$, avec $L_+ = \Delta + \lambda^2$ et $L_- = 2\lambda\xi \cdot \nabla$. Donc

$$|Lv|^2 = |L_+v|^2 + |L_-v|^2 + 2\Re(L_+vL_-\overline{v}).$$

Nous utilisons la formule $2\Re(\xi \cdot v\nabla\overline{v}) = \xi \cdot \nabla(|v|^2)$ pour avoir

$$2\int_\Omega \Re(\xi \cdot v\nabla\overline{v})dx = \int_\Omega \xi \cdot \nabla(|v|^2)dx = \int_\Gamma (\xi \cdot \nu)|v|^2 d\sigma = 0, \tag{2.40}$$

car $v = 0$ sur Γ. D'autre part, pour $1 \le i$, $j \le n$,

$$2\int_\Omega \Re(\partial_{ii}^2 v\partial_j\overline{v}\xi_j)dx = -2\int_\Omega \Re(\partial_i v\partial_{ij}^2\overline{v}\xi_j)dx + 2\int_{\partial\Omega} \Re(\partial_i v\partial_j\overline{v}\xi_j)\nu_i d\sigma$$

et donc, puisque $2\Re(\partial_i v\partial_{ij}^2\overline{v}) = \partial_j(|\partial_i v|^2)$,

$$4\lambda\int_\Omega \Re(\Delta v(\xi \cdot \nabla\overline{v}))dx = -2\lambda\int_\Omega (\text{div}(|\nabla v|^2\xi)dx + 4\lambda\int_\Gamma \Re(\partial_\nu v\nabla\overline{v} \cdot \xi)d\sigma$$

$$= -2\lambda\int_\Gamma |\nabla v|^2(\xi \cdot \nu)d\sigma + 4\lambda\int_\Gamma \Re(\partial_\nu v\nabla\overline{v} \cdot \xi)d\sigma.$$

Or $v = 0$ sur Γ. Donc son gradient tangentiel est nul sur Γ. D'où, $\nabla v = \partial_\nu v\nu$ et par conséquence

$$4\lambda\int_\Omega \Delta v(\xi \cdot \nabla\overline{v})dx = 2\lambda\int_\Gamma |\partial_\nu v|^2(\xi \cdot \nu)d\sigma$$

$$= 2\lambda\int_\Gamma \Re(e^{-2\lambda(x \cdot \xi)}|\partial_\nu u|^2(\xi \cdot \nu))d\sigma. \tag{2.41}$$

(2.40) et (2.41) impliquent

$$2\int_\Omega \Re(L_+vL_-\overline{v})dx = 4\lambda\int_\Omega \Re(\Delta v(\xi \cdot \nabla\overline{v}))dx + 4\lambda^3\int_\Omega \Re(\xi \cdot v\nabla\overline{v})$$

$$= +2\lambda\int_\Gamma e^{-2\lambda(x \cdot \xi)}|\partial_\nu u|^2(\xi \cdot \nu)d\sigma. \tag{2.42}$$

Maintenant, d'après la Proposition 1.22, nous avons

$$\int_\Omega |L_-v|^2 dx = 4\lambda^2\int_\Omega |\nabla v|^2 dx \ge \frac{4\lambda^2}{m^2}\int_\Omega |v|^2 dx = \frac{4\lambda^2}{m^2}\int_\Omega e^{-2\lambda(x \cdot \xi)}|u|^2 dx. \tag{2.43}$$

Vu (2.42) et (2.43), nous obtenons

$$\int_\Omega e^{-2\lambda(x\cdot\xi)}|\Delta u|^2 dx = \int_\Omega |Lv|^2 dx$$

$$\geq \int_\Omega |L_- v|^2 + 2\int_\Omega \Re(L_+ v L_- \overline{v}) dx$$

$$\geq \frac{4\lambda^2}{m^2}\int_\Omega e^{-2\lambda(x\cdot\xi)}|u|^2 dx + 2\lambda\int_\Gamma e^{-2\lambda(x\cdot\xi)}|\partial_\nu u|^2(\xi\cdot\nu)d\sigma,$$

ce qui entraine (2.38).   □

Comme conséquence de cette proposition, nous avons le

Corollaire 2.23. *(Inégalité de Carleman) Soient $q\in L^\infty(\Omega)$ et $M\geq\|q\|_{L^\infty}$. Alors il existe deux constantes positives λ_0 et C, qui ne dépendent que de Ω et M, telles que : pour tout $\lambda\geq\lambda_0$ et pour tout $u\in C^2(\overline{\Omega})$, $u=0$ sur Γ,*

$$C\lambda^2\int_\Omega e^{-2\lambda(x\cdot\xi)}|u|^2 dx + \lambda\int_{\Gamma_+(\xi)} e^{-2\lambda(x\cdot\xi)}(\xi\cdot\nu)|\partial_\nu u|^2 d\sigma$$

$$\leq \int_\Omega e^{-2\lambda(x\cdot\xi)}|(\Delta-q)u|^2 dx$$

$$-\lambda\int_{\Gamma_-(\xi)} e^{-2\lambda(x\cdot\xi)}(\xi\cdot\nu)|\partial_\nu u|^2 d\sigma. \qquad (2.44)$$

Preuve. Pour $u\in C^2(\overline{\Omega})$, $u=0$ sur Γ, nous avons

$$|\Delta u|^2 \leq 2|(\Delta-q)u|^2 + 2\|q\|^2_{L^\infty}|u|^2$$
$$\leq 2|(\Delta-q)u|^2 + 2M^2|u|^2.$$

Vu la Proposition 2.22, il suffit de choisir λ_0 telle que $0<\frac{4}{m^2}-\frac{2M^2}{\lambda_0^2}$ et de poser $2C=\frac{4}{m^2}-\frac{2M^2}{\lambda_0^2}$.   □

Nous fixons $\xi\in S^{n-1}$ jusqu'à la fin de la preuve du Lemme 2.24 et soit $q\in L^\infty(\Omega)$.

Pour $\lambda\in\mathbb{R}$, nous munissons $L^2(\Omega)$ du produit scalaire équivalent $(\cdot,\cdot)_\lambda$ donné par

$$(f,g)_\lambda = \int_\Omega e^{2\lambda(x\cdot\xi)}f(x)\overline{g}(x)dx.$$

La norme associée à ce produit scalaire sera notée $\|\cdot\|_\lambda$.

Quand $L^2(\Omega)$ est muni du produit scalaire $(\cdot,\cdot)_\lambda$, nous le noterons $L^2_\lambda(\Omega)$.

Clairement, le dual de $L^2_\lambda(\Omega)$ s'identifie à $L^2_{-\lambda}(\Omega)$. Plus précisément, pour tout $\varphi\in L^2_\lambda(\Omega)'$, il existe un unique $g\in L^2_{-\lambda}(\Omega)$ telle que

$$\varphi(f)=(g,f)_0 \text{ pour tout } f\in L^2_\lambda(\Omega).$$

Soit

$$\mathcal{X}=\{w\in C^2(\overline{\Omega}); w_{|\Gamma}=0 \text{ et } \partial_\nu w_{|\Gamma_+(\xi)}=0\}.$$

Nous considérons alors $\mathcal{Y}$ le sous-espace de $L^2_\lambda(\Omega)$ donné par $\mathcal{Y}=(-\Delta+\overline{q})\mathcal{X}$.

Lemme 2.24. *Il existe deux constantes positives λ_0 et K, qui ne dépendent que de Ω et M, $M \geq \|q\|_{L^\infty(\Omega)}$, telles que pour tout $\lambda \geq \lambda_0$ et pour tout $f \in L^2(\Omega)$, il existe $v \in H_\Delta(\Omega)$ vérifiant*

$$\begin{cases} (-\Delta + q)v = f, \ dans \ \Omega, \\ v_{|\Gamma_-(\xi)} = 0, \end{cases}$$

et

$$\|v\|_{-\lambda} \leq \frac{K}{\lambda} \|f\|_{-\lambda}.$$

Preuve. Soient λ_0 et C (qui dépendent uniquement de Ω et M) les deux constantes du Corollaire 2.23. L'inégalité de Carleman (2.44), avec $-\xi$ à la place de ξ et $\overline{q}$ à la place q, nous donne

$$C\lambda^2 \|w\|_\lambda^2 \leq \|(-\Delta + \overline{q})w\|_\lambda^2, \tag{2.45}$$

pour tout $\lambda \geq \lambda_0$ et pour tout $w \in \mathcal{X}$. Notons que, pour établir (2.45), nous avons utilisé $\Gamma_-(\xi) = \Gamma_+(-\xi)$.

Nous définissons sur $\mathcal{Y}$ la forme anti-linéaire l comme suit

$$l : \mathcal{Y} \to \mathbb{C} : l((-\Delta + \overline{q})w) = (f, w)_0, \ w \in \mathcal{X}.$$

Nous remarquons que l, donnée comme ci-dessus, est bien définie. En effet, si w_1, $w_2 \in \mathcal{X}$ sont telles que $(-\Delta + \overline{q})w_1 = (-\Delta + \overline{q})w_2$ alors $w_1 = w_2$ par (2.45). De plus, (2.45) nous fournit aussi

$$|l((-\Delta + \overline{q})w)| \leq \|f\|_{-\lambda} \|w\|_\lambda \leq \frac{\|f\|_{-\lambda}}{\lambda\sqrt{C}} \|(-\Delta + \overline{q})w\|_\lambda, \ \forall w \in \mathcal{X}.$$

C'est-à-dire,

$$|l(h)| \leq \frac{\|f\|_{-\lambda}}{\lambda\sqrt{C}} \|h\|_\lambda, \ h \in \mathcal{Y}. \tag{2.46}$$

En d'autres termes, l est continue sur $\mathcal{Y}$. Nous invoquons alors le théorème de prolongement de Hahn-Banach (voir [Sc2] par exemple) pour conclure que l se prolonge en une forme anti-linéaire continue, encore notée l, sur $L_\lambda^2(\Omega)$. D'où, il. existe un unique $v \in L_{-\lambda}^2(\Omega)$ tel que

$$\|v\|_{-\lambda} = \|l\|, \tag{2.47}$$

$\|l\|$ étant la norme de l comme élément de $L_\lambda^2(\Omega)'$, et

$$l(w) = (v, w)_0, \ w \in L_\lambda^2(\Omega).$$

En particulier,

$$(f, w)_0 = (v, (-\Delta + \overline{q})w)_0, \ w \in \mathcal{X}. \tag{2.48}$$

De plus (2.46) et (2.47) impliquent

$$\|v\|_{-\lambda} \leq \frac{1}{\lambda\sqrt{C}}\|f\|_{-\lambda}.$$

Comme $\mathcal{D}(\Omega) \subset \mathcal{X}$, nous déduisons, de façon standard, de (2.48) que

$$(-\Delta + q)v = f, \text{ dans } \mathcal{D}'(\Omega),$$

et par suite $v \in H_\Delta(\Omega)$. Nous utilisons ensuite la formule d'intégration par parties du Théorème 1.20 et (2.48) pour déduire

$$\int_\Gamma v\partial_\nu w = 0, \text{ pour tout } w \in \mathcal{X},$$

et donc $v = 0$ sur $\Gamma_-(\xi)$. $\square$

Nous utilisons maintenant ce lemme pour démontrer la

Proposition 2.25. *Soient $q \in L^\infty(\Omega)$ et $M \geq \|q\|_{L^\infty(\Omega)}$. Nous pouvons alors trouver deux constantes positives λ_0 et C, ne dépendant que de M et Ω, telles que :*

pour tout $\lambda \geq \lambda_0$ et pour tout $\rho = \lambda(\xi + i\eta)$, avec $\xi, \eta \in S^{n-1}$, $\xi \cdot \eta = 0$, il existe $u \in H_\Delta(\Omega)$ telle que $(-\Delta + q)u = 0$ dans Ω et

$$u = e^{\rho \cdot x}(1 + w),$$

où $w \in H_\Delta(\Omega)$ vérifie

$$w_{|\Gamma_-(\xi)} = 0 \text{ et } \|w\|_{L^2(\Omega)} \leq \frac{C}{\lambda}.$$

Preuve. Soient λ_0, K comme dans le Lemme 2.24 et soit $\lambda \geq \lambda_0$. Il existe alors $v \in H_\Delta(\Omega)$ telle que

$$\begin{cases} (-\Delta + q)v = -qe^{\rho \cdot x}, \text{ dans } \Omega, \\ v_{|\Gamma_-(\xi)} = 0, \end{cases}$$

et

$$\|v\|_{-\lambda} \leq \frac{K}{\lambda}\|qe^{\rho \cdot x}\|_{-\lambda}.$$

Si $w = e^{-\rho \cdot x}v$ et $u = v + e^{\rho \cdot x} = e^{\rho \cdot x}(1 + w)$, nous vérifions sans difficulté que

$$\|w\|_{L^2(\Omega)} = \|e^{-\rho \cdot x}v\|_{L^2(\Omega)} = \|v\|_{-\lambda} \leq \frac{K}{\lambda}\|qe^{\rho \cdot x}\|_{-\lambda} \leq \frac{K|\Omega|^{\frac{1}{2}}}{\lambda}\|q\|_{L^\infty} \leq \frac{K|\Omega|^{\frac{1}{2}}M}{\lambda},$$

$(-\Delta + q)u = 0$ dans Ω et $w_{|\Gamma_-(\xi)} = 0$. $\square$

Les résultats de ce paragraphe correspondent à une partie de l'article de A. L. Bukhgeim et G. Uhlmann [BU]. Dans ce même article, les auteurs utilisent les solutions "optique géométrique", données par la Proposition 2.25, pour démontrer l'unicité de q dans $-\Delta + q$, à partir d'un opérateur Dirichlet-Neumann partiel. C'est un résultat qui généralise le Théorème 2.6. Le lecteur intéressé pourra consulter l'article original pour les énoncés précis et les démonstrations (voir aussi le Problème 5).

2.2 Un problème spectral inverse : un théorème de Borg-Levinson multidimensionnel

2.2.1 Unicité

Dans ce sous-paragraphe Ω est un domaine borné de $\mathbb{R}^n$ de classe C^2. Nous notons sa frontière par Γ.

Comme au paragraphe précédent, A_q, $q \in L^\infty(\Omega)$, est l'opérateur $-\Delta + q$ ayant pour domaine $D(A_q) = H_0^1(\Omega) \cap H^2(\Omega)$.

Nous rappelons que le spectre de A_q est constitué de valeurs propres, comptées avec leur multiplicité,

$$-\infty < \lambda_{1,q} \leq \lambda_{2,q} \leq \ldots \leq \lambda_{k,q} \to +\infty,$$

et que A_q possède une base de fonctions propres $(\varphi_{k,q})$. Nous verrons plus loin que, pour chaque k, $\varphi_{k,q} \in H^2(\Omega)$ et donc $\partial_\nu \varphi_{k,q} \in H^{\frac{1}{2}}(\Gamma)$.

Notre objectif ici est de démontrer le

Théorème 2.26. *Soient q_1, $q_2 \in L^\infty(\Omega)$ et (φ_{k,q_1}) une base de fonctions propres de A_{q_1}. Nous supposons que, pour tout k, $\lambda_{k,q_1} = \lambda_{k,q_2}$ et qu'il existe (φ_{k,q_2}) une base de fonctions propres de A_{q_2} telle que*

$$\partial_\nu \varphi_{k,q_1} = \partial_\nu \varphi_{k,q_2} \text{ pour chaque } k.$$

Alors $q_1 = q_2$.

Nous montrons d'abord quelques résultats préliminaires. Dans la suite, pour $q \in L^\infty(\Omega)$, $\sigma(A_q)$ et $\rho(A_q)$ désignent respectivement le spectre et l'ensemble résolvant de A_q, c'est-à-dire, $\sigma(A_q) = \{\lambda_{k,q}, \ k \geq 1\}$ et $\rho(A_q) = \mathbb{C} \backslash \sigma(A_q)$.

D'après le Théorème 1.26, si $\lambda \in \rho(A_q)$ et si $f \in H^{\frac{3}{2}}(\Gamma)$ alors il existe un unique $u_{q,f}(\lambda)$ solution du problème aux limites

$$\begin{cases} -\Delta u + qu - \lambda u = 0, & \text{dans } \Omega, \\ u = f, & \text{sur } \Gamma, \end{cases}$$

et l'opérateur

$$\Lambda_q(\lambda) : f \to \partial_\nu u_{q,f}(\lambda)$$

est borné de $H^{\frac{3}{2}}(\Gamma)$ dans $H^{\frac{1}{2}}(\Gamma)$.

Soient maintenant q_1, $q_2 \in L^\infty(\Omega)$ et $\lambda \in \mathbb{R}$ tels que $\lambda < 0$ et $|\lambda| \geq 2M$, où $M \geq \max(\|q_1\|_{L^\infty}, \|q_2\|_{L^\infty})$. Nous posons $u = u_{q_1,f}(\lambda) - u_{q_2,f}(\lambda)$. Alors il est aisé de voir que u est la solution du problème aux, limites

$$\begin{cases} -\Delta u + q_1 u - \lambda u = (q_2 - q_1) u_{q_2,f}(\lambda), & \text{dans } \Omega, \\ u = 0, & \text{sur } \Gamma. \end{cases}$$

Par une application de la formule de Green, nous obtenons

$$\int_{\Omega} |\nabla u|^2 + \int_{\Omega} (q_1 - \lambda)u^2 = \int_{\Omega} (q_2 - q_1)u_{q_2,f}(\lambda)u. \qquad (2.49)$$

D'où

$$\frac{|\lambda|}{2}\|u\|_{L^2(\Omega)} \leq \|q_1 - q_2\|_{L^\infty(\Omega)}\|u_{q_2,f}(\lambda)\|_{L^2(\Omega)}$$

et donc

$$\|u\|_{L^2(\Omega)} \leq \frac{4M}{|\lambda|}\|u_{q_2,f}(\lambda)\|_{L^2(\Omega)}. \qquad (2.50)$$

D'autre part, nous avons $u_{q_2,f}(\lambda) = v_0 + v_1$, où v_0 et v_1 sont les solutions respectives des problèmes aux limites

$$\begin{cases} -\Delta v = 0, & \text{dans } \Omega, \\ v = f, & \text{sur } \Gamma, \end{cases}$$

et

$$\begin{cases} -\Delta v + q_2 v - \lambda v = (\lambda - q_2)v_0, & \text{dans } \Omega, \\ v = 0, & \text{sur } \Gamma. \end{cases}$$

Comme précédemment, nous avons l'estimation

$$\|v_1\|_{L^2(\Omega)} \leq \frac{4\|q_2 - \lambda\|_{L^\infty(\Omega)}}{|\lambda|}\|v_0\|_{L^2(\Omega)} \leq 8\|v_0\|_{L^2(\Omega)}.$$

Or, d'après le Théorème 1.26, $\|v_0\|_{L^2(\Omega)} \leq C\|f\|_{H^{\frac{3}{2}}(\Gamma)}$, où C dépend uniquement de Ω. Il en résulte que

$$\|u_{q_2,f}(\lambda)\|_{L^2(\Omega)} \leq C\|f\|_{H^{\frac{3}{2}}(\Gamma)}. \qquad (2.51)$$

Cette estimation, en combinaison avec (2.50), entraine

$$\|u\|_{L^2(\Omega)} \leq \frac{C}{|\lambda|}\|f\|_{H^{\frac{3}{2}}(\Gamma)}. \qquad (2.52)$$

Une nouvelle application de l'estimation du Théorème 1.26 conduit à

$$\|u\|_{H^2(\Omega)} \leq C(|\lambda|\|u\|_{L^2(\Omega)} + \|q_2 - q_1\|_{L^\infty(\Omega)}\|u_{q_2,f}(\lambda)\|_{L^2(\Omega)}).$$

Ceci, (2.51) et (2.52) impliquent

$$\|u\|_{H^2(\Omega)} \leq C\|f\|_{H^{\frac{3}{2}}(\Gamma)}, \qquad (2.53)$$

où la constante C ne dépend que de Ω et M. Nous faisons alors appel à l'inégalité d'interpolation

$$\|u\|_{H^s(\Omega)} \le C\|u\|_{L^2(\Omega)}^{1-\frac{s}{2}}\|u\|_{H^2(\Omega)}^{\frac{s}{2}}, \ 0 \le s \le 2,$$

pour conclure que

$$\|u\|_{H^s(\Omega)} \le \frac{C}{|\lambda|^{1-\frac{s}{2}}}\|f\|_{H^{\frac{3}{2}}(\Gamma)}, \ 0 \le s \le 2,$$

où C est une constante qui dépend uniquement de Ω, M et s. Nous en déduisons que, pour $0 \le t \le \frac{1}{2}$,

$$\|\partial_\nu u\|_{H^t(\Gamma)} \le \frac{C}{|\lambda|^{\frac{1-2t}{4}}}\|f\|_{H^{\frac{3}{2}}(\Gamma)},$$

car l'opérateur de trace $w \to \partial_\nu w_{|\Gamma}$ est borné de $H^{t+\frac{3}{2}}(\Omega)$ dans $H^t(\Gamma)$. Par suite, $\|\cdot\|_t$ désignant la norme dans $\mathcal{L}(H^{\frac{3}{2}}(\Gamma), H^t(\Gamma))$,

$$\|\Lambda_{q_1}(\lambda) - \Lambda_{q_2}(\lambda)\|_t \le \frac{C}{|\lambda|^{\frac{1-2t}{4}}}.$$

En particulier, nous avons le

Lemme 2.27. *Pour $0 \le t < \frac{1}{2}$,*

$$\lim_{\lambda \to -\infty} \|\Lambda_{q_1}(\lambda) - \Lambda_{q_2}(\lambda)\|_t = 0.$$

Les espaces $H^s(\Omega)$, $0 \le s \in \mathbb{R}$, se construisent à partir des espaces $H^m(\Omega)$, m entier positif, par interpolation. Pour $0 < s < 1$ et $m \ge 0$ entier, $H^{m+s}(\Omega)$ constitue un espace intermédiaire entre $H^m(\Omega)$ et $H^{m+1}(\Omega)$. Le lecteur intéressé pourra consulter J.-L. Lions et E. Magenes [LM] pour avoir plus de détails sur la construction des espaces $H^s(\Omega)$, ainsi que les théorèmes de traces pour ces espaces.

Nous énonçons maintenant un second lemme.

Lemme 2.28. *Soit $q \in L^\infty(\Omega)$. Alors pour tout entier $m > \frac{n}{2}$, pour tout $f \in H^{\frac{3}{2}}(\Gamma)$ et pour tout $\lambda \in \rho(A_q)$*

$$\frac{d^m}{d\lambda^m}\Lambda_q(\lambda)f = -m!\sum_{k \ge 1}\frac{1}{(\lambda_{k,q} - \lambda)^{m+1}}\langle f, \partial_\nu\varphi_{k,q}\rangle\partial_\nu\varphi_{k,q},$$

où

$$\langle f, \partial_\nu\varphi_{k,q}\rangle = \int_\Gamma f\partial_\nu\varphi_{k,q}d\sigma.$$

Preuve. Pour $\lambda \in \rho(A_q)$, nous posons $R_q(\lambda) = (A_q - \lambda)^{-1}$. D'après la Proposition 2.30 ci-dessous,

$$R_q(\lambda)h = \sum_{k \ge 1}\frac{1}{\lambda_{k,q} - \lambda}(h, \varphi_{k,q})\varphi_{k,q}, \ h \in L^2(\Omega),$$

$(\cdot, \cdot)$ désignant le produit scalaire dans $L^2(\Omega)$ et $\lambda \in \rho(A_q) \rightarrow R_q(\lambda) \in \mathcal{L}(L^2(\Omega), H^2(\Omega))$ est holomorphe.

Soient $f \in H^{\frac{3}{2}}(\Gamma)$ et F la solution du problème aux limites

$$\begin{cases} -\Delta u = 0, & \text{dans } \Omega, \\ u = f, & \text{sur } \Gamma. \end{cases}$$

Nous vérifions facilement que

$$u_{q,f}(\lambda) = F - R_q(\lambda)[(q - \lambda)F]$$

et donc $\lambda \in \rho(A_q) \rightarrow u_{q,f}(\lambda)$ est holomorphe. D'autre part, il est aisé de voir que $u^{(m)} = \frac{d^m}{d\lambda^m} u_{q,f}(\lambda)$, $m \geq 1$, est la solution de

$$\begin{cases} -\Delta u + qu - \lambda u = mu^{(m-1)}, & \text{dans } \Omega, \\ u = 0, & \text{sur } \Gamma. \end{cases}$$

C'est-à -dire,

$$u^{(m)} = mR_q(\lambda)u^{m-1} = \ldots = m!R_q(\lambda)^m u^0,$$

ou encore

$$u^{(m)} = m!R_q(\lambda)^m \{F - R_q(\lambda)[(q - \lambda)F]\}. \tag{2.54}$$

A l'aide de la formule de Green et de l'identité

$$(q - \lambda)\varphi_{k,q} = (\lambda_{k,q} - \lambda)\varphi_{k,q} + \Delta\varphi_{k,q},$$

nous obtenons

$$((q - \lambda)F, \varphi_{k,q}) = (\lambda_{k,q} - \lambda)(F, \varphi_{k,q}) + \langle f, \partial_\nu \varphi_{k,q} \rangle.$$

Il s'ensuit que

$$R_q(\lambda)^{m+1}[(q - \lambda)F] = \sum_{k \geq 1} \frac{1}{(\lambda_{k,q} - \lambda)^{m+1}}((q - \lambda)F, \varphi_{k,q})\varphi_{k,q}$$

$$= R_q(\lambda)^m F + \sum_{k \geq 1} \frac{1}{(\lambda_{k,q} - \lambda)^{m+1}}\langle f, \partial_\nu \varphi_{k,q} \rangle \varphi_{k,q}.$$

Nous admettons pour le moment que la série ci-dessus est convergente dans $H^2(\Omega)$ pour $m > \frac{n}{2}$. (2.54) entraine alors

$$u^{(m)}(\lambda) = -m! \sum_{k \geq 1} \frac{1}{(\lambda_{k,q} - \lambda)^{m+1}}\langle f, \partial_\nu \varphi_{k,q} \rangle \varphi_{k,q}.$$

Par suite,

$$\frac{d^m}{d\lambda^m}\Lambda_q(\lambda)f = \partial_\nu u^{(m)}(\lambda) = -m! \sum_{k \geq 1} \frac{1}{(\lambda_{k,q} - \lambda)^{m+1}}\langle f, \partial_\nu \varphi_{k,q} \rangle \partial_\nu \varphi_{k,q}.$$

Pour compléter la preuve, il nous reste à montrer la convergence dans $H^2(\Omega)$ de la série de terme général $\frac{1}{(\lambda_{k,q}-\lambda)^{m+1}}\langle f, \partial_\nu \varphi_{k,q}\rangle\varphi_{k,q}$. Nous rappelons d'abord que si (μ_k) est la suite des valeurs propres de A_0 (i.e. A_q avec $q = 0$), alors il existe deux constantes positives C_1 et C_2, qui dépendent uniquement de Ω, telles que

$$C_1 k^{\frac{2}{n}} \le \mu_k \le C_2 k^{\frac{2}{n}}. \qquad (2.55)$$

(Le lecteur trouvera une démonstration de ces estimations dans O. Kavian [Ka1].)

D'autre part, nous montrons facilement, à l'aide de la formule du min-max (voir par exemple R. Dautray et J.-L. Lions [DL]) pour les valeurs propres, que

$$\mu_k \le \lambda_{k,q} + \|q\|_{L^\infty(\Omega)} \le \mu_k + 2\|q\|_{L^\infty(\Omega)}.$$

Ceci, combiné avec le fait $\|\varphi_{k,q}\|_{H^2(\Omega)} \le C|\lambda_{k,q}|\|\varphi_{k,q}\|_{L^2(\Omega)} = C|\lambda_{k,q}|$ (voir le Théorème 1.26), conduit à

$$\left\|\frac{1}{(\lambda_{k,q}-\lambda)^{m+1}}\langle f, \partial_\nu\varphi_{k,q}\rangle\varphi_{k,q}\right\|_{H^2} \sim \frac{1}{k^{\frac{2m}{n}}} \text{ quand } k \to +\infty.$$

Ce qui achève la démonstration. $\qquad\qquad\qquad\qquad\qquad\qquad\qquad\square$

Preuve du Théorème 2.26. Soit $f \in H^{\frac{3}{2}}(\Gamma)$. D'après le lemme 2.28, il existe $\lambda_0 > 0$ tel que

$$\frac{d^m}{d\lambda^m}[\Lambda_{q_1}(\lambda)f - \Lambda_{q_2}(\lambda)f] = 0 \text{ pour tous } m > \frac{n}{2}, \text{ et } \lambda \le -\lambda_0,$$

et donc $\Lambda_{q_1}(\lambda)f - \Lambda_{q_2}(\lambda)f$ est un polynôme en λ. D'où

$$\Lambda_{q_1}(\lambda)f - \Lambda_{q_2}(\lambda)f = 0 \text{ pour tout } \lambda \le -\lambda_0$$

par le Lemme 2.27. Pour conclure, nous utilisons le théorème suivant :

Théorème 2.29. *Soient q_1, $q_2 \in L^\infty(\Omega)$. Nous supposons qu'il existe $\lambda_0 > 0$ tel que $\Lambda_{q_1}(\lambda) = \Lambda_{q_2}(\lambda)$ pour tout $\lambda \le -\lambda_0$. Alors $q_1 = q_2$.*

La démonstration de ce théorème est quasi-similaire à celle du Théorème 2.11 sauf qu'il faut utiliser le Théorème 2.9 à la place du Théorème 2.7. $\quad\square$

Nous terminons ce paragraphe par la preuve du résultat que nous avons utilisé pour démontrer le Lemme 2.28.

Proposition 2.30. *i) Pour tout $\lambda \in \rho(A_q)$ et pour tout $h \in L^2(\Omega)$,*

$$R_q(\lambda)h = \sum_{k \ge 1} \frac{1}{\lambda_{k,q} - \lambda}(h, \varphi_{k,q})\varphi_{k,q}.$$

ii) Soit $\lambda \in \rho(A_q)$. Alors il existe deux constantes $\delta > 0$ et $C > 0$ pour lesquelles

$$\|R_q(\lambda + \mu) - R_q(\lambda) - \mu R_q(\lambda)^2\|_{\mathcal{L}(L^2(\Omega), H^2(\Omega))} \leq C|\mu|^2, \ \forall \mu \in \mathbb{C}, \ |\mu| \leq \delta.$$
$$(2.56)$$

En particulier, $\lambda \in \rho(A_q) \to R_q(\lambda) \in \mathcal{L}(L^2(\Omega), H^2(\Omega))$ est holomorphe.

Preuve. i) Nous fixons $\lambda \in \rho(A_q)$ et $h \in L^2(\Omega)$. Pour $1 \leq k < l$, nous avons

$$(-\Delta + q - \lambda) \sum_{i=k}^{l} \frac{1}{\lambda_{i,q} - \lambda}(h, \varphi_{i,q})\varphi_{i,q} = \sum_{i=k}^{l}(h, \varphi_{i,q})\varphi_{i,q}.$$

Ceci et le Théorème 1.26 nous permettent de conclure qu'il existe une constante $C > 0$ (qui dépend de q et λ) telle que

$$\|\sum_{i=k}^{l} \frac{1}{\lambda_{i,q} - \lambda}(h, \varphi_{i,q})\varphi_{i,q}\|_{H^2(\Omega)} \leq C\|\sum_{i=k}^{l}(h, \varphi_{i,q})\varphi_{i,q}\|_{L^2(\Omega)} = C\left(\sum_{i=k}^{l}(h, \varphi_{i,q})^2\right)^{\frac{1}{2}}.$$

Or la série de terme général $(h, \varphi_{i,q})^2$ converge vers $\|h\|_{L^2(\Omega)}^2$ et donc la série de terme général $\frac{1}{\lambda_{i,q} - \lambda}(h, \varphi_{i,q})\varphi_{i,q}$ converge vers sa somme dans $H^2(\Omega)$, qui est aussi un élément de $H_0^1(\Omega)$.

Nous utilisons maintenant le fait que

$$(-\Delta + q - \lambda)[R_q(\lambda)h - \sum_{i \leq k} \frac{1}{\lambda_{i,q} - \lambda}(h, \varphi_{i,q})\varphi_{i,q}] = h - \sum_{i \leq k}(h, \varphi_{i,q})\varphi_{i,q},$$

et de nouveau le Théorème 1.26 pour déduire que

$$\|R_q(\lambda)h - \sum_{i \leq k} \frac{1}{\lambda_{i,q} - \lambda}(h, \varphi_{i,q})\varphi_{i,q}\|_{H^2(\Omega)} \leq C\|h - \sum_{i \leq k}(h, \varphi_{i,q})\varphi_{i,q}\|_{L^2(\Omega)}.$$

Le résultat s'ensuit alors puisque le membre de droite dans l'inégalité ci-dessus converge vers 0 quand k tend vers $+\infty$.

ii) Soit $\lambda \in \rho(A_q)$. Ce dernier étant ouvert, il existe donc $\delta > 0$ tel que $\lambda + \mu \in \rho(A_q)$ pour tout $\mu \in \mathbb{C}$, $|\mu| \leq \delta$. Comme $u = R_q(\lambda + \mu)h$, $h \in L^2(\Omega)$ et $|\mu| \leq \delta$, vérifie

$$(-\Delta + q - \lambda)u = \mu u + h,$$

nous avons alors

$$R_q(\lambda + \mu) = \mu R_q(\lambda)R_q(\lambda + \mu) + R_q(\lambda).$$

D'où,

$$R_q(\lambda + \mu) - R_q(\lambda) - \mu R_q(\lambda)^2 = \mu R_q(\lambda)[R_q(\lambda + \mu) - R_q(\lambda)].$$

Nous utilisons encore une fois le Théorème 1.26 (appliqué à $u = R_q(\lambda)[R_q(\lambda + \mu) - R_q(\lambda)]h$) pour conclure que

$$\|[R_q(\lambda + \mu) - R_q(\lambda) - \mu R_q(\lambda)^2]h\|_{H^2(\Omega)} \leq C|\mu| \|[R_q(\lambda + \mu) - R_q(\lambda)]h\|_{L^2(\Omega)},$$
(2.57)

où C est une constante indépendante de μ. D'autre part, pour $h \in L^2(\Omega)$,

$$[R_q(\lambda + \mu) - R_q(\lambda)]h = \mu \sum_{k \geq 1} \frac{1}{(\lambda_{k,q} - \lambda - \mu)(\lambda_{k,q} - \lambda)}(h, \varphi_{k,q})\varphi_{k,q}$$

et donc

$$\|[R_q(\lambda + \mu) - R_q(\lambda)]h\|_{L^2(\Omega)} \leq K\|h\|_{L^2(\Omega)},$$
(2.58)

avec $K > 0$ une constante qui majore $\frac{1}{(\lambda_{k,q} - \lambda - \mu)(\lambda_{k,q} - \lambda)}$ uniformément en k et μ. Nous combinons (2.57) et (2.58) pour avoir (2.56). $\square$

Le Théorème 2.26 a été démontré indépendamment par A. Nachman, J. Sylvester, G. Uhlmann [NSU] et R. G. Novikov [No]. La démonstration, de ce théorème, que nous donnons ici suit les grandes lignes de celle proposée dans [NSU]. Nous verrons au sous-paragraphe 2.2.4 un résultat dû à H. Isozaki [Iso] qui dit que la conclusion du Théorème 2.26 reste valable seulement avec $\lambda_{k,q_1} = \lambda_{k,q_2}$ et $\partial_\nu \varphi_{k,q_1} = \partial_\nu \varphi_{k,q_2}$ à partir d'un certain rang.

2.2.2 Stabilité

Les notations sont celles du paragraphe précédent. Soient $0 \leq q \in L^\infty(\Omega)$, $(\lambda_{k,q})$ la suite des valeurs propres de l'opérateur A_q et $(\varphi_{k,q})$ une base orthonormale de fonctions propres pour A_q où, rappelons le, A_q est l'opérateur $-\Delta + q$ avec pour domaine $D(A_q) = H_0^1(\Omega) \cap H^2(\Omega)$.

Dans ce qui suit C est une constante générique ne dépendant que de Ω et q.

Puisque $\varphi_{k,q}$ est solution du problème aux limites

$$\begin{cases} (-\Delta + q)\varphi = \lambda_{n,q}\varphi, \text{ dans } \Omega, \\ \varphi_{|\Gamma} = 0, \end{cases}$$

alors, d'après le Théorème 1.26, elle vérifie

$$\|\varphi_{k,q}\|_{H^2(\Omega)} \leq C\lambda_{k,q}\|\varphi_{k,q}\|_{L^2(\Omega)} = C\lambda_{k,q}$$

et donc

$$\|\partial_\nu \varphi_{k,q}\|_{H^{\frac{1}{2}}(\Gamma)} \leq C\lambda_{k,q}.$$

Mais $\lambda_{k,q} \leq Ck^{\frac{2}{n}}$ (voir (2.55)). D'où

$$\|\partial_\nu \varphi_{k,q}\|_{H^{\frac{1}{2}}(\Gamma)} \leq Ck^{\frac{2}{n}}.$$
(2.59)

Nous en déduisons que la suite $(k^{-\frac{2m}{n}}\|\partial_\nu \varphi_{k,q}\|_{H^{\frac{1}{2}}(\Gamma)}) \in l^1$ dès que $m > \frac{n}{2} + 1$. Ici, nous avons noté par l^1, comme nous le faisons habituellement, l'espace de Banach des suites numériques dont les séries associées sont absolument convergentes. Il est muni de sa norme naturelle.

Nous fixons $\frac{n}{2} + 1 < \zeta \leq n + 1$ et soit $w = (w_k)$ la suite donnée par $w_k = k^{-\frac{2\zeta}{n}}$ pour chaque $k \geq 1$. Nous considérons alors l'espace de Banach

$$l^1(H^{\frac{1}{2}}(\Gamma), w) = \{g = (g_k); \ g_k \in H^{\frac{1}{2}}(\Gamma), \ k \geq 1, \ \text{et} \ (w_k\|g_k\|_{H^{\frac{1}{2}}(\Gamma)}) \in l^1\}$$

que nous munissons de sa norme naturelle

$$\|g\|_{l^1(H^{\frac{1}{2}}(\Gamma), w)} = \sum_{k \geq 1} w_k \|g_k\|_{l^1(H^{\frac{1}{2}}(\Gamma), w)}.$$

D'autre part, si $\mu = (\mu_k)$ désigne la suite des valeurs propres de A_0, c'est-à-dire les valeurs propres du laplacien avec une condition Dirichlet au bord alors, d'après une conséquence de la formule du min-max,

$$|\lambda_{k,q} - \mu_k| \leq \|q\|_{L^\infty(\Omega)} \ k \geq 1.$$

Il en résulte que la suite $\lambda_q = (\lambda_{k,q})$ appartient à l'espace affine $\tilde{l}^\infty = \mu + l^\infty$, l^∞ étant l'espace de Banach des suites numériques bornées. Nous munissons $\tilde{l}^\infty$ de la distance

$$d_\infty(\lambda_1, \lambda_2) = \|(\lambda_1 - \mu) - (\lambda_2 - \mu)\|_{l^\infty} = \|\lambda_1 - \lambda_2\|_{l^\infty},$$

pour $\lambda_i \in \tilde{l}^\infty$, $i = 1, 2$.

Nous sommes en mesure d'énoncer maintenant le résultat de stabilité que nous allons démontrer dans ce sous-paragraphe.

Théorème 2.31. *Soit, pour $i = 1, 2$, $q_i \in L^\infty(\Omega)$. Nous fixons $0 < \alpha < 1$ et soit M une constante telle que $M \geq \|q_i\|_{C^\alpha(\overline{\Omega})}$, $i = 1, 2$. Il existe alors une contante positive C qui ne dépend que de M et α telle que*

$$\|q_1 - q_2\|_{L^\infty(\Omega)} \leq C(d_\infty(\lambda_{q_1}, \lambda_{q_2}) + \|\partial_\nu \varphi_{q_1} - \partial_\nu \varphi_{q_2}\|_{l^1(H^{\frac{1}{2}}(\Gamma), w)})^\beta,$$

avec $\partial_\nu \varphi_{q_i} = (\partial_\nu \varphi_{k,q_i})$, $i = 1, 2$, et $\beta = (1 - \frac{4}{(1-2t)+n+4})(\frac{2\alpha \min(\alpha, \frac{1}{2})}{(2\alpha+n)(2n+5)(n+\alpha+\frac{15}{2})})$.

Avant de donner la preuve de ce théorème, nous démontrons un certain nombre de résultats intermédiaires. Nous commençons d'abord par une extension du lemme 2.6.

Dans ce qui suit, nous fixons $0 \leq t \leq \frac{1}{2}$.

Lemme 2.32. *Soit l un entier positif donné. Soient $q_1, q_2 \in L^\infty(\Omega)$ vérifiant $0 \leq q_1, q_2 \leq M$, pour une certaine constante positive M. Alors il existe C, une constante qui ne dépend que de Ω et M, telle que*

$$\left\|\frac{d^j}{d\lambda^j}[\Lambda_{q_1}(\lambda) - \Lambda_{q_2}(\lambda)]\right\|_t \leq \frac{C}{|\lambda|^{j+\frac{1-2t}{4}}}, \ \lambda \leq 0 \ et \ 0 \leq j \leq l,$$

où, comme dans le dernier sous-paragraphe, $\|\cdot\|_t$ désigne la norme de $\mathcal{L}(H^{\frac{3}{2}}(\Gamma), H^t(\Gamma))$.

Preuve. Nous nous donnons $f \in H^{\frac{3}{2}}(\Gamma)$. Pour $i = 1, 2$ et $\lambda \in \rho(A_{q_1}) \cap \rho(A_{q_2})$, soit $u_{q_i,f}(\lambda)$ comme dans le sous-paragraphe précédent. C'est-à-dire $u_{q_i,f}(\lambda)$ est la solution du problème aux limites

$$\begin{cases} -\Delta u + q_i u - \lambda u = 0, & \text{dans } \Omega, \\ u = f, & \text{sur } \Gamma. \end{cases}$$

$u(\lambda) = u_{q_1,f}(\lambda) - u_{q_2,f}(\lambda)$ est alors la solution du problème aux limites

$$\begin{cases} -\Delta u + q_1 u - \lambda u = (q_2 - q_1) u_{q_2,f}(\lambda), & \text{dans } \Omega, \\ u = 0, & \text{sur } \Gamma. \end{cases}$$

Comme dans la preuve du Lemme 2.27, nous montrons

$$\|u(\lambda)\|_{L^2(\Omega)} \leq \frac{M}{|\lambda|} \|u_{q_2,f}(\lambda)\|_{L^2(\Omega)} \tag{2.60}$$

et

$$\|u_{q_2,f}(\lambda)\|_{L^2(\Omega)} \leq C \|f\|_{H^{\frac{3}{2}}(\Gamma)}. \tag{2.61}$$

Donc

$$\|u(\lambda)\|_{L^2(\Omega)} \leq \frac{C}{|\lambda|} \|f\|_{H^{\frac{3}{2}}(\Gamma)}. \tag{2.62}$$

Pour simplifier les notations, nous posons $u_2(\lambda) = u_{q_2,f}(\lambda)$. Nous pouvons vérifier que $u_2'(\lambda)$ est solution du problème aux limites

$$\begin{cases} -\Delta u_2' + q_2 u_2' - \lambda u_2' = u_2, & \text{dans } \Omega, \\ u_2' = 0, & \text{sur } \Gamma. \end{cases}$$

En utilisant les arguments ayant servis pour établir (2.60) et (2.61), nous montrons

$$\|u_2'(\lambda)\|_{L^2(\Omega)} \leq \frac{M}{|\lambda|} \|u_2\|_{L^2(\Omega)}.$$

Ceci et (2.61) impliquent

$$\|u_2'(\lambda)\|_{L^2(\Omega)} \leq \frac{C}{|\lambda|} \|f\|_{H^{\frac{3}{2}}(\Gamma)}. \tag{2.63}$$

Puisque $u'(\lambda)$ est solution du problème aux limites

$$\begin{cases} -\Delta u' + q_1 u' - \lambda u' = u(\lambda) + (q_2 - q_1) u_2'(\lambda), & \text{dans } \Omega, \\ u' = 0, & \text{sur } \Gamma, \end{cases}$$

elle vérifie alors

$$\|u'(\lambda)\|_{L^2(\Omega)} \leq \frac{M}{|\lambda|} \|u(\lambda) + (q_2 - q_1) u_2'(\lambda)\|_{L^2(\Omega)}.$$

Cette dernière, inégalité (2.62) et (2.63) entrainent

$$\|u'(\lambda)\|_{L^2(\Omega)} \leq \frac{M}{|\lambda|}\|u(\lambda) + (q_2 - q_1)u_2'(\lambda)\|_{L^2(\Omega)} \leq \frac{C}{|\lambda|^2}\|f\|_{H^{\frac{3}{2}}(\Gamma)}. \tag{2.64}$$

Nous avons aussi, d'après l'estimation H^2 du Théorème 1.26,

$$\|u'(\lambda)\|_{H^2(\Omega)} \leq C(|\lambda|\|u'(\lambda)\|_{L^2(\Omega)} + \|u(\lambda)\|_{L^2(\Omega)} + \|u_2'(\lambda)\|_{L^2(\Omega)})$$

Nous en déduisons

$$\|u'(\lambda)\|_{H^2(\Omega)} \leq \frac{C}{|\lambda|}\|f\|_{H^{\frac{3}{2}}(\Gamma)}, \tag{2.65}$$

qui résulte de (2.62), (2.63) et (2.64).

Les inégalités (2.64), (2.65) et l'inégalité d'interpolation

$$\|w\|_{H^s(\Omega)} \leq C\|w\|_{L^2(\Omega)}^{1-\frac{s}{2}}\|w\|_{H^2(\Omega)}^{\frac{s}{2}}, \ 0 \leq s \leq 2, \ w \in H^2(\Omega),$$

nous permettent de conclure

$$\|u(\lambda)\|_{H^s(\Omega)} \leq \frac{C}{|\lambda|^{2-\frac{s}{2}}}\|f\|_{H^{\frac{3}{2}}(\Gamma)}, \ 0 \leq s \leq 2.$$

De ceci, nous tirons

$$\|\partial_\nu u'(\lambda)\|_{H^t(\Gamma)} \leq \frac{C}{|\lambda|^{1+\frac{1-2t}{4}}}\|f\|_{H^{\frac{3}{2}}(\Gamma)}.$$

Donc

$$\|\frac{d}{d\lambda}[\Lambda_{q_1}(\lambda) - \Lambda_{q_2}(\lambda)]\|_t \leq \frac{C}{|\lambda|^{1+\frac{1-2t}{4}}}.$$

Nous venons donc de montrer le résultat pour $l = 0$ et $l = 1$. Le cas général s'obtient tout simplement par induction sur l. □

Posons $F(\lambda) = \Lambda_{q_1}(\lambda) - \Lambda_{q_2}(\lambda)$. La formule de Taylor avec reste intégral nous donne, pour $1 \leq j \leq n$,

$$F^{(j)}(0) = \sum_{p=j}^n \frac{(-\lambda)^{p-j}}{(p-j)!}F^{(p)}(\lambda) + \int_\lambda^0 \frac{(-\tau)^{n-j}}{(n-j)!}F^{(n+1)}(\tau)d\tau.$$

Nous admettons pour le moment le

Lemme 2.33.

$$\|F^{(n+1)}(\lambda)\|_t \leq \delta, \tag{2.66}$$

où

$$\delta = C(d_\infty(\lambda_{q_1}, \lambda_{q_2}) + \|\partial_\nu\varphi_{q_1} - \partial_\nu\varphi_{q_2}\|_{l^1(H^{\frac{1}{2}}(\Gamma), w)}).$$

Vu le Lemme 2.32, nous déduisons de cette estimation

$$\|F^{(j)}(0)\|_t \leq C(|\lambda|^{-j-\frac{1-2t}{4}} + |\lambda|^{n-j+1}\delta)$$

et donc

$$\|F^{(j)}(0)\|_t \leq C(|\lambda|^{-\frac{1-2t}{4}} + |\lambda|^{n+1}\delta), \text{ si } |\lambda| \geq 1.$$

En particulier,

$$\|F^{(j)}(0)\|_t \leq C \min_{\rho \geq 1}(\rho^{-\frac{1-2t}{4}} + \rho^{n+1}\delta) = C\delta^\theta, \qquad (2.67)$$

où $\theta = 1 - \frac{4}{(1-2t)+n+4}$.

Notons $Q = \Omega \times (0,T)$ et $\Sigma = \Gamma \times (0,T)$. Le point important dans la preuve du Théorème 2.31 consiste d'abord à établir un résultat de stabilité pour un problème inverse hyperbolique. Nous considérons alors le problème

$$\begin{cases} (\partial_t^2 - \Delta + q)u = 0, \text{ dans } Q, \\ u(\cdot,0) = \partial_t u(\cdot,0) = 0, \\ u|_\Sigma = f. \end{cases} \qquad (2.68)$$

Soit

$$\Xi = \{h \in H^1(0,T;H^{3/2}(\Gamma)) \cap H^2(0,T;L^2(\Gamma)); \ h(\cdot,0) = \partial_t h(\cdot,0) = 0\}.$$

D'après le Théorème 3.1 de [LM], Vol II, et sa preuve nous déduisons que, pour chaque $f \in \Xi$, le problème aux limites

$$\begin{cases} \partial_t u^0 - \Delta u^0 = 0, \qquad \text{dans } Q, \\ u^0(\cdot,0) = \partial_t u^0(\cdot,0) = 0, \text{ dans } \Omega, \\ u^0|_\Sigma = f, \end{cases}$$

admet une unique solution $u_f^0 \in L^2(0,T;H^2(\Omega)) \cap H^2(0,T;L^2(\Omega))$ et

$$\|u_f^0\|_{L^2(0,T;H^2(\Omega))\cap H^2(0,T;L^2(\Omega))} \leq C_0\|f\|_{H^1(0,T;H^{3/2}(\Gamma))\cap H^2(0,T;L^2(\Gamma))},$$

pour une certaine constante positive C_0.

Maintenant pour $q \in L^\infty(\Omega)$ et $f \in \Xi$, nous considérons le problème aux limites

$$\begin{cases} \partial_t u^1 - \Delta u^1 + qu^1 = qu^0, \quad \text{dans } Q, \\ u^1(\cdot,0) = \partial_t u^1(\cdot,0) = 0, \qquad \text{dans } \Omega, \\ u^1|_\Sigma = 0. \end{cases}$$

Puisque $qu^0 \in H^1(0,T;L^2(\Omega))$, ce problème admet une unique solution $u_{q,f}^1 \in L^2(0,T;H^2(\Omega)) \cap H^2(0,T;L^2(\Omega))$ et

$$\|u_{q,f}^1\|_{L^2(0,T;H^2(\Omega))\cap H^2(0,T;L^2(\Omega))} \leq C_1\|qu^0\|_{H^1(0,T;L^2(\Omega))}$$
$$\leq C_1'\|f\|_{H^1(0,T;H^{3/2}(\Gamma))\cap H^2(0,T;L^2(\Gamma))},$$

où C_1 et C_1' sont deux constantes positives. Ceci résulte tout simplement d'un théorème de J.-L. Lions (voir [LM]).

Nous en déduisons que le problème aux limites (2.68) admet une unique solution $u_{q,f} = u_f^0 + u_{q,f}^1 \in L^2(0,T;H^2(\Omega)) \cap H^2(0,T;L^2(\Omega))$ et l'opérateur Dirichlet-Neumann hyperbolique défini par

$$H_q : f \in \varXi \to \partial_\nu u_{q,f} \in L^2(0,T;H^{\frac{1}{2}}(\varGamma))$$

est borné.

Nous nous intéressons au problème inverse qui consiste à la détermination de q à partir de H_q. Nous n'allons pas considérer directement H_q comme opérateur borné de $\varXi$ dans $L^2(0,T;H^{\frac{1}{2}}(\varGamma))$ mais nous utiliserons seulement sa restriction, encore notée H_q, au sous-espace de $\varXi$ donné par

$$\varXi_0 = \{g \in H^{2(n+2)}((0,T);H^{\frac{3}{2}}(\varGamma)); \ \partial_t^j g(\cdot,0) = 0, \ 0 \le j \le 2n+3\}.$$

Pour q_1, q_2, dans $L^\infty(\Omega)$, nous noterons $\|H_{q_1} - H_{q_2}\|_t$ la norme de de $H_{q_1} - H_{q_2}$, considéré comme opérateur borné de $\varXi_0$, muni de la norme de $H^{2(n+2)}((0,T);H^{\frac{3}{2}}(\varGamma))$, à valeurs $L^2(0,T;H^t(\varGamma))$.

Nous avons le

Théorème 2.34. *Soit, pour $i = 1,2$, $q_i \in L^\infty(\Omega)$. Nous fixons $0 < \alpha < 1$ et soit $M > 0$ une constante telle que $M \ge \|q_i\|_{C^\alpha(\overline{\Omega})}$. Soit $T = diam(\Omega) + 3$. Alors il existe une contante positive C, qui ne dépend que de M et α, telle que*

$$\|q_1 - q_2\|_{L^\infty(\Omega)} \le C\|H_{q_1} - H_{q_2}\|_t^\kappa,$$

où $\kappa = \dfrac{2\alpha \min(\alpha,\frac{1}{2})}{(2\alpha+n)(2n+5)(n+\alpha+\frac{15}{2})}$.

La démonstration de ce théorème fera l'objet principal du prochain sous-paragraphe.

Preuve du Théorème 2.31. Comme précédemment, nous posons

$$\delta = d_\infty(\lambda_{q_1}, \lambda_{q_2}) + \|\partial_\nu\varphi_{q_1} - \partial_\nu\varphi_{q_2}\|_{l^1(H^{\frac{1}{2}}(\varGamma),w)}.$$

Dans un premier temps, nous montrons

$$\|H_{q_1} - H_{q_2}\|_t \le C\delta^\theta, \tag{2.69}$$

avec θ comme ci-dessus. C'est-à-dire $\theta = 1 - \frac{4}{(1-2t)+n+4}$. Pour cela, nous utiliserons le

Lemme 2.35. *Soit $f \in \varXi_0$. Alors*

$$H_q f = \sum_{j=0}^{n+1}[\frac{d^j}{d\lambda^j}\Lambda_q(\lambda)]_{|\lambda=0}(-\partial_t^2 f) + R_q f, \tag{2.70}$$

avec

$$R_q f = \sum_{k \geq 1} \frac{1}{\lambda_{q,k}^{n+\frac{5}{2}}} \partial_\nu \varphi_{q,k} \int_0^t \sin \sqrt{\lambda_{q,k}}(t-s)ds \langle -\partial_s^{2(n+2)} f(\cdot,s), \partial_\nu \varphi_{q,k} \rangle.$$

De façon similaire à la preuve du Lemme 2.27, nous montrons

$$\|R_{q_1} - R_{q_2}\|_t \leq C\delta.$$

Ceci, l'identité (2.70) et l'estimation (2.67) impliquent

$$\|H_{q_1} - H_{q_2}\|_t \leq C(\delta + \delta^\theta).$$

Par suite,

$$\|H_{q_1} - H_{q_2}\|_t \leq C\delta^\theta, \text{ pour } \delta \text{ assez petit.}$$

Nous combinons cette dernière estimation avec le Théorème 2.34 pour avoir

$$\|q_1 - q_2\|_{L^\infty(\Omega)} \leq C\delta^\beta,$$

où $\beta = \theta\kappa = (1 - \frac{4}{(1-2t)+n+4})(\frac{2\alpha \min(\alpha,\frac{1}{2})}{(2\alpha+n)(2n+3)(n+\alpha+\frac{1}{2})})$. D'où le résultat. $\quad\square$

Il nous reste à montrer les Lemmes 2.33 et 2.35.

Preuve du Lemme 2.33. D'après le Lemme 2.28, nous avons

$$F^{(n+1)}(\lambda) = -n! \sum_{k \geq 1} \frac{1}{(\lambda_{k,q_1} - \lambda)^{n+2}} \langle f, \partial_\nu \varphi_{k,q_1} \rangle \partial_\nu \varphi_{k,q_1}$$

$$+ n! \sum_{k \geq 1} \frac{1}{(\lambda_{k,q_2} - \lambda)^{n+2}} \langle f, \partial_\nu \varphi_{k,q_2} \rangle \partial_\nu \varphi_{k,q_2}.$$

Nous décomposons $F^{(n+1)}(\lambda)$ en trois termes $F^{(n+1)}(\lambda) = I_1 + I_2 + I_3$, avec

$$I_1 = -n! \sum_{k \geq 1} \left[\frac{1}{(\lambda_{k,q_1} - \lambda)^{n+2}} - \frac{1}{(\lambda_{k,q_2} - \lambda)^{n+2}}\right] \langle f, \partial_\nu \varphi_{k,q_1} \rangle \partial_\nu \varphi_{k,q_1},$$

$$I_2 = -n! \sum_{k \geq 1} \frac{1}{(\lambda_{k,q_2} - \lambda)^{n+2}} \langle f, \partial_\nu \varphi_{k,q_1} - \partial_\nu \varphi_{k,q_2} \rangle \partial_\nu \varphi_{k,q_1},$$

$$I_3 = -n! \sum_{k \geq 1} \frac{1}{(\lambda_{k,q_2} - \lambda)^{n+2}} \langle f, \partial_\nu \varphi_{k,q_2} \rangle [\partial_\nu \varphi_{k,q_1} - \partial_\nu \varphi_{k,q_2}].$$

Pour I_1, nous avons

$$\|I_1\|_{H^{\frac{1}{2}}(\Gamma)} \leq n! \|f\|_{L^2(\Gamma)} \left|\frac{1}{(\lambda_{k,q_1} - \lambda)^{n+2}} - \frac{1}{(\lambda_{k,q_2} - \lambda)^{n+2}}\right| \|\partial_\nu \varphi_{k,q_2}\|^2_{H^{\frac{1}{2}}(\Gamma)}.$$

Mais

$$\left|\frac{1}{(\lambda_{k,q_1} - \lambda)^{n+2}} - \frac{1}{(\lambda_{k,q_2} - \lambda)^{n+2}}\right| \leq \max\left(\frac{1}{\lambda_{k,q_1}^{n+3}}, \frac{1}{\lambda_{k,q_2}^{n+3}}\right) |\lambda_{k,q_1} - \lambda_{k,q_2}|$$

$$\leq \frac{C}{k^{\frac{2(n+3)}{n}}} |\lambda_{k,q_1} - \lambda_{k,q_2}|,$$

où nous avons utilisé (2.55) dans la dernière inégalité. Par suite, comme (voir (2.59))

$$\|\partial_\nu \varphi_{k,q_2}\|_{H^{\frac{1}{2}}(\Gamma)} \leq C k^{\frac{2}{n}},$$

$$\|I_1\|_{H^{\frac{1}{2}}(\Gamma)} \leq C \|f\|_{L^2(\Gamma)} d_\infty(\lambda_{q_1}, \lambda_{q_2}) \sum_{k \geq 1} \frac{1}{k^{\frac{2(n+2)}{n}}}. \tag{2.71}$$

Nous procédons de façon identique pour démontrer

$$\|I_2\|_{H^{\frac{1}{2}}(\Gamma)} + \|I_3\|_{H^{\frac{1}{2}}(\Gamma)} \leq C \|f\|_{L^2(\Omega)} \sum_{k \geq 1} \frac{1}{\lambda_{k,q_2}^{n+1}} \|\partial_\nu \varphi_{k,q_2} - \partial_\nu \varphi_{k,q_2}\|_{H^{\frac{1}{2}}(\Gamma)}$$

$$\leq C \|f\|_{L^2(\Omega)} \sum_{k \geq 1} \frac{1}{k^{\frac{2(n+1)}{n}}} \|\partial_\nu \varphi_{k,q_2} - \partial_\nu \varphi_{k,q_2}\|_{H^{\frac{1}{2}}(\Gamma)}$$

$$\leq C \|f\|_{L^2(\Omega)} \sum_{k \geq 1} \frac{1}{k^{\frac{2\varsigma}{n}}} \|\partial_\nu \varphi_{k,q_2} - \partial_\nu \varphi_{k,q_2}\|_{H^{\frac{1}{2}}(\Gamma)}.$$

D'où,

$$\|I_2\|_{H^{\frac{1}{2}}(\Gamma)} + \|I_3\|_{H^{\frac{1}{2}}(\Gamma)} \leq C \|f\|_{L^2(\Omega)} \|\partial_\nu \varphi_{q_1} - \partial_\nu \varphi_{q_2}\|_{l^1(H^{\frac{1}{2}}(\Gamma), w)}. \tag{2.72}$$

Le résultat est alors une conséquence immédiate de (2.71) et (2.72). □

Preuve du Lemme 2.35. Nous fixons q, f et, pour simplifier les notations, nous utiliserons simplement u à la place de $u_{q,f}$. Nous décomposons u sous la forme suivante :

$$u = \sum_{k=0}^{n+1} u^k + r, \tag{2.73}$$

où les u^k et r vérifient

$$\begin{cases} (-\Delta + q)u^0 = 0, & \text{dans } Q, \\ u^0 = f, & \text{sur } \Sigma, \end{cases}$$

$$\begin{cases} (-\Delta + q)u^k = -\partial_t^2 u^{k-1}, & \text{dans } Q, \\ u^k = 0, & \text{sur } \Sigma, \text{ pour } 1 \leq k \leq n+1, \end{cases}$$

et

$$\begin{cases} (-\partial_t^2 - \Delta + q)r = -\partial_t^2 u^{n+1}, & \text{dans } Q, \\ r(\cdot, 0) = \partial_t r(\cdot, 0) = 0, \\ r = f, & \text{sur } \Sigma. \end{cases}$$

Nous pouvons démontrer sans trop de difficultés que

$$\partial_\nu u^k = (\frac{\partial}{\partial\lambda})^k_{|\lambda=0}\Lambda_q(\lambda)[-\partial_t^2 f] \tag{2.74}$$

et

$$r = \sum_{k\geq 1}\frac{1}{\lambda_{q,k}^{n+\frac{5}{2}}}\partial_\nu\varphi_{q,k}\int_0^t \sin\sqrt{\lambda_{q,k}}(t-s)ds\langle-\partial_s^{2(n+2)}f(\cdot,s),\partial_\nu\varphi_{q,k}\rangle. \tag{2.75}$$

(2.70) résulte alors de (2.73), (2.74) et (2.75). $\square$

2.2.3 Retour sur la stabilité du problème hyperbolique

Rappelons les notations : $Q = \Omega \times (0,T)$ et $\Sigma = \Gamma \times (0,T)$.

Dans ce sous-paragraphe nous démontrons le Théorème 2.34. La preuve nécessite quelques résultats préliminaires. Nous commençons par le

Lemme 2.36. *Pour $f_i \in \Xi_0$ et $u_i = u_{q_i,f_i}$, $i = 1,2$, nous avons*

$$\int_Q (q_1 - q_2)u_1u_2 = \int_\Sigma f_1(H_{q_1} - H_{q_2})(f_2). \tag{2.76}$$

Preuve. Puisque les u_i sont les solutions variationnelles de (2.68) pour $q = q_i$ et $f = f_i$, nous avons

$$\int_Q (-\partial_t u_1\partial_t u_2 + \nabla u_1 \cdot \nabla u_2 + q_1 u_1 u_2) = \int_\Sigma f_2 H_{q_1}(f_1) \tag{2.77}$$

et

$$\int_Q (-\partial_t u_1\partial_t u_2 + \nabla u_1 \cdot \nabla u_2 + q_2 u_1 u_2) = \int_\Sigma f_1 H_{q_2}(f_2). \tag{2.78}$$

Nous soustrayons, membre à membre, (2.77) de (2.78) pour avoir

$$\int_Q (q_1 - q_2)u_1u_2 = \int_\Sigma f_2 H_{q_1}(f_1) - f_1 H_{q_2}(f_2). \tag{2.79}$$

Comme H_{q_i} est auto-adjoint (conséquence immédiate de la formulation variationnnelle de (2.68)), (2.79) entraine (2.76). $\square$

Dans un second lemme nous montrons l'existence de solutions particulières de l'équation

$$(-\partial_t^2 + \Delta + q)u = 0, \tag{2.80}$$

avec $q \in L^\infty(\Omega)$.

Lemme 2.37. *Soient* $\chi \in C_0^\infty(\mathbb{R}^n)$, $\omega \in S^{n-1}$ *et* $\rho > 0$. *Alors* (2.80) *admet une solution de la forme*

$$u_{q,\pm} = \chi(x + t\omega)e^{\pm i\rho(x \cdot \omega + t)} + w_{q,\pm}, \tag{2.81}$$

où $w_{q,\pm} \in C([0,T], H_0^1(\Omega))$ *vérifie* $\partial_t w_{q,\pm} \in C([0,T], L^2(\Omega))$, $w_{q,\pm} = 0$ *sur* Σ *et* $w_{q,\pm}(\cdot, 0) = \partial_t w_{q,\pm}(\cdot, 0) = 0$. *De plus, il existe une constante positive, qui ne dépend que de* Ω, T *et* $M \geq \|q\|_{L^\infty(\Omega)}$, *telle que*

$$\|w_{q,\pm}\|_{L^2(Q)} \leq \frac{C}{\rho}\|\tilde\chi\|_{H^3(\mathbb{R}^{n+1})}, \tag{2.82}$$

avec $\tilde\chi(x,t) = \chi(x + t\omega)$.

Preuve. Dans cette démonstration, pour simplifier les notations, nous utilisons $u_\pm$ (resp $w_\pm$) au lieu de $u_{q,\pm}$ (resp. $w_{q,\pm}$). Nous montrons l'existence de u_+. Celle de u_- se démontre de la même manière. Nous commençons d'abord par noter que w_+ doit être la solution de l'équation

$$\begin{cases} (-\partial_t^2 - \Delta + q)w = -e^{\pm i\rho(x \cdot \omega + t)}(\partial_t^2 - \Delta + q)\chi(x + t\omega), & \text{dans } Q, \\ w(\cdot, 0) = \partial_t w(\cdot, 0) = 0, \\ w = 0, & \text{sur } \Sigma. \end{cases}$$

L'existence de w_+, dans l'espace approprié, est assurée par les résultats classiques concernant la résolution des équations hyperboliques (voir par exemple J.-L. Lions et E. Magenes [LM]).

Nous posons maintenant $W_+(x,t) = \int_0^t w_+(x,s)ds$ et $\theta = -(-\partial_t^2 - \Delta + q)\chi(x + t\omega)$. Il n'est pas difficile de vérifier que W_+ est solution de l'équation

$$\begin{cases} (-\partial_t^2 - \Delta + q)W = \int_0^t e^{i\rho(x \cdot \omega + s)}\theta(x,s)ds, & \text{dans } Q, \\ W(\cdot, 0) = \partial_t W(\cdot, 0) = 0, \\ W = 0, & \text{sur } \Sigma. \end{cases}$$

Nous appliquons l'inégalité d'énergie classique (voir par exemple J.-L. Lions et E. Magenes [LM]) à W_+ pour conclure

$$\|w_+\|_{L^2(Q)} = \|\partial_t W_+\|_{L^2(Q)} \leq C\|\int_0^t e^{i\rho(x \cdot \omega + s)}\theta(x,s)ds\|_{L^2(Q)}. \tag{2.83}$$

Mais

$$\int_0^t e^{i\rho(x \cdot \omega + s)}\theta(x,s)ds = \frac{1}{i\rho}\int_0^t \partial_s e^{i\rho(x \cdot \omega + s)}\theta(x,s)ds$$

$$= -\frac{1}{i\rho}\int_0^t e^{i\rho(x \cdot \omega + s)}\partial_s\theta(x,s)ds + \frac{1}{i\rho}e^{i\rho(x \cdot \omega + t)}\theta(x,t)$$

$$- \frac{1}{i\rho}e^{i\rho x \cdot \omega}\theta(x,0).$$

Cette identité et (2.83) impliquent

$$\|w_\pm\|_{L^2(Q)} \leq \frac{C}{\rho}\|\tilde{\chi}\|_{H^3(\mathbb{R}^{n+1})}.$$

$\square$

Preuve du Théorème 2.34. Soit $\varphi \in C_0^\infty(\mathbb{R}^n)$, à support dans la boule unité, telle que $\int_{\mathbb{R}^n} \varphi^2 = 1$. Soient $0 < \epsilon \leq 1$ et $x_0 \in \mathbb{R}^n$ tel que $1 < \text{dist}(x_0, \Omega) < 2$. Nous posons alors

$$\chi(x) = \epsilon^{-\frac{n}{2}} \varphi(\frac{x - x_0}{\epsilon}).$$

Notons que le choix de x_0 et β implique que le support de $\chi(x+t\omega)$, considérée comme fonction des variables (x,t), n'intersecte ni $\Omega \times \{0\}$, ni $\Omega \times \{T\}$. Par conséquent les solutions $u_{q_i,\pm}$ de (2.81) données par le Lemme 2.37, $i = 1, 2$, correspondantes au χ défini ci-dessus, vérifient

$$u_{q_i,\pm}(\cdot, 0) = \partial_t u_{q_i,\pm}(\cdot, 0) = 0.$$

Nous posons $u_1 = u_{q_1,+}$, $w_1 = w_{q_1,+}$, $u_2 = u_{q_2,-}$, $w_2 = w_{q_2,-}$. Nous appliquons alors le Lemme 2.36 avec u_1 et u_2 pour obtenir

$$\int_Q (q_1 - q_2)\chi^2(x + t\omega) = -\int_Q (q_1 - q_2)(\chi_- w_1 + \chi_+ w_2 + w_1 w_2)$$
$$+ \int_\Sigma u_1(H_{q_1} - H_{q_2})(u_2),$$

où $\chi_\pm = \chi(x + t\omega)e^{\pm i(x\cdot\omega + t)}$. Par suite,

$$|\int_Q (q_1 - q_2)\chi^2(x + t\omega)| \leq \frac{C}{\rho}\epsilon^{-3}$$
$$+\|u_1\|_{L^2(\Sigma)}\|H_{q_1} - H_{q_2}\|_t\|u_2\|_{H^{2n+4}(0,T;H^{\frac{3}{2}}(\Gamma))}, \qquad (2.84)$$

par (2.82), où nous avons utilisé le fait que

$$\|\tilde{\chi}\|_{H^3(\mathbb{R}^{n+1})} \leq K\epsilon^{-3},$$

pour une certaine constante K ne dépendant que de φ.

Pour poursuivre la preuve, nous admettons pour le moment le lemme suivant :

Lemme 2.38. *Pour tous $0 < \epsilon \leq 1$ et $\rho \geq 1$, nous avons*

$$\|u_1\|_{L^2(\Sigma)} \leq C\epsilon^{-1}$$

et

$$\|u_2\|_{H^{2n+4}(0,T;H^{\frac{3}{2}}(\Gamma))} \leq C\epsilon^{-(2n+6)}\rho^{2n+4},$$

où C est une constante qui ne dépend que de T, Ω et φ.

Les estimations de ce lemme et (2.84) impliquent, avec $q = q_1 - q_2$ que nous prolongeons par 0 en dehors de Ω,

$$\int_{\mathbb{R}^n} q(x)\epsilon^{-n}\varphi^2\left(\frac{x + t\omega - x_0}{\epsilon}\right)dx \leq C\epsilon^{-(2n+7)}\left(\frac{1}{\rho} + \rho^{2n+4}\|H_{q_1} - H_{q_2}\|_t\right). \quad (2.85)$$

Dans cette inégalité le membre de gauche fait apparaître la composée de deux transformées appliquée à q. C'est ce que nous allons expliciter maintenant. Nous définissons la transformée régularisante de paramètre ϵ par

$$. \, R_\epsilon f(x) = \int_{\mathbb{R}^n} f(y)\varphi^2\left(\frac{y - x}{\epsilon}\right)dy, \, f \in L^1(\mathbb{R}^n).$$

La transformée rayon-X, qui envoie les fonctions de $\mathbb{R}^n$ sur les fonctions définies sur $\mathcal{L}$, l'espace des droites orientées de $\mathbb{R}^n$ (usuellement, $\mathcal{L}$ est identifié à TS^{n-1}, l'espace tangent à S^{n-1}), est donnée par

$$Xf(l) = \int_l f = \int_{\mathbb{R}} f(x_0 + t\omega)dt,$$

où x_0 est un point quelconque de la droite l et ω est le vecteur unitaire tangent à l. Notons que $Xf(l)$ ne dépend pas du choix de x_0. Avec ces nouvelles notations, (2.85) se réécrit sous la forme

$$|XR_\epsilon q(l)| \leq C\epsilon^{-(2n+7)}\left(\frac{1}{\rho} + \rho^{2n+4}\|H_{q_1} - H_{q_2}\|_t\right), \quad (2.86)$$

pour toute droite l qui passe par un point x_0 qui vérifie $1 < \mathrm{dist}(x_0, \Omega) < 2$. Mais toute droite qui intersecte $\Omega_1 = \{x; \mathrm{dist}(x, \Omega) \leq 1\}$ passe aussi par un x_0 tel que $1 < \mathrm{dist}(x_0, \Omega) < 2$, et, puisque $R_\epsilon q$ est à support dans Ω_1, $XR_\epsilon(l) = 0$ pour toute droite l qui n'intersecte pas Ω_1. Nous en déduisons que (2.86) est valable pour toute droite l. Il s'ensuit

$$\|XR_\epsilon q\|_{L^2(TS^{n-1})} \leq C\epsilon^{-(2n+7)}\left(\frac{1}{\rho} + \rho^{2n+4}\|H_{q_1} - H_{q_2}\|_t\right).$$

Cette estimation et le lemme (voir [LN] pour la preuve)

Lemme 2.39.

$$\|f\|_{H^{-\frac{1}{2}}(\mathbb{R}^n)} \leq C\|Xf\|_{L^2(TS^{n-1})}.$$

entrainent

$$\|R_\epsilon q\|_{H^{-\frac{1}{2}}(\mathbb{R}^n)} \leq C\epsilon^{-(2n+5)}\left(\frac{1}{\rho} + \rho^{2n+2}\|H_{q_1} - H_{q_2}\|_t\right). \quad (2.87)$$

D'autre part, nous avons par interpolation

$$\|R_\epsilon q\|_{L^2(\mathbb{R}^n)} \leq C\|R_\epsilon q\|_{H^{-\frac{1}{2}}(\mathbb{R}^n)}^{\frac{1}{2}}\|R_\epsilon q\|_{H^{\frac{1}{2}}(\mathbb{R}^n)}^{\frac{1}{2}}.$$

Comme

$$\|R_\epsilon q\|_{H^{\frac{1}{2}}(\mathbb{R}^n)}^{\frac{1}{2}} \leq C\epsilon^{-\frac{1}{2}},$$

(cette estimation se démontre facilement en revenant à la définition de R_ϵ), nous déduisons

$$\|R_\epsilon q\|_{L^2(\mathbb{R}^n)} \leq C\epsilon^{-\frac{1}{2}}\|R_\epsilon q\|_{H^{-\frac{1}{2}}(\mathbb{R}^n)}^{\frac{1}{2}}.$$

Cette estimation, combinée avec (2.87), nous donne

$$\|R_\epsilon q\|_{L^2(\mathbb{R}^n)} \leq C\epsilon^{-(2n+7+\frac{1}{2})}(\frac{1}{\rho} + \rho^{2n+4}\|H_{q_1} - H_{q_2}\|_t). \qquad (2.88)$$

Pour tirer de cette dernière une estimation pour $\|q\|_{L^2(\mathbb{R}^n)}$, nous utiliserons le lemme suivant :

Lemme 2.40. *Soient $0 < \epsilon < 1$ et $f \in C^\alpha(\mathbb{R}^n)$, f nulle en dehors de Ω. Alors il existe une constante positive $C = C(\Omega)$ telle que*

$$\|f - R_\epsilon f\|_{L^2(\mathbb{R}^n)} \leq C\epsilon^{\tilde{\alpha}}\|f\|_{C^\alpha(\mathbb{R}^n)},$$

avec $\tilde{\alpha} = \min(\alpha, \frac{1}{2})$.

Preuve. Si $\mathrm{dist}(x, \partial\Omega) > \epsilon$, nous avons alors

$$|f(x) - R_\epsilon f(x)| = |\int_{|y-x|<\epsilon} \epsilon^{-n}\varphi^2(\frac{x-y}{\epsilon})[f(x) - f(y)]dy|$$

$$\leq \sup_{x' \neq x''} \frac{|f(x') - f(x'')|}{|x' - x''|^\alpha}\epsilon^\alpha. \qquad (2.89)$$

Si $\mathrm{dist}(x, \partial\Omega) \leq \epsilon$,

$$|f(x) - R_\epsilon f(x)| \leq 2\|f\|_{L^\infty(\mathbb{R}^n)}.$$

D'où

$$\int_{\mathrm{dist}(x,\Gamma)\leq\epsilon} |f(x) - R_\epsilon f(x)|^2 dx \leq C\epsilon\|f\|_{L^\infty(\mathbb{R}^n)}^2. \qquad (2.90)$$

Le résultat s'ensuit alors des estimations (2.89) et (2.90).   □

Vu le dernier lemme, (2.88) implique

$$\|q\|_{L^2(\mathbb{R}^n)} \leq C[\epsilon^{-(2n+7+\frac{1}{2})}(\frac{1}{\rho} + \rho^{2n+4}\|H_{q_1} - H_{q_2}\|_t) + \epsilon^{\tilde{\alpha}}].$$

Dans cette estimation, nous choisissons $\rho = \|H_{q_1} - H_{q_2}\|_t^{-\frac{1}{2n+5}}$ pour avoir

$$\|q\|_{L^2(\mathbb{R}^n)} \leq C(\epsilon^{-(2n+7+\frac{1}{2})}\|H_{q_1} - H_{q_2}\|_t^{\frac{1}{2n+5}} + \epsilon^{\tilde{\alpha}}).$$

Ensuite, en prenant $\epsilon = \|H_{q_1} - H_{q_2}\|_t^{\frac{1}{(2n+5)(2n+7+\frac{1}{2}+\tilde{\alpha})}}$, nous concluons

$$\|q\|_{L^2(\mathbb{R}^n)} \le C\|H_{q_1} - H_{q_2}\|_t)^{\frac{\bar{\alpha}}{(2n+5)(2n+5+\frac{1}{2}+\bar{\alpha})}}. \tag{2.91}$$

Finalement, par interpolation

$$\|q\|_{L^\infty(\Omega)} \le C\|q\|_{C^\alpha(\overline{\Omega})}^{1-\mu}\|q\|_{L^2(\Omega)}^\mu$$
$$\le C\|q\|_{L^2(\Omega)}^\mu,$$

où $\mu = \frac{2\alpha}{2\alpha+n}$. Cette dernière inégalité et (2.91) impliquent alors

$$\|q\|_{L^2(\mathbb{R}^n)} \le C\|H_{q_1} - H_{q_2}\|_t^{\frac{2\alpha\bar{\alpha}}{(2\alpha+n)(2n+5)(2n+7+\frac{1}{2}+\bar{\alpha})}}.$$

$\square$

Preuve du Lemme 2.38. Nous montrons l'estimation pour u_2. Celle pour u_1 se démontre de manière similaire. Nous posons $\psi(x,t) = \chi(x+t\omega)$. Puisque $u_2 = \psi e^{i\rho(x\cdot\omega+t)}$ sur Σ, il suffit de d'établir l'estimation

$$\|\psi\|_{H^{2n+4}(0,T;H^{\frac{3}{2}}(\Gamma))} \le C\epsilon^{-(2n+6)}.$$

Par définition, on a

$$\psi = \epsilon^{-\frac{n}{2}}\varphi(\frac{x+t\omega-x_0}{\epsilon}).$$

D'où

$$\|\psi(\cdot,t)\|_{L^2(\mathbb{R}^n)}^2 = \epsilon^{-n}\int_{\mathbb{R}^n}\varphi(\frac{x+t\omega-x_0}{\epsilon})^2 dx.$$

Le simple changement de variable $y = \frac{x+t\omega-x_0}{\epsilon}$ donne

$$\|\psi(\cdot,t)\|_{L^2(\mathbb{R}^n)} = \|\varphi\|_{L^2(\mathbb{R}^n)},$$

et puisque

$$\partial_i\psi(x,t) = \epsilon^{-\frac{n}{2}-1}\partial_i\varphi(\frac{x+t\omega-x_0}{\epsilon}), \quad \partial_{ij}^2\psi(x,t) = \epsilon^{-\frac{n}{2}-2}\partial_{ij}^2\varphi(\frac{x+t\omega-x_0}{\epsilon}),$$

nous concluons

$$\|\psi(\cdot,t)_{|\Gamma}\|_{H^{\frac{3}{2}}(\Gamma)} \le C\|\psi(\cdot,t)\|_{H^2(\Omega)} \le C\epsilon^{-2}\|\varphi\|_{H^2(\mathbb{R}^n)}.$$

D'autre part, pour $k = 1,\ldots 2n+4$, on obtient par un calcul simple

$$\partial_t^k\psi(x,t) = \epsilon^{-\frac{n}{2}-k}\sum_{i_1,\ldots,i_k=1}^{n}{}'\partial_{i_1\ldots i_k}^k\varphi(\frac{x+t\omega-x_0}{\epsilon})\omega_{i_1}\ldots\omega_{i_k}.$$

En procédant comme pour ψ, nous déduisons de cette dernière identité

$$\|\partial_t^k\psi(\cdot,t)_{|\Gamma}\|_{H^{\frac{3}{2}}(\Gamma)} \le C\epsilon^{-(k+2)}\|\varphi\|_{H^{2+k}(\mathbb{R}^n)},$$

ce qui entraine aisément l'estimation recherchée. $\square$

Pour faire ce sous-paragraphe et celui qui le précède, nous nous sommes largement inspiré de l'article de G. Alessandrini et J. Sylvester [AS].

2.2.4 Une extension

Nous proposons une extension du Théorème 2.26. Plus précisément, nous démontrons que le potentiel $q = q(x)$ est déterminé par les propriétés asymptotiques des valeurs propres et des dérivées normales des fonctions propres de l'opérateur $-\Delta + q$ avec une condition de Dirichlet au bord.

Dans ce sous-paragraphe, nous supposons que Ω est un domaine borné de $\mathbb{R}^n$ de classe C^2 et de frontière Γ.

Nous utilisons les mêmes notations qu'au sous-paragraphe 2.2.2. C'est-à-dire, A_q, $q \in L^\infty(\Omega)$, désigne l'opérateur $-\Delta + q$ avec comme domaine $D(A_q) = H_0^1(\Omega) \cap H^2(\Omega)$. La suite des valeurs propres, comptées avec leur multiciplicité, est notée $(\lambda_{n,q})$.

Ce sous-paragraphe est consacré à la preuve du

Théorème 2.41. *Soient q_1, $q_2 \in L^\infty(\Omega)$ et (φ_{k,q_1}) une base de fonctions propres de A_{q_1}. Nous fixons $N \geq 1$ et nous supposons que, pour tout $k \geq N$, $\lambda_{k,q_1} = \lambda_{k,q_2}$ et qu'il existe (φ_{k,q_2}) une base de fonctions propres de A_{q_2} telle que*

$$\partial_\nu \varphi_{k,q_1} = \partial_\nu \varphi_{k,q_2} \text{ pour chaque } k \geq N.$$

Alors $q_1 = q_2$.

Dans tout le reste de ce sous-paragraphe, les fonctions que nous considérerons seront à valeurs complexes. Les produits scalaires usuels sur $L^2(\Omega)$ et $L^2(\Gamma)$ sont notés repectivement par

$$(f, g) = \int_\Omega f\overline{g}dx \text{ et } \langle f, g \rangle = \int_\Gamma f\overline{g}d\sigma.$$

Au paragraphe précédent, nous avons défini, pour $\lambda \in \rho(A_q)$,

$$\Lambda_q(\lambda) : H^{\frac{3}{2}}(\Gamma) \to H^{\frac{1}{2}}(\Gamma) : f \to \partial_\nu u_{q,f}(\lambda),$$

où $u_{q,f} \in H^2(\Omega)$ est l'unique solution du problème aux limites

$$\begin{cases} -\Delta u + qu - \lambda u = 0, & \text{dans } \Omega, \\ u = f, & \text{sur } \Gamma. \end{cases}$$

Si $\lambda \in \mathbb{C} \setminus (-\infty, 0]$ et $\omega \in S^{n-1}$, nous posons $\varphi_{\lambda,\omega}(x) = e^{i\sqrt{\lambda}\omega \cdot x}$. Nous définissons aussi la fonction $S_q(\lambda, \theta, \omega)$ par

$$S_q(\lambda, \theta, \omega) = \langle \Lambda_q(\lambda)\varphi_{\lambda,\omega}, \overline{\varphi_{\lambda,-\theta}} \rangle, \ \lambda \in \rho(A_q) \setminus (-\infty, 0] \text{ et } \theta, \ \omega \in S^{n-1}.$$

Dans la preuve du Théorème 2.41 nous utiliserons le

Lemme 2.42. *Pour* $\lambda \in \rho(A_q) \setminus (-\infty, 0]$ *et* θ, $\omega \in S^{n-1}$,

$$S_q(\lambda, \theta, \omega) = -\frac{\lambda}{2}|\theta - \omega|^2 \int_\Omega e^{-i\sqrt{\lambda}(\theta - \omega)\cdot x}dx$$

$$+ \int_\Omega e^{-i\sqrt{\lambda}(\theta - \omega)\cdot x}q(x)dx - (R(_q(\lambda)q\varphi_{\lambda,\omega}, \overline{q\varphi_{\lambda,-\theta}}),$$

avec $R_q(\lambda) = (A_q - \lambda)^{-1}$.

Preuve. Nous introduisons la fonction

$$\psi(x, \lambda, \omega) = \varphi_{\lambda,\omega}(x) - R_q(\lambda)(q\varphi_{\lambda,\omega})(x).$$

Nous vérifions sans peine que $\psi(\cdot, \lambda, \omega)$ est la solution du problème aux limites

$$\begin{cases} -\Delta\psi + q\psi = \lambda\psi, & \text{dans } \Omega, \\ \psi = \varphi_{\lambda,\omega}, & \text{sur } \Gamma. \end{cases}$$

Nous déduisons de la définition de $S_q(\lambda, \theta, \omega)$ que

$$S_q(\lambda, \theta, \omega) = \int_\Gamma \varphi_{\lambda,-\theta}\partial_\nu\psi(x, \lambda, \omega)d\sigma.$$

D'autre part, la formule de Green appliquée à $\psi(\cdot, \lambda, \omega)$ et $\varphi_{\lambda,-\theta}$ nous donne

$$S_q(\lambda, \theta, \omega) = -i\sqrt{\lambda}\int_\Gamma \theta \cdot \nu e^{-i\sqrt{\lambda}(\theta - \omega)\cdot x}d\sigma$$

$$+ \int_\Omega e^{-i\sqrt{\lambda}(\theta - \omega)\cdot x}q(x)dx - (R_q(\lambda)q\varphi_{\lambda,\omega}, \overline{q\varphi_{\lambda,-\theta}}). \quad (2.92)$$

Nous appliquons ensuite la formule de Green à $e^{-i\sqrt{\lambda}(\theta - \omega)\cdot x}$ et la fonction constante égale à 1, puis à $e^{-i\sqrt{\lambda}\theta\cdot x}$ et $e^{i\sqrt{\lambda}\omega\cdot x}$ pour avoir les deux identités suivantes :

$$-\lambda|\theta - \omega|^2 \int_\Omega e^{-i\sqrt{\lambda}(\theta - \omega)\cdot x} = -i\sqrt{\lambda}\int_\Gamma (\theta - \omega) \cdot \nu e^{-i\sqrt{\lambda}(\theta - \omega)\cdot x},$$

$$0 = -i\sqrt{\lambda}\int_\Gamma (\theta + \omega) \cdot \nu e^{-i\sqrt{\lambda}(\theta - \omega)\cdot x}.$$

En additionnant membre à membre ces deux identités, nous obtenons

$$-i\sqrt{\lambda}\int_\Gamma \theta \cdot \nu e^{-i\sqrt{\lambda}(\theta - \omega)\cdot x} = -\frac{\lambda}{2} = |\theta - \omega|^2 \int_\Omega e^{-i\sqrt{\lambda}(\theta - \omega)\cdot x}. \quad (2.93)$$

L'identité recherchée s'obtient en reportant (2.93) dans (2.92). $\quad\square$

Nous rappelons la méthode "Born approximation" utilisée dans le procédé de reconstruction dans la théorie de scattering inverse. Soit $0 \neq \xi \in \mathbb{R}^n$

arbitrairement fixé et choisissons $\eta \in S^{n-1}$ orthogonal à ξ. A étant un grand paramètre, nous définissons

$$\begin{cases} \theta_A = c_A \eta + \frac{\xi}{2A}, \quad c_A = \sqrt{1 - \frac{|\xi|^2}{4A^2}}, \\ \omega_A = c_A \eta - \frac{\xi}{2A}, \\ \sqrt{t_A} = A + i. \end{cases}$$

Nous vérifions sans difficulté

$$\begin{cases} \theta_A, \omega_A \in S^{n-1}, \\ \sqrt{t_A}(\theta_A - \omega_A) \to \xi \text{ quand } A \to +\infty, \\ \Im t_A \to +\infty \text{ quand } A \to +\infty, \\ \Im \sqrt{t_A}\theta_A, \Im \sqrt{t_A}\omega_A \text{ sont bornées quand } A \to +\infty. \end{cases} \tag{2.94}$$

Si nous utilisons (2.94) et le Lemme 2.42 alors nous pouvons facilement montrer le

Théorème 2.43.

$$\lim_{A \to +\infty} S_q(t_A, \theta_A, \omega_A) = -\frac{|\xi|^2}{2} \int_\Omega e^{-ix \cdot \xi} + \int_\Omega e^{-ix \cdot \xi} q(x).$$

Notons que le dernier théorème nous permet d'affirmer que q est déterminée de manière unique à partir de S_q.

Nous aurons besoin d'étendre Λ_q, $q \in L^\infty(\Omega)$, en un opérateur borné de $H^1(\Gamma)$ à valeurs dans $L^2(\Gamma)$. C'est le cas si $q \in C^\infty(\overline{\Omega})$. En effet, c'est une conséquence immédiate des Théorèmes 7.3 et 7.4 de [LM], Vol I. Nous montrons maintenant que c'est aussi vrai quand q est seulement dans $L^\infty(\Omega)$. D'abord, pour $f \in H^1(\Gamma)$, d'après le Théorème 7.4 de [LM], Vol I, le problème aux limites

$$\begin{cases} \Delta u^0 = 0, \text{ dans } \Omega, \\ u^0|_\Gamma = f, \end{cases}$$

admet une unique solution $u^0_f \in H^{3/2}(\Omega)$ et il existe une constante positive C_0, indépendante de f, telle que

$$\|u^0\|_{H^{3/2}(\Omega)} \le C_0 \|f\|_{H^1(\Gamma)}.$$

Pour $q \in L^\infty(\Omega)$ et $\lambda \in \rho(A_q)$, notons $u^1_{q,f} \in D(A_q) = H^1_0(\Omega) \cap H^2(\Omega)$ la solution du problème aux limites

$$\begin{cases} \Delta u^1 + (q - \lambda)u^1 = (\lambda - q)u^0, \text{ dans } \Omega, \\ u^0|_\Gamma = 0. \end{cases}$$

Nous avons

$$\|u^1_{q,f}\|_{H^2(\Omega)} \le C_1 \|(\lambda - q)u^0\|_{L^2(\Omega)} \le C_2 \|f\|_{H^1(\Gamma)},$$

avec C_1 et C_2 deux constantes positives, dépendant de q et λ. Il en résulte que $u_{q,f} = u_f^0 + u_{q,f}^1 \in H^{3/2}(\Omega)$ et il existe une constante C_3, qui dépend de q et λ, pour laquelle

$$\|u_{q,f}\|_{H^{3/2}(\Omega)} \leq C_3 \|f\|_{H^1(\Gamma)}.$$

Par suite,

$$\|A_q(f)\|_{L^2(\Gamma)} = \|\partial_\nu u_{q,f}\|_{L^2(\Gamma)} \leq C \|u_{q,f}\|_{H^{3/2}(\Omega)} \leq C' \|f\|_{H^1(\Gamma)},$$

avec C et C' deux constantes qui dépendent de q et λ.

Un autre résultat que nous utiliserons dans la démonstration du Théorème 2.41 est le lemme suivant.

Lemme 2.44. *Sous les hypothèses du Théorème 2.41, il existe une constante positive C telle que*

$$\|A_{q_1}(\lambda) - A_{q_2}(\lambda)\|_{\mathcal{L}(H^1(\Gamma), L^2(\Gamma))} \leq \frac{C}{|\lambda|}, \quad |\lambda| \text{ assez grand.}$$

Preuve. Comme dans le Lemme 2.28, pour tout entier $m > \frac{n}{2}$ et pour tout $f \in H^1(\Gamma)$, nous avons

$$\frac{d^m}{d\lambda^m} A_{q_1}(\lambda)f - \frac{d^m}{d\lambda^m} A_{q_2}(\lambda)f = -m! \sum_{k=1}^{N} \frac{1}{(\lambda_{k,q_1} - \lambda)^{m+1}} \langle f, \partial_\nu \varphi_{k,q_1} \rangle \partial_\nu \varphi_{k,q_1}$$

$$+ m! \sum_{k=1}^{N} \frac{1}{(\lambda_{k,q_2} - \lambda)^{m+1}} \langle f, \partial_\nu \varphi_{k,q_2} \rangle \partial_\nu \varphi_{k,q_2}$$

$$= -m! \sum_{k=1}^{N} \frac{1}{(\lambda_{k,q_1} - \lambda)^{m+1}} \langle f, \partial_\nu \varphi_{k,q_1} \rangle \partial_\nu \varphi_{k,q_1}.$$

En intégrant m fois cette identité, nous concluons

$$A_{q_1}(\lambda)f - A_{q_2}(\lambda)f = -\sum_{k=1}^{N} \frac{1}{(\lambda_{k,q_1} - \lambda)} \langle f, \partial_\nu \varphi_{k,q_1} \rangle \partial_\nu \varphi_{k,q_1}$$

$$- \sum_{k=1}^{N} \frac{1}{(\lambda_{k,q_2} - \lambda)} \langle f, \partial_\nu \varphi_{k,q_2} \rangle \partial_\nu \varphi_{k,q_2} + \sum_{k=0}^{m-1} \lambda^k L_k,$$

où $L_k \in \mathcal{L}(H^1(\Gamma), L^2(\Gamma))$, pour chaque k. D'où le résultat car $L_k = 0$, pour tout k, par le Lemme 2.27. $\qquad\square$

Preuve du Théorème 2.41. Soit $0 \neq \xi \in$ et $(t_A, \theta_A, \omega_A)$ comme dans la méthode "Born approximation". Puisque $|\varphi_{\sqrt{t_A}, \omega_A}| = e^{\Im \sqrt{t_A} \omega_A}$ et $|\varphi_{\sqrt{t_A}, \theta_A}| = e^{\Im \sqrt{t_A} \theta_A}$, nous déduisons de (2.94) que $\varphi_{\sqrt{t_A}, \omega_A}$ et $\varphi_{\sqrt{t_A}, \theta_A}$ sont bornées quand A tend vers $+\infty$. D'après le Lemme 2.44 on a

$$\|A_{q_1}(t_A) - A_{q_2}(t_A)\|_{\mathcal{L}(H^1(\Gamma), L^2(\Gamma))} \le \frac{C}{|t_A|}, \text{ pour } A \text{ assez grand.}$$

D'où

$$\langle [A_{q_1}(t_A) - A_{q_2}(t_A)]\varphi_{\sqrt{t_A}, \omega_A}, \overline{\varphi_{\sqrt{t_A}, -\theta_A}} \rangle$$
$$\|A_{q_1}(t_A) - A_{q_2}(t_A)\|_{\mathcal{L}(H^1(\Gamma), L^2(\Gamma))} \|\varphi_{\sqrt{t_A}, \omega_A}\|_{H^1(\Gamma)} \|\varphi_{\sqrt{t_A}, -\theta_A}\|_{L^2(\Gamma)}.$$

Mais il existe des constantes K_i, $i = 1, 2, 3$, indépendantes de A, telles que

$$\|\varphi_{\sqrt{t_A}, \omega_A}\|_{H^1(\Gamma)} \le K_1 \|\varphi_{\sqrt{t_A}, \omega_A}\|_{H^{\frac{3}{2}}(\Omega)}$$
$$\le K_2 \|\varphi_{\sqrt{t_A}, \omega_A}\|_{L^2(\Omega)}^{\frac{1}{4}} \|\varphi_{\sqrt{t_A}, \omega_A}\|_{H^2(\Omega)}^{\frac{3}{4}}$$
$$\le K_3 |t_A|^{\frac{3}{4}}.$$

La première inégalité s'obtient par la continuité de l'opérateur $w \in H^{\frac{3}{2}}(\Omega) \to w|_\Gamma \in H^1(\Gamma)$, la seconde par interpolation ; quant à la troisième, elle s'obtient par un calcul explicite.

Par conséquent,

$$\left| \langle [A_{q_1}(t_A) - A_{q_2}(t_A)]\varphi_{\sqrt{t_A}, \omega_A}, \overline{\varphi_{\sqrt{t_A}, -\theta_A}} \rangle \right| \le C |t_A|^{-\frac{1}{4}},$$

ce qui implique

$$\lim_{A \to +\infty} \langle [A_{q_1}(t_A) - A_{q_2}(t_A)]\varphi_{\sqrt{t_A}, \omega_A}, \overline{\varphi_{\sqrt{t_A}, -\theta_A}} \rangle = 0.$$

Nous utilisons alors la définition de S_{q_i}, $i = 1, 2$, pour conclure

$$\lim_{A \to +\infty} [S_{q_1}(t_A, \theta_A, \omega_A) - S_{q_2}(t_A, \theta_A, \omega_A)] = 0.$$

D'autre part, nous déduisons du Théorème 2.43

$$\lim_{A \to \infty} [S_{q_1}(t_A, \theta_A, \omega_A) - S_{q_2}(t_A, \theta_A, \omega_A)] = \int_\Omega e^{-ix \cdot \xi}(q_1(x) - q_2(x)).$$

D'où

$$\int_\Omega e^{-ix \cdot \xi}(q_1(x) - q_2(x)) = 0.$$

En d'autres termes, ξ étant arbitraire, la transformée de Fourier de $q_1 - q_2$ est nulle et par suite $q_1 = q_2$. $\qquad \square$

Le résultat principal de ce paragraphe est dû à H. Isosaki [Iso].

2.3 Détermination de la conductivité à la frontière : une méthode de solutions singulières

2.3.1 Construction de solutions singulières

$R > 0$ étant fixé, nous considérons sur $B_R = B(0, R)$ l'opérateur elliptique L définie par

$$Lu = \sum_{i,j} \partial_i(a_{ij}(x)\partial_j u).$$

Nous supposons que, pour chaque $x \in B_R$, la matrice $(a_{ij}(x))$ est symétrique, $a_{ij} \in W^{1,p}(B_R)$, $i, j = 1, \ldots, n$, avec $p > n$; et il existe deux constantes positives λ et M telles que

$$\lambda^{-1}|\xi|^2 \leq \sum_{ij} a_{ij}\xi_i\xi_j \leq \lambda|\xi|^2, \ x \in B_R, \ \xi \in \mathbb{R}^n \qquad (2.95)$$

et

$$\|a_{ij}\|_{W^{1,p}(B_R)} \leq M, \ i, j = 1, \ldots, n. \qquad (2.96)$$

Dans ce sous-paragraphe, nous nous proposons de démontrer le

Théorème 2.45. *Pour tout $m \in \mathbb{N}$ et toute fonction harmonique sphérique de degré m, normalisée par $\|S_m\|_{W^{2,\infty}(S^{n-1})} = (m+n)^{-2}$, il existe $u \in W^{2,p}_{loc}(B_R \setminus \{0\})$ solution de*

$$Lu = 0, \ dans \ B_R \setminus \{0\} \qquad (2.97)$$

qui est de la forme

$$u(x) = \begin{cases} \ln|x|S_0(\frac{x}{|x|}) + w(x), & si \ n = 2, m = 0, \\ |x|^{2-n-m}S_m(\frac{x}{|x|}) + w(x), & sinon, \end{cases} \qquad (2.98)$$

où $w \in W^{2,p}_{loc}(B_R \setminus \{0\})$ vérifie

$$|w(x)| + |\nabla w(x)| \leq C|x|^{2-n-m+\beta} \ dans \ B_R \setminus \{0\}, \qquad (2.99)$$

et

$$\left(\int_{r<|x|<2r} |\mathcal{H}w|^p\right)^{\frac{1}{p}} \leq Cr^{-n-m+\beta+\frac{n}{p}}, \ 0 < r < \frac{R}{2}, \qquad (2.100)$$

où $\beta = 1 - \frac{n}{p}$ et C une constante qui ne dépend que de n, p, R, λ et M.

Ici et dans toute la suite $\mathcal{H}w = (\partial^2_{ij}w)$ est la matrice hessienne de w.

Avant de donner la preuve de ce théorème, nous démontrons trois lemmes préliminaires. Aussi, pour des raisons de clarté de l'exposé, nous nous limiterons au cas $n \geq 3$. Le cas $n = 2$ se traite de la même manière, moyennant quelques modifications mineures.

Lemme 2.46. *Soit* $u \in W^{2,p}_{loc}(B_R \setminus \{0\})$, $p > n$, *telle qu'il existe un réel positif* s *pour lequel*

$$|u(x)| \leq |x|^{2-s}, \ x \in B_R \setminus \{0\}, \qquad (2.101)$$

$$\left(\int_{r<|x|<2r} |Lu|^p\right)^{\frac{1}{p}} \leq Ar^{\frac{n}{p}-s}, \ 0 < r < \frac{R}{2}. \qquad (2.102)$$

Alors

$$|\nabla u(x)| \leq C|x|^{1-s} \ dans \ B_R \setminus \{0\}, \qquad (2.103)$$

$$\left(\int_{r<|x|<2r} |\mathcal{H}u|^p\right)^{\frac{1}{p}} \leq Cr^{\frac{n}{p}-s}, \ 0 < r < \frac{R}{4}, \qquad (2.104)$$

où C *est une constante qui dépend seulement de* A, n, p, λ *et* M.

Preuve. C'est une conséquence des estimations de Schauder intérieures, desquelles nous déduisons

$$\left(\int_{r<|x|<2r} |\mathcal{H}u|^p dx\right)^{\frac{1}{p}} + r^{1+\frac{n}{p}} \sup_{r<|x|<2r} |\nabla u| \leq C\left[\left(\int_{\frac{r}{2}<|x|<4r} |Lu|^p dx\right)^{\frac{1}{p}} \right.$$
$$\left. + r^{-2}\left(\int_{\frac{r}{2}<|x|<4r} |u|^p dx\right)^{\frac{1}{p}}\right].$$

Pour les détails, nous renvoyons à L. Nirenberg [Ni] et D. Gilbarg, N. S. Trudinger [GT]. □

Lemme 2.47. *Soit* $f \in L^p_{loc}(B_R \setminus \{0\})$ *vérifiant*

$$\left(\int_{r<|x|<2r} |f|^p\right)^{\frac{1}{p}} \leq Ar^{\frac{n}{p}-s}, \ 0 < r < \frac{R}{2}, \qquad (2.105)$$

avec $2 < s < n < p$. *Alors il existe* $u \in W^{2,p}_{loc}(B_R \setminus \{0\})$ *solution de*

$$Lu = 0, \ dans \ B_R \setminus \{0\}, \qquad (2.106)$$

telle que

$$|u(x)| \leq C|x|^{2-s}, \ \forall x \in B_R \setminus \{0\}. \qquad (2.107)$$

Ici, C *est une constante qui ne dépend que de* A, s, p, R, λ *et* M.

Preuve. Nous supposons dans un premier temps que $f \in L^{\infty}(B_R)$. Si G est la fonction de Green associée à l'opérateur L sur B_R, alors la fonction u donnée par

$$u(x) = \int_{B_R} G(x,y)f(y)dy \qquad (2.108)$$

est dans $W^{2,p}_{loc}(B_R)$ et vérifie (2.106). Pour montrer que u vérifie aussi (2.107), nous faisons appel à l'estimation (voir C. Miranda [Mi])

$$G(x,y) \leq C|x-y|^{2-n} \ \text{pour} \ x \neq y, \qquad (2.109)$$

avec C une constante qui ne dépend que de n et λ. Nous avons alors

$$|u(x)| \leq C(I_1 + I_2),$$

avec

$$I_1 = \int_{|y|<\frac{|x|}{2}} |x-y|^{2-n}|f(y)|dy$$

et

$$I_2 = \int_{\frac{|x|}{2}<|y|<R} |x-y|^{2-n}|f(y)|dy.$$

Dans le reste de cette démonstration nous utiliserons l'estimation suivante, dont la preuve sera donnée un peu plus loin.

$$\int_{r<|y|<2r} |y|^t|f(y)|dy \leq K \int_{r<|y|<2r} |y|^{t-s}dy, \tag{2.110}$$

pour tout $t \in \mathbb{R}$, où K est une constante qui ne dépend que de t, s, n et A.

Pour I_1, si $|y| < \frac{|x|}{2}$, nous avons alors $|x-y| \geq \frac{|x|}{2}$. D'où

$$I_1 \leq C|x|^{2-n} \int_{|y|<\frac{|x|}{2}} |f(y)|dy$$

$$\leq C|x|^{2-n} \sum_{j\geq1} \int_{2^{-j-1}<|y|<2^{-j}|x|} |f(y)|dy \tag{2.111}$$

$$\leq C|x|^{2-n} \int_{|y|<\frac{|x|}{2}} |y|^{-s}dy = C|x|^{2-s}.$$

Notons que la dernière intégrale n'est convergente que si $n > s$.

Pour I_2, nous prolongeons d'abord f par 0 en dehors de B_R. Nous gardons la notation f pour ce prolongement. Dans ce cas (2.105) est encore valable pour $r \geq \frac{R}{2}$. Il s'ensuit

$$I_2 \leq \int_{\frac{|x|}{2}<|y|<2|x|} |x-y|^{2-n}|f(y)|dy$$

$$+ \sum_{j\geq1} \int_{2^j|x|<|y|<2^{j+1}|x|} |x-y|^{2-n}|f(y)|dy$$

$$\leq \left(\int_{\frac{|x|}{2}<|y|<2|x|} |x-y|^{(2-n)q}dy\right)^{\frac{1}{q}} \left(\int_{\frac{|x|}{2}<|y|<2|x|} |f(y)|^pdy\right)^{\frac{1}{p}}$$

$$+ \sum_{j\geq1} \int_{2^j|x|<|y|<2^{j+1}|x|} |x-y|^{2-n}|f(y)|dy.$$

Cette estimation, (2.105) et (2.108) impliquent

$$I_2 \leq A|x|^{\frac{n}{p}-s} \left(\int_{\frac{|x|}{2}<|y|<2|x|} |x-y|^{(2-n)q}dy\right)^{\frac{1}{q}}$$

$$+ C\int_{|y|>2|x|} |y|^{2-n-s} \leq C|x|^{2-s}, \tag{2.112}$$

où nous avons utilisé

$$\left(\int_{\frac{|x|}{2}<|y|<2|x|} |x-y|^{(2-n)q}dy\right)^{\frac{1}{q}} \leq \left(\int_{|z|<3|x|} |z|^{(2-n)q}dz\right)^{\frac{1}{q}} \leq C|x|^{\frac{n}{q}+2-n}$$
$$= C|x|^{2-\frac{n}{p}}.$$

(2.107) se déduit alors de (2.111) et (2.112).

Nous allons maintenant nous affranchir de l'hypothèse supplémentaire $f \in L^{\infty}(B_R)$. Pour cela, pour chaque entier positif N, nous introduisons la fonction f_N donnée par

$$f_N = \begin{cases} N, & \text{si } f > N \\ f, & \text{si } |f| < N \\ -N & \text{si } f < -N. \end{cases}$$

Clairement, pour chaque N, $|f_N| \leq N$ et donc $f_N \in L^{\infty}(B_R)$. D'autre part, puisque $|f_N| \leq |f|$, pour tout N et que f_N converge presque partout vers f, nous concluons par le théorème de convergence dominée que f_N converge dans $L^p_{loc}(B_R \setminus \{0\})$ et que, pour chaque N, f_N vérifie (2.105) avec la même constante A et s. Soit u_N la fonction donnée par la formule (2.108) pour $f = f_N$. Pour chaque N, u_N est solution de $Lu_N = f_N$ dans B_R et vérifie (2.107) avec une constante C indépendante de N. Il s'ensuit, comme conséquence des estimations de Schauder L^p (voir D. Gilbarg et N. S. Trudinger [GT] par exemple), que (u_N) est bornée dans $W^{2,p}_{loc}(B_R \setminus \{0\})$. Elle admet donc une sous-suite qui converge faiblement vers $u \in W^{2,p}_{loc}(B_R \setminus \{0\})$. Nous pouvons facilement vérifier que u satisfait à (2.106) et (2.107).

Pour terminer la preuve, il reste à montrer (2.110). Par l'inégalité de Hölder nous avons, où $q = \frac{p}{p-1}$ est l'exposant conjugué de p,

$$\int_{r<|y|<2r} |y|^t |f(y)|dy \leq \left(\int_{r<|y|<2r} |y|^{qt}dy\right)^{\frac{1}{q}} \left(\int_{r<|y|<2r} |f(y)|^p dy\right)^{\frac{1}{p}}$$
(2.113)
$$\leq Ar^{\frac{n}{p}-s}\left(\int_{r<|y|<2r} |y|^{qt}dy\right)^{-\frac{1}{p}} \left(\int_{r<|y|<2r} |y|^{qt}dy\right).$$

Nous supposons que $t \geq 0$. Alors

$$\int_{r<|y|<2r} |y|^{qt}dy = \int_{r<|y|<2r} |y|^{(q-1)t+s}|y|^{t-s}dy$$
(2.114)
$$\leq (2r)^{(q-1)t+s}\int_{r<|y|<2r} |y|^{t-s}dy.$$

D'autre part, un calcul élémentaire nous donne

$$\left(\int_{r<|y|<2r} |y|^{qt}dy\right)^{-\frac{1}{p}} \leq Cr^{-\frac{n}{p}-\frac{qt}{p}},$$
(2.115)

pour une certaine constante C qui ne dépend que de n et p. (2.110) résulte alors immédiatement de (2.113), (2.114) et (2.115).

Le cas $t < 0$ se traite de façon tout à fait similaire au cas $t \geq 0$.   □

Lemme 2.48. *On suppose $n \geq 3$. Soit $s > n$ un réel non entier et supposons que f vérifie (2.105) avec $p > n$. Alors il existe $u \in W^{2,p}_{loc}(B_R \setminus \{0\})$ qui vérifie $\Delta u = f$ dans $B_R \setminus \{0\}$ et (2.108), où la constante C ne dépend que de A, s, n, p et R.*

Preuve. Soit $\Gamma(x - y) = -c_n|x - y|^{2-n}$ la solution fondamentale du laplacien sur $\mathbb{R}^n$. Si les $C_j^{\frac{n-2}{2}}$, $j \geq 0$, sont les polynômes de Gegenbauer définis au sous-paragraphe 1.4.6, nous posons, pour $m = [s] - n$,

$$\tilde{\Gamma}(x, y) = \Gamma(x - y) + c_n \sum_{j=0}^{m} \frac{|y|^j}{|x|^{j+n-2}} C_j^{\frac{n-2}{2}}\left(\frac{x}{|x|} \cdot \frac{y}{|y|}\right).$$

Vu que les polynômes $C_j^{\frac{n-2}{2}}$ sont solutions de l'équation différentielle (1.17), nous pouvons facilement démontrer que

$$\Delta\tilde{\Gamma}(\cdot, y) = \delta_y \text{ dans } \mathbb{R}^n \setminus \{0\}. \tag{2.116}$$

Comme nous l'avons fait au lemme précédent, un procédé de troncature nous permet de nous ramener au cas $f \in L^\infty(B_R)$. Soit

$$u(x) = \int_{B_R} \tilde{\Gamma}(x, y) f(y) dy.$$

Dans ce qui suit, nous utiliserons l'estimation suivante, vérifiée par les polynômes $C_j^{\frac{n-2}{2}}$:

$$\left|C_j^{\frac{n-2}{2}}(t)\right| \leq Kj^{n-3}, \ 0 \leq t \leq 1, \tag{2.117}$$

où K est une constante qui ne dépend que de n (voir A. Erdelay et al. [Er], L. Caffarelli et A. Friedmann [CF] pour plus de détails).

Nous avons

$$\int_{B_r} \Gamma(x - y) f(y) dy \leq c_n \int_{\frac{|x|}{2} < |y| < R} |x - y|^{2-n} |f(y)| dy$$

$$+ \int_{|y| < \frac{|x|}{2}} |\Gamma(x - y)| |f(y)| dy \tag{2.118}$$

$$\leq c_n I_2 + \int_{|y| < \frac{|x|}{2}} |\Gamma(x - y)| |f(y)| dy,$$

où I_2 est le même que celui du lemme précédent. Or, nous savons (voir L. Bers [Ber] ou M. Marcus [Marcu]) que, pour $|y| < |x|$,

$$\Gamma(x,y) = -c_n \sum_{j \geq 0} \frac{|y|^j}{|x|^{j+n-2}} C_j^{\frac{n-2}{2}} \left(\frac{x}{|x|} \cdot \frac{y}{|y|} \right). \tag{2.119}$$

De (2.117), (2.118) et (2.119), nous déduisons aisément l'estimation

$$|u(x)| \leq C(I_2 + I_3 + I_4),$$

avec I_3 et I_4 donnés par

$$I_3 = \sum_{j=0}^m j^{n-3} \int_{\frac{|x|}{2} < |y| < R} \frac{|y|^j}{|x|^{j+n-2}} |f(y)| dy$$

$$I_4 = \sum_{j \geq m+1} j^{n-3} \int_{|y| < \frac{|x|}{2}} \frac{|y|^j}{|x|^{j+n-2}} |f(y)| dy$$

Comme nous l'avons fait dans le lemme précédent, nous prolongeons f par 0 en dehors de B_R et nous utilisons (2.110) pour avoir

$$I_3 \leq C \sum_{j=0}^m j^{n-3} \sum_{k \geq 0} \int_{2^{k-1}|x| < |y| < 2^k |x|} \frac{|y|^{j-s}}{|x|^{j+n-2}} dy$$

$$\leq C \sum_{j=0}^m j^{n-3} |x|^{2-n-j} \int_{\frac{|x|}{2} < |y|} |y|^{j-s} dy \leq C|x|^{2-s},$$

$$I_4 \leq C \sum_{j \geq m+1} j^{n-3} \sum_{k \geq 0} |x|^{2-n-j} \int_{2^{-k-1}|x| < |y| < 2^{-k}|x|} |y|^{j-s} dy$$

$$\leq C \sum_{j=0}^m j^{n-3} |x|^{2-n-j} \int_{|y| < \frac{|x|}{2}} |y|^{j-s} \leq C|x|^{2-s}.$$

$\square$

Preuve du Théorème 2.45. Nous posons

$$\Psi(x) = |x|^{2-n-m} S_m \left(\frac{x}{|x|} \right), \ x \in B_R \setminus \{0\}.$$

Nous cherchons alors $w \in W_{\text{loc}}^{2,p}(B_R \setminus \{0\})$ satisfaisant (2.99), (2.100) et

$$Lw = -L\Psi \text{ dans } B_R \setminus \{0\}.$$

Comme $\Delta \Psi = 0$ dans $B_R \setminus \{0\}$, nous avons

$$-L\Psi = \sum_{i,j} (\delta_{ij} - a_{ij}) \partial_{ij}^2 \Psi - \sum_{i,j} \partial_i a_{ij} \partial_j \Psi.$$

Après un calcul fastidieux, mais simple, nous aboutissons à l'estimation

$$|L\Psi| \leq C|x|^{1 - \frac{n}{p} - n - m}, \ x \in B_R \setminus \{0\},$$

où C est une constante positive, dépendant uniquement de M, n, p et R (rappelons que nous avons normalisé S_m par $\|S_m\|_{W^{2,\infty}(S^{n-1})} = (n+m)^{-2}$).

De la dernière estimation, nous déduisons sans peine

$$(\int_{r<|x|<2r} |L\Psi|^p) \leq Cr^{1-m-n}, \ 0 < r < \frac{R}{2}. \qquad (2.120)$$

Fixons $0 < \alpha < \beta = 1 - \frac{n}{p}$ et posons $N = [\frac{m}{\alpha}] + 1$. Soit w_0 la solution de $\Delta w_0 = f$ donnée par le lemme 2.46 quand $f = -L\Psi$ et par induction sur j, $j = 1, \ldots, N-1$, nous notons w_j la solution de $\Delta w_j = f$, pour $f = (\Delta - L)w_{j-1}$.

D'après (2.120) et le Lemme 2.48 nous déduisons, pour $s = m + n - \beta$,

$$|w_0(x)| \leq C|x|^{2-s},$$

$$|\nabla w_0(x)| \leq C|x|^{1-s},$$

$$(\int_{r<|x|<2r} |\mathcal{H}w_0|^p)^{\frac{1}{p}} \leq Cr^{\frac{n}{p}-s}.$$

De ces estimations, nous tirons

$$(\int_{r<|x|<2r} |(\Delta - L)w_0|^p)^{\frac{1}{p}} \leq Cr^{\frac{n}{p}-s+\alpha},$$

qui, combinée avec le Lemme 2.47, implique

$$|w_1(x)| \leq C|x|^{2-s+\alpha},$$

$$|\nabla w_1(x)| \leq C|x|^{1-s+\alpha},$$

$$\left(\int_{r<|x|<2r} |\mathcal{H}w_1|^p\right)^{\frac{1}{p}} \leq Cr^{\frac{n}{p}-s+\alpha}.$$

En continuant comme ceci, nous arrivons à

$$|w_j(x)| \leq C|x|^{2-s+j\alpha},$$

$$|\nabla w_j(x)| \leq C|x|^{1-s+j\alpha},$$

$$(\int_{r<|x|<2r} |\mathcal{H}w_j|^p)^{\frac{1}{p}} \leq Cr^{\frac{n}{p}-s+j\alpha},$$

pour $j = 1, \ldots N - 1$.

Maintenant puisque $s - (N-1)\alpha < n - \beta + \alpha < n$ (noter que $N\alpha > m$), nous pouvons appliquer de nouveau le Lemme 2.47 pour conclure qu'il existe w_N solution de $Lw_N = f$, quand $f = (\Delta - L)w_{N-1}$, qui vérifie

$$|w_N(x)| \leq C|x|^{2-s+(N-1)\alpha}.$$

Nous posons

$$w = \sum_{j=0}^{N} w_j.$$

Alors

$$Lw = \sum_{j=0}^{N-1} Lw_j + Lw_N$$

$$= \sum_{j=0}^{N-1} \Delta w_j - \sum_{j=0}^{N-1} (\Delta - L)w_j + Lw_N = -L\Psi$$

et

$$|w(x) \le C \sum_{j=0}^{N} |x|^{2-s+j\alpha} \le C|x|^{2-s} = C|x|^{2-n-m+\beta}.$$

Les estimations de $|\nabla w|$ et $\mathcal{H}w$ s'obtiennent tout simplement en appliquant le Lemme 2.46. □

2.3.2 Stabilité dans le détermination de la conductivité à la frontière

Pour $0 < a_0 \le a \in L^\infty(\Omega)$, où a_0 est une certaine constante, et $\varphi \in H^{\frac{1}{2}}(\Gamma)$, nous notons $w_{a,\varphi} \in H^1(\Omega)$ l'unique solution variationnelle du problème aux limites

$$\begin{cases} \operatorname{div}(a\nabla w) = 0 \text{ dans } \Omega \\ w_{|\Gamma} = \varphi. \end{cases}$$

Rappelons que, d'après les Théorèmes 1.21 et 1.27

$$\Sigma_a : H^{\frac{1}{2}}(\Gamma) \to H^{-\frac{1}{2}}(\Gamma) : \varphi \to a\partial_\nu u_{a,\varphi}$$

défini un opérateur borné.

Notre objectif dans ce sous-paragraphe est de démontrer le

Théorème 2.49. *Soient* a, $b \in W^{1,p}(\Omega)$, *avec* $p > n$, *telles qu'il existe deux constantes* $\lambda \ge 1$ *et* $M_0 > 0$ *pour lesquelles*

$$\lambda^{-1} \le a, b \le \lambda. \tag{2.121}$$

$$\|a\|_{W^{1,p}(\Omega)}, \|b\|_{W^{1,p}(\Omega)} \le M_0. \tag{2.122}$$

Alors il existe une constante positive $C_0 = C_0(n, p, \Omega, \lambda, M_0)$ *telle que*

$$\|a - b\|_{L^\infty(\Gamma)} \le C_0 \|\Sigma_a - \Sigma_b\|_{\mathcal{L}(H^{-\frac{1}{2}}(\Gamma), H^{\frac{1}{2}}(\Gamma))}^{\frac{p}{n}-1}. \tag{2.123}$$

Si de plus a, $b \in C^{1,\alpha}(\overline{\Omega})$, *pour un certain* α, $0 < \alpha < 1$, *et*

$$\|a\|_{C^{1,\alpha}(\overline{\Omega})}, \|b\|_{C^{1,\alpha}(\overline{\Omega})} \le M_1, \tag{2.124}$$

où M_1 est une constante positive, alors

$$\|\partial_\nu a - \partial_\nu b\|_{L^\infty(\Gamma)} \leq C_1 \|\Sigma_a - \Sigma_b\|_{\mathcal{L}(H^{-\frac{1}{2}}(\Gamma), H^{\frac{1}{2}}(\Gamma))}^{(\frac{p}{n}-1)\frac{\alpha-1}{2+\alpha}}, \qquad (2.125)$$

avec $C_1 = C_1(\alpha, n, p, \Omega, \lambda, M_1)$.

Nous donnons une démonstration de ce théorème qui repose de façon essentielle sur les solutions singulières construites au sous-paragraphe précédent. Avant de donner la preuve, nous montrons un lemme qui précisera comment nous utiliserons ces solutions singulières. À cette fin, nous introduisons quelques notations. Nous fixons $x_0 \in \Gamma$ et posons $x_\sigma = x_0 + \sigma\nu(x_0)$. Clairement, il existe deux constantes positives C et σ_0, qui ne dependent que de Ω, telles que

$$C\sigma \leq \text{dist}(x_\sigma, \Gamma) \leq \sigma, \ 0 \leq \sigma \leq \sigma_0.$$

Fixons $R > 2\text{diam}(\Omega)$. Nous pouvons alors prolonger a et b à $B_R(x_\sigma)$ de telle sorte que nous ayons

$$\tilde{\lambda}^{-1} \leq a, b \leq \tilde{\lambda}, \ \text{dans } B_R(x_\sigma)$$

et

$$\|a\|_{W^{1,p}(B_R(x_\sigma))}, \|b\|_{W^{1,p}(B_R(x_\sigma))} \leq \tilde{M}_0,$$

avec $\tilde{\lambda}$ et $\tilde{M}_0$ dépendant uniquement de λ, M_0, Ω et R.

Lemme 2.50. *Supposons que a, b vérifient* (2.121) *et* (2.122). *Pour tout $m \in \mathbb{N}$, il existe des solutions u, $v \in W^{2,p}(\Omega)$ de*

$$div(a\nabla u) = div(b\nabla v) = 0, \ dans \ \Omega, \qquad (2.126)$$

qui vérifient

$$|\nabla u(x)|, |\nabla v(x)| \leq C|x - x_\sigma|^{1-n-m}, \ x \in \Omega, \qquad (2.127)$$

et

$$\nabla u \cdot \nabla v \geq |x - x_0|^{2(1-n-m)}, \ x \in \Omega \cap B_{r_0}(x_\sigma), \qquad (2.128)$$

où C et r_0 sont des constantes qui ne dépendent que de λ, M, n, p et Ω.

Preuve. Sans perte de généralité, nous pouvons supposer que $x_\sigma = 0$. D'après le Théorème 2.45, il suffit de trouver une fonction harmonique sphérique S_m telle que

$$|\nabla(|x|^{2-n-m} S_m(\frac{x}{|x|}))|^2 \geq 2|x|^{2(1-n-m)}. \qquad (2.129)$$

Ceci est évident quand $n = 2$ (en dimension deux, les fonctions harmoniques sphériques sont de la forme $\cos(k\theta)$ ou bien $\sin(k\theta)$, $k \in \mathbb{Z}$). Pour $n \geq 3$, nous choisissons $S_m(\frac{x}{|x|}) = AC_m^{\frac{n-2}{2}}(\frac{x_n}{|x|})$, A étant une constante non nulle et

$C_m^{\frac{n-2}{2}}$ sont les polynômes de Gegenbauer donnés au sous-paragraphe 1.4.6.
Pour $t = \frac{x_n}{|x|}$, nous avons

$$|\nabla(|x|^{2-n-m}S_m(\tfrac{x}{|x|}))|^2 = A^2|x|^{2(1-n-m)}((2-n-m)^2(C_m^{\frac{n-2}{2}}(t))^2$$

$$+(\tfrac{d}{dt}C_m^{\frac{n-2}{2}}(t))^2).$$

(2.129) résulte alors du fait que $C_m^{\frac{n-2}{2}}(t)$ et $\frac{d}{dt}C_m^{\frac{n-2}{2}}(t)$ ne peuvent pas être nulles simultanément. Pour monter ce fait, notons d'abord $C_m^{\frac{n-2}{2}}(\pm 1) \neq 0$ et que $C_m^{\frac{n-2}{2}}(t)$ est solution de l'équation différentielle

$$(t^2-1)f'' + (n-1)tf' - m(m+n-2)f = 0.$$

Donc, d'après l'unicité des solutions de cette équation différentielle pour la condition initiale $(f(t), f'(t))$, $\frac{d}{dt}C_m^{\frac{n-2}{2}}(t) \neq 0$ si $C_m^{\frac{n-2}{2}}(t) = 0$, pour tout $|t| < 1$. $\qquad\square$

Preuve du Théorème 2.49. Nous montrons d'abord (2.123). Soit $x_0 \in \Gamma$ tel que $|(a-b)(x_0)| = \|a-b\|_{L^\infty(\Gamma)}$. Quitte à intervertir les rôles de a et b, nous supposons que $(a-b)(x_0) > 0$. Nous avons alors

$$\|a-b\|_{L^\infty(\Gamma)} = (a-b)(x_0) \leq (a-b)(x) + C|x-x_0|^\beta, \text{ avec } \beta = 1 - \frac{n}{p}.$$

En procédant de manière similaire à ce que nous avons fait à plusieurs reprises, nous montrons l'identité

$$\int_\Omega (a-b)\nabla u \cdot \nabla v\,dx = \langle (\Sigma_a - \Sigma_b)u, v\rangle_{\mathcal{L}(H^{-\frac{1}{2}}(\Gamma), H^{\frac{1}{2}}(\Gamma))}, \qquad (2.130)$$

pour u, v vérifiant (2.126).

Choisissons u, v comme dans le Lemme 2.50. Pour $0 < \sigma \leq \min(\frac{r_0}{2}, \sigma_0)$, nous avons d'après (2.127) et (2.128),

$$\|a-b\|_{L^\infty(\Gamma)} \int_{B_{2\sigma}(x_\sigma)\cap\Omega} |x-x_\sigma|^{2(1-n-m)}dx$$

$$\leq C\Big(\int_{\Omega\setminus B_{2\sigma}(x_\sigma)} |a-b||x-x_\sigma|^{2(1-n-m)}dx$$

$$+ \int_{B_{2\sigma}(x_\sigma)\cap\Omega} |x-x_0|^\beta |x-x_\sigma|^{2(1-n-m)}dx$$

$$+\|\Sigma_a - \Sigma_b\|_{\mathcal{L}(H^{-\frac{1}{2}}(\Gamma), H^{\frac{1}{2}}(\Gamma))}\|u\|_{H^{\frac{1}{2}}(\Gamma)}\|v\|_{H^{\frac{1}{2}}(\Gamma)}\Big).$$

$$(2.131)$$

Quitte à remplacer u (resp. v) par u (resp. v) plus une constante, nous supposons

$$\int_\Omega u\,dx = \int_\Omega v\,dx = 0.$$

Ceci, l'inégalité de Poincaré et le théorème de trace impliquent

$$\|u\|^2_{H^{\frac{1}{2}}(\Gamma)} \leq C \int_\Omega |\nabla u|^2 dx.$$

Mais d'après (2.127),

$$\int_\Omega |\nabla u|^2 dx \leq C \int_\Omega |x - x_\sigma|^{2(1-n-m)} dx \leq C \int_{B_R(x_\sigma)\backslash B_\sigma(x_\sigma)} |x - x_\sigma|^{2(1-n-m)} dx$$

$$\leq C\sigma^{1-n-2m}.$$

Le même argument vaut aussi pour v. Nous obtenons alors

$$\|u\|_{H^{\frac{1}{2}}(\Gamma)}, \|v\|_{H^{\frac{1}{2}}(\Gamma)} \leq C\sigma^{1-n-2m}. \tag{2.132}$$

D'autre part, $B_{2\sigma}(x_\sigma) \cap \Omega$ contient un cone $\mathcal{C}$. En utilisant les coordonnées polaires, nous déduisons qu'il existe Λ une partie de S^{n-1} de mesure non nulle et indépendante de σ telle que

$$|\mathcal{C}| = \int_\mathcal{C} dx = \int_0^\sigma r^{n-1} dr \int_\Lambda d\omega = C\sigma^n,$$

et puisque $|x - x_\sigma| \leq 2\sigma$, $x \in \mathcal{C}$, nous concluons

$$\int_{B_{2\sigma}(x_\sigma)\cap\Omega} |x - x_\sigma|^{2(1-n-m)} \geq C\sigma^{2-n-2m}. \tag{2.133}$$

Nous pouvons aussi vérifier sans difficultés que

$$\int_{B_{2\sigma}(x_\sigma)\cap\Omega} |x - x_0|^\beta |x - x_\sigma|^{2(1-n-m)} \leq C\sigma^{2-n-2m+\beta} \tag{2.134}$$

et

$$\int_{\Omega\backslash B_{2\sigma}(x_\sigma)} |a - b||x - x_\sigma|^{2(1-n-m)} \leq C\sigma^{2-n-2m}. \tag{2.135}$$

Une combinaison de (2.131) - (2.135) implique

$$\|a - b\|_{L^\infty(\Gamma)} \leq C(\sigma^{-1}\|\Sigma_a - \Sigma_b\|_{\mathcal{L}(H^{-\frac{1}{2}}(\Gamma), H^{\frac{1}{2}}(\Gamma))} + \sigma^{-2+n+2m} + \sigma^\beta)$$

$$\leq C(\sigma^{-1}\|\Sigma_a - \Sigma_b\|_{\mathcal{L}(H^{-\frac{1}{2}}(\Gamma), H^{\frac{1}{2}}(\Gamma))} + \sigma^\beta).$$

Si $\|\Sigma_a - \Sigma_b\|_{\mathcal{L}(H^{-\frac{1}{2}}(\Gamma), H^{\frac{1}{2}}(\Gamma))}$ est assez petit, nous pouvons choisir $\sigma = \|\Sigma_a - \Sigma_b\|^{\frac{p}{n}}_{\mathcal{L}(H^{-\frac{1}{2}}(\Gamma), H^{\frac{1}{2}}(\Gamma))}$, ce qui donne immédiatement (2.123).

Nous procédons maintenant à la preuve de (2.125). Soit $x_0 \in \Gamma$ tel que

$$\partial_\nu a(x_0) - \partial_\nu b(x_0) = \|\partial_\nu a - \partial_\nu b\|_{L^\infty(\Gamma)}.$$

Notons $\Omega_{\sigma_0} = \{x \in \Omega;\ \mathrm{dist}(x, \Gamma) < \sigma_0\}$. Alors, il n'est pas difficile de vérifier que tout $x \in \overline{\Omega}_{\sigma_0}$ peut être représenté sous la forme $x = y - s\nu(y)$, pour un certain $y \in \Gamma$ et $0 \leq s \leq \sigma_0$. Nous avons aussi $Cs \leq \mathrm{dist}(x, \Gamma) \leq s$ et $|y - x_0| \leq C|x - x_0|$. D'après le théorème des accroissements finis, il existe $t \in (0,1)$ tel que

$$|(a-b)(x) - (a-b)(y) - s\partial_\nu(a-b)(x_0)| = |s\partial_\nu(a-b)(y-ts\nu(y)) - \partial_\nu(a-b)(x_0)|.$$

D'où,

$$|(a-b)(x) - (a-b)(y) - s\partial_\nu(a-b)(x_0)| \leq Cs|y - x_0|^\alpha \leq Cs|x - x_0|^\alpha,$$

où nous avons utilisé (2.124). Il en résulte

$$s\|\partial_\nu a - \partial_\nu b\|_{L^\infty(\Gamma)} \leq |(a-b)(x)| + \|a - b\|_{L^\infty(\Gamma)} + Cs|x - x_0|^\alpha. \quad (2.136)$$

Comme précédemment, pour u et v des solutions données par le Lemme 2.50 et $\sigma \leq \frac{1}{2}\min(\sigma_0, r_0)$, nous avons, vu (2.130),

$$\sigma\|\partial_\nu a - \partial_\nu b\|_{L^\infty(\Gamma)} \int_{B_{2\sigma}(x_\sigma) \cap \Omega} |x - x_\sigma|^{2(1-n-m)} \mathrm{dist}(x, \Gamma)$$

$$\leq C\left(\int_{\Omega \setminus B_{2\sigma}(x_\sigma)} |a - b||x - x_\sigma|^{2(1-n-m)}\right.$$

$$+ \int_{B_{2\sigma}(x_\sigma) \cap \Omega} \mathrm{dist}(x, \Gamma)|x - x_0|^\alpha|x - x_\sigma|^{2(1-n-m)}$$

$$+ \int_{B_{2\sigma}(x_\sigma) \cap \Omega} |x - x_\sigma|^{2(1-n-m)} \mathrm{dist}(x, \Gamma)\|a - b\|_{L^\infty(\Gamma)}$$

$$\left. + \|\Sigma_a - \Sigma_b\|_{\mathcal{L}(H^{-\frac{1}{2}}(\Gamma), H^{\frac{1}{2}}(\Gamma))} \|u\|_{H^{\frac{1}{2}}(\Gamma)} \|v\|_{H^{\frac{1}{2}}(\Gamma)}\right).$$

Puisque $C\sigma \leq \mathrm{dist}(x, \Gamma) \leq \sigma$, de la même manière que précédemment, nous tirons de cette estimation

$$\|\partial_\nu a - \partial_\nu b\|_{L^\infty(\Gamma)} \leq C\sigma^{-1}\left(\sigma^\alpha + \|\Sigma_a - \Sigma_b\|_{\mathcal{L}(H^{-\frac{1}{2}}(\Gamma), H^{\frac{1}{2}}(\Gamma))}^{\frac{p}{n}-1} \sigma^{-2}\right),$$

où nous avons utilisé (2.123) pour estimer $\|a - b\|_{L^\infty(\Gamma)}$. Le choix de $\sigma = \|\Sigma_a - \Sigma_b\|_{\mathcal{L}(H^{-\frac{1}{2}}(\Gamma), H^{\frac{1}{2}}(\Gamma))}^{(\frac{p}{n}-1)\frac{1}{\alpha+2}}$ permet d'obtenir l'estimation recherchée. $\square$

Pour faire ce sous-paragraphe, nous nous sommes largement inspiré de l'article de G. Alessandrini [A14].

2.3.3 Une alternative aux solutions singulières

Nous reprenons les définitions et notations du sous-paragraphe 2.3.2. Pour $0 < a_0 \leq a \in L^\infty(\Omega)$, où a_0 est une certaine constante, et $\varphi \in H^{\frac{1}{2}}(\Gamma)$, nous notons $w_{a,\varphi} \in H^1(\Omega)$ l'unique solution variationnelle du problème aux limites

$$\begin{cases} \operatorname{div}(a\nabla w) = 0, \ \text{dans } \Omega, \\ w_{|\Gamma} = \varphi. \end{cases} \tag{2.137}$$

Rappelons que l'opérateur borné Σ_a, que nous avons construit plus haut, est donné par

$$\Sigma_a : H^{\frac{1}{2}}(\Gamma) \to H^{-\frac{1}{2}}(\Gamma) : \varphi \to a\partial_\nu w_{a,\varphi}.$$

Les solutions singulières permettent de montrer (voir [Al4] pour plus de détails) que si $a_1, a_2 \in C^1(\overline{\Omega})$ sont telles que $\Sigma_{a_1} = \Sigma_{a_2}$ alors

$$a_1 = a_2 \ \text{et} \ \nabla a_1 = \nabla a_2 \ \text{sur} \ \Gamma.$$

Bien entendu, ce résultat, combiné avec ceux du paragraphe 2.1, permet de déduire que $a_1 = a_2$ dans $\overline{\Omega}$.

Dans ce sous-paragraphe, nous donnons une alternative aux solutions singulières. Elle consiste à construire des solutions particulières du problème aux limites (2.137).

Nous débutons par le

Lemme 2.51. *Supposons que* Ω *est de classe* $C^{1,1}$ *et soit* $\sigma_0 \in \Gamma$. *Alors il existe* (ψ_m) *une suite de* $H^{\frac{3}{2}}(\Gamma) \cap C^{1,1}(\Gamma)$ *et deux constantes* C_1 *et* C_2 *telles que*

(a) $supp(\psi_{m+1}) \subset supp(\psi_m)$ *et* $\cap_{m \geq 1} supp(\psi_m) = \{\sigma_0\}$,

(b) $\|\psi_m\|_{H^{\frac{1}{2}}(\Gamma)} = 1$,

(c) $\dfrac{C_1}{m^{\frac{1+2s}{2}}} \leq \|\psi_m\|_{H^{-s}(\Gamma)} \leq \dfrac{C_1}{m^{\frac{1+2s}{2}}}$ *pour* $-1 \leq s \leq 1$.

Preuve. Tout au long de cette démonstration, les C_i désignent des constantes génériques. Plaçons-nous d'abord dans le cas $\Gamma \subset \mathbb{R}^{n-1} \times \{0\}$ et $\sigma_0 = 0$. Soit alors $f_* \in C_c^\infty(\mathbb{R})$ telle que

$$supp(f_*) \subset [-1, 1] \ \text{et} \ \int_{-1}^{1} f_*(t)dt = 1.$$

Pour $x' = (x_1, \ldots, x_{n-1}) \in \mathbb{R}^{n-1}$ et $m \geq 1$ entier, nous définissons

$$f_m(x') = \prod_{i=1}^{n-1} f_*(mx_i).$$

Nous avons $\text{supp}(f_m) \subset [-\frac{1}{m}, \frac{1}{m}]^{n-1}$ et, puisque $f_m(x') = f_1(mx')$,

$$\hat{f}_m(\xi') = \frac{1}{m^{n-1}} \hat{f}_1(\frac{\xi'}{m}).$$

Par suite, pour $s \geq 0$,

$$\|f_m\|_{H^{-s}(\mathbb{R}^{n-1})} = \int_{\mathbb{R}^{n-1}} (1 + |\xi'|^2)^{-s} |\hat{f}_m(\xi')|^2 d\xi'$$

$$= \frac{1}{m^{n-1}} \int_{\mathbb{R}^{n-1}} (1 + m^2|\xi'|^2)^{-s} |\hat{f}_1(\xi')|^2 d\xi'. \quad (2.138)$$

De $(1 + m^2\theta^2)^{-1} \geq m^{-2}(1 + \theta^2)^{-1}$, pour $\theta > 0$, nous tirons

$$\int_{\mathbb{R}^{n-1}} (1 + m^2|\xi'|^2)^{-s} |\hat{f}_1(\xi')|^2 d\xi' \geq \frac{C_3}{m^{2s}}. \quad (2.139)$$

D'autre part, comme f_* est de moyenne nulle, $\hat{f}(0) = 0$. D'où, $\hat{f}_1$ étant analytique (car f_1 est à support compact), $|\xi|^{-1}\hat{f}_1(\xi) \in \mathcal{S}(\mathbb{R}^{n-1})$. Nous obtenons alors, en utilisant l'inégalité $(1 + m^2\theta^2)^{-1} \leq (\theta m)^{-2}$ pour $\theta > 0$,

$$\int_{\mathbb{R}^{n-1}} (1 + m^2|\xi'|^2)^{-s} |\hat{f}_1(\xi')|^2 d\xi' \leq \frac{1}{m^{2s}} \int_{\mathbb{R}^{n-1}} \frac{|\hat{f}_1(\xi')|^2}{|\xi'|^{2s}} d\xi' = \frac{C_4}{m^{2s}} \quad (2.140)$$

si $0 \leq s \leq 1$.

Une combinaison de (2.138), (2.139) et (2.140) nous donne, pour $0 \leq s \leq 1$,

$$C_5(s)m^{-\frac{n-1}{2}-s} \leq \|f_m\|_{H^{-s}(\mathbb{R}^{n-1})} \leq C_6(s)m^{-\frac{n-1}{2}-s}. \quad (2.141)$$

De la même manière, nous pouvons démontrer que nous avons une inégalité similaire à (2.141) dans le cas $s \geq 0$. C'est-à-dire

$$C_7(s)m^{-\frac{n-1}{2}+s} \leq \|f_m\|_{H^s(\mathbb{R}^{n-1})} \leq C_8(s)m^{-\frac{n-1}{2}+s}. \quad (2.142)$$

Il résulte de (2.141) et (2.142) que, pour tout $s \geq -1$,

$$C_9(s)m^{-\frac{n-1}{2}+s} \leq \|f_m\|_{H^s(\mathbb{R}^{n-1})} \leq C_{10}(s)m^{-\frac{n-1}{2}+s}$$

et donc ψ_m, définie par

$$\psi_m(x') = \frac{f_m(x')}{\|f_m\|_{H^{\frac{1}{2}}(\mathbb{R}^{n-1})}},$$

satisfait à, pour $-1 \leq s \leq 1$,

$$C_{11}(s)m^{-\frac{1-2s}{2}} \leq \|f_m\|_{H^s(\mathbb{R}^{n-1})} \leq C_{12}(s)m^{-\frac{1-2s}{2}}.$$

Le cas général se ramène au cas précédent en utilisant les cartes locales. Vu la régularité $C^{1,1}$ de Ω, nous pouvons vérifier que la nouvelle suite (ψ_m) que nous obtenons est dans $C^{1,1}(\Gamma) \cap H^{\frac{3}{2}}(\Gamma)$ et elle satisfait aux conditions (a) - (c).   □

Dans ce qui suit σ_0 est un point quelconque de Γ et, pour simplifier les notations, nous posons $u_m = w_{a,\psi_m}$.

Lemme 2.52. *Supposons que Ω est de classe $C^{1,1}$ et que $a \in W^{1,\infty}(B_R(\sigma_0) \cap \Omega)$. Alors il existe une constante positive C et m_0 un entier positif pour lesquels*

$$\|u_m\|_{H^1(\Omega \setminus \overline{B_R(\sigma_0)})} \le \frac{C}{m}, \text{ pour tout } m \ge m_0. \tag{2.143}$$

Preuve. Choisissons d'abord m_0 assez large de telle sorte que le support de ψ_m soit contenu dans $B_{\frac{R}{8}}(\sigma_0) \cap \Gamma$ pour tout $m \ge m_0$. Soit $\zeta \in C_c^\infty(\mathbb{R}^n)$ une fonction de troncature telle que $0 \le \zeta \le 1$,

$$\zeta = 1 \text{ dans } \overline{\Omega} \setminus B_R(\sigma_0) \text{ et } \zeta = 0 \text{ dans } B_{\frac{R}{2}}(\sigma_0).$$

Soient $\omega = \overline{\Omega} \setminus B_{\frac{R}{4}}(\sigma_0)$ et $v_m = \zeta u_m$. Nous avons

$$-\text{div}(av_m) = -a\nabla\zeta \cdot \nabla u_m - \text{div}(au_m \nabla \zeta).$$

Nous multiplions chaque membre de cette équation par $v_m = \zeta u_m$ et nous faisons ensuite une intégration par parties sur ω pour avoir, en notant que $v_m = 0$ sur $\partial\omega$,

$$\int_\omega a|\nabla v_n|^2 dx = -\int_\omega a\nabla\zeta \cdot \nabla u_m dx + \int_\omega au_m \nabla\zeta \cdot \nabla(\zeta u_m) dx$$
$$= \int_\omega au_m^2 |\nabla\zeta|^2 dx.$$

Comme $v_m = u_m$ sur $\Omega \setminus \overline{B_R(\sigma_0)} \subset \omega$, nous déduisons de la dernière identité

$$\int_{\Omega \setminus \overline{B_R(\sigma_0)}} |\nabla u_m|^2 dx \le C \int_\Omega u_m^2 |\nabla\zeta|^2 dx. \tag{2.144}$$

Nous estimons maintenant le membre de droite de la dernière inégalité en fonction de $\|\psi_m\|_{H^{-\frac{1}{2}}(\Gamma)}$. Soit $w \in H_0^1(\Omega)$ la solution de

$$-\text{div}(a\nabla w) = u_m |\nabla\zeta|^2 \text{ dans } \Omega, \quad w = 0 \text{ sur } \Gamma. \tag{2.145}$$

Puisque $a \in W^{1,\infty}(B_R(\sigma_0) \cap \Omega)$, d'après les résultats de régularité locale pour les équations elliptiques, $w \in H^2(B_R(\sigma_0) \cap \Omega)$ (voir par exemple D. Gilbarg et N. S. Trudinger [GT]). Par suite $\partial_\nu w \in H^{\frac{1}{2}}(B_R(\sigma_0) \cap \Gamma)$. De plus

$$\|a\partial_\nu w\|_{H^{\frac{1}{2}}(B_R(\sigma_0) \cap \Gamma)} \le C\|w\|_{H^2(B_R(\sigma_0) \cap \Omega)} \le C'\|u_m|\nabla\zeta|^2\|_{L^2(\Omega)}. \tag{2.146}$$

Nous multiplions maintenant (2.145) par u_m et nous faisons une intégration par parties pour obtenir

$$\int_\Omega u_m^2 |\nabla\zeta|^2 dx = \int_\Omega a\nabla w \cdot \nabla u_m dx - \int_\Gamma a\partial_\nu w\psi_m d\sigma$$
$$= -\int_\Gamma a\partial_\nu w\psi_m d\sigma,$$

où nous avons utilisé

$$\int_\Omega a\nabla w \cdot \nabla u_m dx = 0,$$

qui résulte du fait que u_m est solution de (2.137), avec $\varphi = \psi_m$, et $w \in H_0^1(\Omega)$.

Nous avons alors

$$\int_\Omega u_m^2 |\nabla\zeta|^2 dx \le C\|a\partial_\nu w\|_{H^{\frac{1}{2}}(B_R(\sigma_0)\cap\Gamma)} \|\psi_m\|_{H^{-\frac{1}{2}}(\Gamma)},$$

ce qui, combiné avec (2.146) et l'inégalité $|\nabla\zeta|^2 \le lC|\nabla\zeta|l$, entraine

$$\|u_m|\nabla\zeta|\|_{L^2(\Omega)} \le C\|u_m|\nabla\zeta|^2\|_{L^2(\Omega)}\|\psi_m\|_{H^{-\frac{1}{2}}(\Gamma)}$$
$$\le C'\|u_m|\nabla\zeta|\|_{L^2(\Omega)}\|\psi_m\|_{H^{-\frac{1}{2}}(\Gamma)}.$$

Vu l'estimation du Lemme 2.51 (c) pour ψ_m et (2.144), nous obtenons

$$\|u_m\|_{L^2(\Omega\setminus\overline{B_R(\sigma_0)})} \le \frac{C}{m} \text{ si } m \ge m_0.$$

Mais d'après l'inégalité de Poincaré,

$$\|u_m\|_{L^2(\Omega\setminus\overline{B_R(\sigma_0)})} \le C\|\nabla u_m\|_{L^2(\Omega\setminus\overline{B_R(\sigma_0)})},$$

car $u_m = 0$ sur $\Gamma \cap B_R(\sigma_0)$, ce qui achève la preuve. □

Lemme 2.53. *Sous les hypothèses et les notations du Lemme 2.52, il existe un entier $m_1 \ge m_0$ et une constante $C = C(R)$ tels que*

$$\int_{B_R(\sigma)\cap\Omega} |\nabla u_m|^2 dx \ge C, \ m \ge m_1.$$

Preuve. Nous avons

$$\|u_m|_\Gamma\|_{H^{\frac{1}{2}}(\Gamma)}^2 \le C(\|\nabla u_m\|_{L^2(\Omega)} + \|u_m|_\Gamma\|_{L^2(\Gamma)}),$$

tout simplement car $w \to \|\nabla w\|_{L^2(\Omega)} + \|w|_\Gamma\|_{L^2(\Gamma)}$ définit une norme équivalente à la norme originale sur $H^1(\Omega)$. Mais, d'après le Lemme 2.51,

$$\|u_m|_\Gamma\|_{L^2(\Gamma)}^2 = \|\psi_m|_\Gamma\|_{L^2(\Gamma)}^2 \le \frac{C}{m}$$

et $1 = \|u_m|_\Gamma\|^2_{H^{\frac{1}{2}}(\Gamma)} = \|\psi_m|_\Gamma\|_{H^{\frac{1}{2}}(\Gamma)}$. Par conséquent,

$$1 = \|u_m|_\Gamma\|^2_{H^{\frac{1}{2}}(\Gamma)} \leq C\|\|\nabla u_m\|\|_{L^2(\Omega)} + \frac{C}{m}.$$

Ceci et le dernier lemme impliquent

$$1 \leq C\left(\int_{B_R(\sigma_0)\cap\Omega} |\nabla u_m|^2 dx + \frac{1}{m^2} + \frac{1}{m}\right).$$

D'où le résultat pour $m \geq m_1$, $m_1 \geq m_0$ assez grand. □

Nous avons utilisé plus haut l'ensemble $W^{1,\infty}_+(\Omega)$. Rappelons qu'il est défini par

$$W^{1,\infty}_+(\Omega) = \{a \in W^{1,\infty}(\Omega);\ a \geq a_0 \text{ p.p. pour une certaine constante } a_0 > 0\}.$$

Nous utilisons les deux lemmes précédents pour démontrer le

Théorème 2.54. *Supposons que Ω est de classe $C^{1,1}$ et soient a_1, $a_2 \in W^{1,\infty}_+(\Omega)$ telles que $\Sigma_{a_1} = \Sigma_{a_2}$. Alors $a_1 = a_2$ sur Γ.*

Preuve. Nous raisonnons par l'absurde. Nous faisons alors l'hypothèse qu'il existe $\sigma_0 \in \Gamma$ tel que $a_1(\sigma_0) \neq a_2(\sigma_0)$. Sans perte de généralité, nous supposons, par exemple, que $a_1(\sigma_0) > a_2(\sigma_0)$. D'où, il existe R et δ deux constantes > 0 telles que

$$a_1(x) \geq a_2(x) + \delta,\ x \in B_R(\sigma_0) \cap \Omega. \tag{2.147}$$

En notant $u^j_m = u_{a_j, \psi_m}$, $j = 1, 2$ et $B = B_R(\sigma_0) \cap \Omega$, nous avons

$$Q_{a_1}(\psi_m) = \int_\Omega a_1 |\nabla u^1_m|^2 \geq \int_B a_1 |\nabla u^1_m|^2$$

et donc, vu (2.147),

$$Q_{a_1}(\psi_m) \geq \int_B a_2 |\nabla u^1_m|^2 + \delta \int_B a_1 |\nabla u^1_m|^2.$$

En utilisant la minoration du Lemme 2.53, nous déduisons qu'il existe un entier positif m_1 pour lequel

$$Q_{a_1}(\psi_m) \geq \int_B a_2 |\nabla u^1_m|^2 + C_0\delta,\ \text{si } m \geq m_1.$$

Cette estimation, combinée avec celle du Lemme 2.52, entraine

$$Q_{a_1}(\psi_m) \geq \int_\Omega a_2 |\nabla u^1_m|^2 - \frac{C}{m^2} + C_0\delta,\ \text{si } m \geq m_1. \tag{2.148}$$

D'autre part, nous savons que si

$$K_{\psi_m} = \psi_m + H_0^1(\Omega) = \{w \in H^1(\Omega); \ w = \psi_m \text{ sur } \Gamma\},$$

alors

$$\int_\Omega a_2 |\nabla u_m^1|^2 \geq \min_{w \in K_{\psi_m}} \int_\Omega a_2 |\nabla w|^2 = \int_\Omega a_2 |\nabla u_m^2|^2 = Q_{a_2}(\psi_m).$$

Cette dernière inégalité et (2.148) impliquent

$$Q_{a_1}(\psi_m) \geq Q_{a_2}(\psi_m) - \frac{C}{m^2} + C_0 \delta, \text{ si } m \geq m_1. \qquad (2.149)$$

Par conséquence, il existe $m_2 \geq m_1$ tel que

$$Q_{a_1}(\psi_m) \geq Q_{a_2}(\psi_m) + \frac{C_0 \delta}{2}, \text{ si } m \geq m_2. \qquad (2.150)$$

Mais $\Sigma_{a_1} = \Sigma_{a_2}$ entraine, en particulier, $Q_{a_1}(\psi_m) = Q_{a_2}(\psi_m)$ pour chaque m (noter que pour $a = a_i$, il n'est pas difficile de montrer $Q_a(\varphi) = \langle \Sigma_a \varphi, \varphi \rangle$ si $\varphi \in H^{\frac{1}{2}}(\Gamma)$). D'où la contradiction. $\qquad \square$

Une conséquence immédiate du dernier théorème est un résultat de stabilité lipschitzienne :

Corollaire 2.55. *Soient $M > 0$ et $\lambda > 0$ deux constantes. Alors il existe une constante $C = C(M, \lambda)$ telle que : pour tous a_1, $a_2 \in W^{1,\infty}(\Omega)$ vérifiant*

$$\lambda \leq a_j \ et \ \|a_j\|_{W^{1,\infty}(\Omega)} \leq M, \qquad (2.151)$$

nous avons

$$\|a_1 - a_2\|_{L^\infty(\Gamma)} \leq C \|\Sigma_{a_1} - \Sigma_{a_2}\|_{\mathcal{L}(H^{\frac{1}{2}}(\Gamma), H^{-\frac{1}{2}}(\Gamma))}.$$

Preuve. Soient a_1, $a_2 \in W^{1,\infty}(\Omega)$ vérifiant (2.151) et telles que $a_1 - a_2 \not\equiv 0$ sur Γ. Si $0 < 2\beta = \|a_1 - a_2\|_{L^\infty(\Gamma)}$, alors il existe $B = B_R(\sigma_0) \cap \Omega$ pour laquelle

$$|a_1(x) - a_2(x)| \geq \delta, \ x \in B,$$

par exemple,

$$a_1(x) - a_2(x) \geq \delta, \ x \in B,$$

Au cours de la preuve du Théorème 2.54, nous avons utilisé des estimations a priori H^2 pour établir (2.150) sans préciser la dépendance des données de la constante C_0. Il est démontré (voir D. Gilbarg and N. S. Trudinger [GT] pour les détails) que la constante C_0 ne dépend que de λ et M. Rappelons que, toujours d'après (2.150),

$$\frac{\delta C_0}{2} \leq Q_{a_1}(\psi_m) - Q_{a_2}(\psi_m) = \langle (\Sigma_{a_1} - \Sigma_{a_2})(\psi_m), \psi_m \rangle,$$

pour m assez grand et donc, puisque $\|\psi_m\|_{H^{\frac{1}{2}}(\Gamma)} = 1$,

$$\frac{\delta C_0}{2} \leq \|\Sigma_{a_1} - \Sigma_{a_2}\|_{\mathcal{L}(H^{\frac{1}{2}}(\Gamma), H^{-\frac{1}{2}}(\Gamma))}.$$

D'où le résultat avec $C = \frac{4}{C_0}$. □

La preuve de $\Sigma_{a_1} = \Sigma_{a_2}$ implique $\nabla a_1 = \nabla a_2$ sur Σ se fait aussi par un raisonnement par l'absurde. D'abord le lemme précédent nous dit que si $\Sigma_{a_1} = \Sigma_{a_2}$ alors $a_1 = a_2$ sur Γ et donc $\partial_\tau a_1 = \partial_\tau a_2$ sur Γ. Donc supposer que $\nabla a_1 \neq \nabla a_2$ sur Γ revient à supposer que $\partial_\nu a_1 \neq \partial_\nu a_2$, par exemple $\partial_\nu a_1 > \partial_\nu a_2$ en un point de Γ. Par conséquent, il existe $\delta > 0$ et $B = B_R(\sigma_0) \cap \Omega$ tels que

$$a_1(x) \geq a_2(x) + \delta \operatorname{dist}(x, \Gamma), \quad x \in B. \tag{2.152}$$

Dans ces conditions, le Lemme 2.53 ne suffira pas pour faire un raisonnement par l'absurde. Nous le remplacerons par le lemme suivant qui est plus précis :

Lemme 2.56. *Sous les hypothèses et les notations du Lemme 2.53, il existe C une constante > 0 et un entier $m_1 \geq m_0$, qui dépendent de R, telles que*

$$\int_{B_R(\sigma_0) \cap \Omega} \operatorname{dist}(x, \Gamma) |\nabla u_m|^2 dx \geq \frac{C}{m}, \text{ pour tout } m \geq m_1. \tag{2.153}$$

Preuve. Soit $\varphi_1 \in H_0^1(\Omega) \cap W^{1,\infty}(\Omega)$ la première fonction propre de l'opérateur $Au = -\operatorname{div}(a\nabla u)$, avec une condition de Dirichlet sur le bord, qui vérifie

$$\varphi > 0 \text{ dans } \Omega, \quad \int_\Omega \varphi^2 dx = 1.$$

D'après le lemme de Hopf (Lemme 1.34), nous déduisons

$$-\partial_\nu \varphi_1 \geq c_0 > 0, \text{ sur } B_R(\sigma_0) \cap \Omega,$$

$$c_1 \operatorname{dist}(x, \Gamma) \leq \varphi_1 \leq c_2 \operatorname{dist}(x, \Gamma), \text{ sur } B_R(\sigma_0) \cap \Omega, \tag{2.154}$$

où les constantes c_j, $j = 1, 2, 3$, dépendent de R.

Nous supposons que $m \geq m_0$ est suffisamment grand de telle sorte que $\operatorname{supp}(\psi_m) \subset B_R(\sigma_0) \cap \Omega$. Comme $\varphi_1 \in H_0^1(\Omega) \cap W^{1,\infty}(\Omega)$, $u_m\varphi_1 \in H_0^1(\Omega)$. Nous multiplions alors (2.137), avec $\varphi = \psi_m$, par $\varphi_1 u_m$ et nous intégrons ensuite sur Ω pour obtenir

$$\int_\Omega \operatorname{div}(a\nabla u_m)\varphi_1 u_m dx = 0.$$

Cette identité implique, après une intégrations par parties,

$$\int_\Omega a|\nabla u_m|^2 dx + \int_\Omega a u_m \nabla u_m \cdot \nabla \varphi_1 dx = 0. \tag{2.155}$$

Or

$$\int_{\Omega} a u_m \nabla u_m \cdot \nabla \varphi_1 dx = \int_{\Omega} a \nabla \frac{u_m^2}{2} \cdot \nabla \varphi_1 dx.$$

Une nouvelle intégration par parties entraine

$$\int_{\Omega} a u_m \nabla u_m \cdot \nabla \varphi_1 dx = \frac{\lambda_1}{2} \int_{\Omega} u_m^2 \varphi_1 + \frac{1}{2} \int_{\Gamma} \psi_m a \partial_\nu \varphi_1.$$

Nous utilisons cette identité dans (2.155) pour conclure

$$\int_{\Omega} a |\nabla u_m|^2 dx = -\frac{\lambda_1}{2} \int_{\Omega} u_m^2 \varphi_1 d\sigma - \frac{1}{2} \int_{\Gamma} \psi_m a \partial_\nu \varphi_1 d\sigma. \qquad (2.156)$$

D'après (2.154), nous avons

$$-\int_{\Gamma} \psi_m a \partial_\nu \varphi_1 \geq c_0 \int_{\Gamma} a \psi_m d\sigma \geq \frac{C}{m}, \qquad (2.157)$$

où la dernière inégalité résulte du Lemme 2.51 ((c)avec $s = 0$).

Soit $w \in H_0^1(\Omega)$ la solution de

$$-\operatorname{div}(a\nabla w) = u_m \varphi_1 \text{ dans } \Omega, \quad w = 0 \text{ sur } \Gamma. \qquad (2.158)$$

Comme dans les commentaires après la preuve du Théorème 2.11, on montre que

$$\|w\|_{H^2(\Omega)} \leq C \|u_m \varphi_1\|_{L^2(\Omega)},$$

et par suite, en utilisant le fait que $\varphi_1 \leq c \varphi_1^{\frac{1}{2}}$,

$$\|a\partial_\nu w\|_{H^{\frac{1}{2}}(\Gamma)} \leq C \|u_m \varphi_1^{\frac{1}{2}}\|_{L^2(\Omega)}. \qquad (2.159)$$

Nous multiplions maintenant (2.158) par u_m et nous faisons une intégration par parties pour déduire

$$\int_{\Omega} u_m^2 \varphi_1 dx = -\int_{\Gamma} \psi_m a \partial_\nu w d\sigma,$$

puisque $\int_{\Omega} \nabla u_m \cdot \nabla w = 0$ (noter que u_m est solution de (2.137), avec $\varphi = \psi_m$). Donc

$$\int_{\Omega} u_m^2 \varphi_1 dx \leq \|\psi_m\|_{H^{-\frac{1}{2}}(\Gamma)} \|a\partial_\nu w\|_{H^{\frac{1}{2}}(\Gamma)}.$$

Mais $\|\psi_m\|_{H^{-\frac{1}{2}}(\Gamma)} \leq \frac{C}{m}$ par le Lemme 2.51 ((c) avec $s = -\frac{1}{2}$). D'où

$$\int_{\Omega} u_m^2 \varphi_1 dx \leq \frac{C}{m} \|a\partial_\nu w\|_{H^{\frac{1}{2}}(\Gamma)}.$$

Cette inégalité et (2.159) impliquent

$$\int_{\Omega} u_m^2 \varphi_1 dx \leq \frac{C}{m^2}. \tag{2.160}$$

Finalement, une combinaison de (2.156), (2.157) et (2.160) nous fournit

$$\int_{\Omega} \varphi_1 |\nabla u_m|^2 dx \geq \frac{C}{m}.$$

Le résultat s'ensuit par (2.154) en notant que $\text{supp}(\psi_m) \subset B_R(\sigma_0) \cap \Omega$. □

Théorème 2.57. *Soient a_1, $a_2 \in L_+^\infty(\Omega) \cap C^1(\overline{\Omega})$ telles que $\Sigma_{a_1} = \Sigma_{a_2}$. Alors*

$$a_1 = a_2 \text{ et } \nabla a_1 = \nabla a_2 \text{ sur } \Gamma.$$

Preuve. Nous raisonnons par l'absurde. Nous supposons donc que $a_1 = a_2$ (conséquence du Théorème 2.54) et $\nabla a_1 \neq \nabla a_2$ sur Γ, ce qui entraine (voir plus haut) qu'il existe $B = B_R(\sigma_0) \cap \Omega$ et $\delta > 0$ pour lesquelles (2.152) est vérifiée. C'est-à-dire

$$a_1(x) \geq a_2(x) + \delta \text{dist}(x, \Gamma), \ x \in B.$$

Comme précédemment, posons $u_m^j = u_{a_j, \psi_m}$, $j = 1, 2$ et soit $\varphi_1 \in H_0^1(\Omega) \cap W^{1,\infty}(\Omega)$ la première fonction propre de l'opérateur $Au = -\text{div}(a\nabla u)$, avec une condition de Dirichlet sur le bord, qui vérifie $\varphi > 0$ dans Ω et $\int_{\Omega} \varphi^2 dx = 1$. Nous appliquons d'abord le Lemme 2.56 pour obtenir, avec $m \geq m_1$,

$$\int_{\Omega} a_1 |\nabla u_m^1|^2 dx \geq \int_B a_1 |\nabla u_m^1|^2 dx$$

$$\geq \int_B a_2 |\nabla u_m^1|^2 dx + \delta \int_B \text{dist}(x, \Gamma)|\nabla u_m^1|^2 dx$$

$$\geq \int_B a_2 |\nabla u_m^1|^2 dx + \frac{\delta c_0}{m}.$$

Il en résulte

$$\int_{\Omega} a_1 |\nabla u_m^1|^2 dx \geq \int_{\Omega} a_2 |\nabla u_m^1|^2 dx - \frac{c_1}{m^2} + \frac{\delta c_0}{m},$$

pourvu que $m \geq m_1$. Mais

$$\int_{\Omega} a_2 |\nabla u_m^1|^2 dx \geq Q_{a_2}(\psi_m).$$

D'où, il existe $m_2 \geq m_1$ un entier pour lequel, pour tout $m \geq m_2$,

$$Q_{a_1}(\psi_m) = \int_{\Omega} a_1 |\nabla u_m^1|^2 dx \geq \int_{\Omega} a_2 |\nabla u_m^1|^2 dx + \frac{\delta c_0}{2m} \geq Q_{a_2}(\psi_m) + \frac{\delta c_0}{2m},$$

ce qui contredit le fait que $\Sigma_{a_1} = \Sigma_{a_2}$ implique $Q_{a_1} = Q_{a_2}$. □

Nous avons préparé ce sous-paragraphe à partir de O. Kavian [Ka2].

2.4 Détermination d'un coefficient frontière

2.4.1 Cas où le domaine est une couronne : une méthode de décomposition en série de Fourier

Soit $\Omega = \{(x,y) \in \mathbb{R}^2; \; r_1 < r = \sqrt{x^2 + y^2} < r_2\}$, de frontière Γ et notons $\Gamma_i = \{(x,y) \in \mathbb{R}^2; \; r = r_i\}$, $i = 1, 2$. Donc $\Gamma = \Gamma_1 \cup \Gamma_2$. Nous considérons alors le problème aux limites

$$\begin{cases} \Delta u = 0 & \text{dans } \Omega \\ \partial_\nu u = f & \text{sur } \Gamma_2 \\ \partial_\nu u + qu = 0 & \text{sur } \Gamma_1. \end{cases} \tag{2.161}$$

Fixons $\alpha \in (0,1)$ et $f \in C^{1,\alpha}(\Gamma_2)$. Alors pour toute fonction $q \in C^{1,\alpha}(\Gamma_1)$ positive et non identiquement égale à zéro, le problème aux limites (2.161) admet une unique solution $u = u_q \in C^{2,\alpha}(\overline{\Omega})$ (voir Théorème 1.25).

Notre objectif dans ce sous-paragraphe est d'établir le

Théorème 2.58. *Soit $M > 0$ une constante donnée. Nous supposons que les conditions ci-dessous sont satisfaites :*

(i) $f \in C^{1,\alpha}(\Gamma_2)$ est non identiquement égale à zéro,

(ii) $q_i \in C^{1,\alpha}(\Gamma_1)$, $i = 1$, 2 est positive et non identiquement égale à zéro,

(iii) $\|q_i\|_{C^{1,\alpha}(\Gamma_1)} \leq M$, $i = 1$, 2.

Soient $u_i = u_{q_i}$, $i = 1, 2$, et K un compact de $\{x \in \Gamma_1; \; u_2(x) \neq 0\}$. Alors il existe des constantes positives ϵ, A et B qui ne dépendent que de M, K, r_1 et r_2 telles que

$$\|q_1 - q_2\|_{L^2(K)} \leq \frac{A}{\ln\left(\frac{B}{\|u_1 - u_2\|_{L^2(\Gamma_2)}}\right)},$$

si $\|q_2 - q_1\|_{C^{1,\alpha}(\Gamma_1)} \leq \epsilon$.

Nous allons voir que ce théorème s'obtient comme conséquence d'un résultat de stabilité pour un problème de Cauchy pour le laplacien en coordonnées polaires. Rappelons à cette fin que le laplacien en coordonnées polaires (r, θ), noté $\tilde{\Delta}$, est donné par

$$\tilde{\Delta} = \partial_{r^2}^2 + \frac{1}{r}\partial_r + \frac{1}{r^2}\partial_{\theta^2}^2.$$

Posons $D =]r_1, r_2[\times]0, 2\pi[$, où $0 < r_1 < r_2$, et

$$C_p^2(\overline{D}) = \{v = w_{|\overline{D}}; \; w \in C^2([r_1, r_2] \times \mathbb{R}), \text{ et } w \text{ est } 2\pi - \text{périodique en } \theta\}.$$

La formule de Green suivante nous sera bien utile dans la suite :

$$\int_{r_1}^{r_2} \int_0^{2\pi} \tilde{\Delta} v w r dr d\theta = \int_{r_1}^{r_2} \int_0^{2\pi} v \tilde{\Delta} w r dr d\theta$$

$$+ \int_0^{2\pi} [r\partial_r v w - r v \partial_r w]_{|r=r_2} d\theta$$

$$- \int_0^{2\pi} [r\partial_r v w - r v \partial_r w]_{|r=r_1} d\theta, \qquad (2.162)$$

pour v, $w \in C_p^2(\overline{D})$.

Nous avons le résultat de stabilité logarithmique

Théorème 2.59. *Soit $M > 0$ une constante donnée. Alors il existe des constantes positives ϵ, A et B, dépendant uniquement de M, r_1 et r_2, telles que : pour tout $v \in C_p^2(\overline{D})$ vérifiant $\tilde{\Delta} v = 0$,*

$$\|v(r_1,\cdot)\|_{H^1(0,2\pi)}^2 + \|\partial_r v(r_1,\cdot)\|_{H^1(0,2\pi)}^2 \leq M, \qquad (2.163)$$

et $\|v(r_2,\cdot)\|_{L^2(0,2\pi)}^2 + \|\partial_r v(r_2,\cdot)\|_{L^2(0,2\pi)}^2 \leq \epsilon$, nous avons

$$\left(\|v(r_1,\cdot)\|_{L^2(0,2\pi)}^2 + \|\partial_r v(r_1,\cdot)\|_{L^2(0,2\pi)}^2 \right)^{\frac{1}{2}}$$

$$\leq \frac{A}{\ln\left(\dfrac{B}{\left(\|v(r_2,\cdot)\|_{L^2(0,2\pi)}^2 + \|\partial_r v(r_2,\cdot)\|_{L^2(0,2\pi)}^2 \right)^{\frac{1}{2}}} \right)}.$$

Preuve. Soit $v \in C_p^2(\overline{D})$ satisfaisant $\tilde{\Delta} v = 0$. Nous posons

$$\alpha_k = \frac{1}{2\pi} \int_0^{2\pi} v(r_1,\theta) e^{-ik\theta} d\theta, \quad \beta_k = \frac{1}{2\pi} \int_0^{2\pi} \partial_r v(r_1,\theta) e^{-ik\theta} d\theta$$

$$a_k = \frac{1}{2\pi} \int_0^{2\pi} v(r_2,\theta) e^{-ik\theta} d\theta, \quad b_k = \frac{1}{2\pi} \int_0^{2\pi} \partial_r v(r_2,\theta) e^{-ik\theta} d\theta.$$

Soit $v_\pm = r^{\pm k} e^{-ik\theta}$, $k \in \mathbb{Z}$. Puisque $\tilde{\Delta} v_\pm = 0$ dans D, une application de la formule de Green (2.162), avec v et $w = v_\pm$, nous donne

$$r_1^{k+1} \beta_k - k r_1^k \alpha_k = r_2^{k+1} b_k - k r_2^k a_k, \ k \in \mathbb{Z},$$

$$r_1^{-k+1} \beta_k + k r_1^{-k} \alpha_k = r_2^{-k+1} b_k - k r_2^{-k} a_k, \ k \in \mathbb{Z}.$$

Ces deux identités impliquent

$$\beta_k = \frac{1}{2} [r_1^{-k-1} r_2^{k+1} b_k - k r_1^{-k-1} r_2^k a_k + r_1^{k-1} r_2^{-k+1} b_k - k r_1^{k-1} r_2^{-k} a_k], \ k \in \mathbb{Z}$$

$$\alpha_k = \frac{1}{2k} [r_1^k r_2^{-k+1} b_k - k r_1^k r_2^{-k} a_k + r_1^{-k} r_2^{k+1} b_k + k r_1^{-k} r_2^k a_k], \ k \in \mathbb{Z}, \ k \neq 0.$$

Par suite, il existe une constante positive $C = C(r_1, r_2)$ telle que

$$|\alpha_k| \leq C|k|\rho^k(|a_k| + |b_k|), \ k \in \mathbb{Z}, \ k \neq 0. \tag{2.164}$$

et

$$|\beta_k| \leq C|k|\rho^k(|a_k| + |b_k|), \ k \in \mathbb{Z}, \tag{2.165}$$

où nous avons posé $\rho = r_1^{-1} r_2$.

Pour simplifier les notations, nous posons

$$\delta = \|v(r_2, \cdot)\|_{L^2(0,2\pi)}^2 + \|\partial_r v(r_2, \cdot)\|_{L^2(0,2\pi)}^2 = \sum_{k \in \mathbb{Z}} (|a_k|^2 + |b_k|^2).$$

Comme $\sum_{k \in \mathbb{Z}} k^2(|\alpha_k|^2 + |\beta_k|^2) \leq M$ par (2.163), il n'est pas difficile de vérifier

$$\|\partial_r v(r_1, \cdot)\|_{L^2(0,2\pi)}^2 = \sum_{k \in \mathbb{Z}} |\beta_k|^2 \leq \sum_{|k| \leq N} |\beta_k|^2 + \frac{M}{N^2}, \tag{2.166}$$

pour tout entier positif N.

De (2.165) et (2.166) nous déduisons

$$\|\partial_r v(r_1, \cdot)\|_{L^2(0,2\pi)}^2 \leq c_0 e^{c_0 N} \delta + \frac{M}{N^2}, \tag{2.167}$$

pour tout entier positif N, où $c_0 = c_0(r_1, r_2)$ est une certaine constante positive.

De façon similaire, (2.164) entraine

$$\sum_{k \in \mathbb{Z}, \ k \neq 0} |\alpha_k|^2 \leq c_0 e^{c_0 N} \delta + \frac{M}{N^2}. \tag{2.168}$$

Soit maintenant w la solution du problème aux limites

$$\begin{cases} \tilde{\Delta} w = 0, \text{ dans } \Omega, \\ r_1 \partial_r w(r_1, \cdot) = r_2 \partial_r w(r_2, \cdot) = 1. \end{cases}$$

Une nouvelle application de la formule de Green (2.162) nous permet de conclure

$$\int_0^{2\pi} v(r_1, \theta) d\theta = \int_0^{2\pi} v(r_2, \theta) d\theta - \int_0^{2\pi} r_2 \partial_r v(r_2, \theta) w(r_2, \theta) d\theta$$
$$+ \int_0^{2\pi} r_1 \partial_r v(r_1, \theta) w(r_1, \theta) d\theta.$$

C'est-à-dire,

$$\alpha_0 = a_0 - \frac{1}{2\pi} \int_0^{2\pi} r_2 \partial_r v(r_2, \theta) w(r_2, \theta) d\theta + \frac{1}{2\pi} \int_0^{2\pi} r_1 \partial_r v(r_1, \theta) w(r_1, \theta) d\theta.$$

Par conséquence,

$$|\alpha_0|^2 \leq 3\Big[|a_0|^2 + c'(\|\partial_r v(r_2,\cdot)\|^2_{L^2(0,2\pi)} + \|\partial_r v(r_1,\cdot)\|^2_{L^2(0,2\pi)})\Big],$$

pour une certaine constante positive $c' = c'(r_1, r_2)$.

Cette estimation, combinée avec (2.166) et (2.168), donne

$$\|v(r_1,\cdot)\|^2_{L^2(0,2\pi)} + \|\partial_r v(r_1,\cdot)\|^2_{L^2(0,2\pi)} \leq ce^{cN}\delta + \frac{d}{N^2},$$

pour tout entier positif N, avec $c = c(r_1, r_2)$ et $d = d(M, r_1, r_2)$ deux constantes positives. Par suite,

$$\|v(r_1,\cdot)\|^2_{L^2(0,2\pi)} + \|\partial_r v(r_1,\cdot)\|^2_{L^2(0,2\pi)} \leq \min_{N\in\mathbb{N},\, N\neq 0}\left(ce^{cN}\delta + \frac{d}{N^2}\right).$$

De cette estimation nous déduisons, comme nous l'avons fait à plusieurs reprises,

$$(\|v(r_1,\cdot)\|^2_{L^2(0,2\pi)} + \|\partial_r v(r_1,\cdot)\|^2_{L^2(0,2\pi)})^{\frac{1}{2}} \leq \frac{A}{\ln(\frac{B}{\delta})},$$

pourvu que δ soit assez petit. Ici $A = A(M, r_1, r_2)$ et $B = B(M, r_1, r_2)$ sont deux constantes positives. □

Avant de donner la preuve du Théorème 2.58, nous transposons d'abord le résultat du dernier théorème au laplacien en coordonnées cartésiennes, dans la couronne Ω. Notons que si $u = u(x,y) \in C^2(\overline{\Omega})$ est telle que $\Delta u = 0$ dans Ω alors $v = v(r,\theta) \in C^2_p(\overline{D})$ donnée par $v(r,\theta) = u(x,y)$, où $(x,y) = (r\cos\theta, r\sin\theta)$, satisfait à $\tilde{\Delta}v = 0$ dans D et $\partial_r v(r,\theta) = \partial_\nu u(x,y)$, pour $r = r_1,\ r_2$. Comme conséquence immédiate du Théorème 2.59, nous avons

Corollaire 2.60. *Soit $M > 0$ une constante donnée. Alors il existe trois constantes positives ϵ, A et B, qui ne dépendent que de M, r_1 et r_2, telles que pour tout $u \in C^2(\overline{\Omega})$ vérifiant $\Delta u = 0$ dans Ω, $\|u\|_{C^2(\overline{\Omega})} \leq M$ et*

$$\|u\|^2_{L^2(\Gamma_2)} + \|\partial_\nu u\|^2_{L^2(\Gamma_2)} \leq \epsilon,$$

nous avons

$$(\|u\|^2_{L^2(\Gamma_1)} + \|\partial_\nu u\|^2_{L^2(\Gamma_1)})^{\frac{1}{2}} \leq \frac{A}{\ln\left(\dfrac{B}{(\|u\|^2_{L^2(\Gamma_2)}+\|\partial_\nu u\|^2_{L^2(\Gamma_2)})^{\frac{1}{2}}}\right)}.$$

Preuve du Théorème 2.58. Remarquons d'abord que $u = u_1 - u_2$ est la solution du problème aux limites

$$\begin{cases} \Delta u = 0, & \text{dans } \Omega, \\ \partial_\nu u = 0, & \text{sur } \Gamma_2, \\ \partial_\nu u + q_1 u = (q_2 - q_1)u_2 & \text{sur } \Gamma_1. \end{cases}$$

D'après les estimations hölderiennes du Théorème 1.25, il existe une constante $C = C(M, \Omega)$ pour laquelle

$$\|u_2\|_{C^{2,\alpha}(\overline{\Omega})} \leq C\|f\|_{C^{1,\alpha}(\Gamma_2)} \text{ et } \|u\|_{C^{2,\alpha}(\overline{\Omega})} \leq C\|(q_2 - q_1)u_2\|_{C^{1,\alpha}(\Gamma_1)}.$$

Du dernier corollaire, nous déduisons qu'il existe des constantes positives A', B' et ϵ (dépendant uniquement de M, r_1 et r_2) telles que

$$(\|u\|_{L^2(\Gamma_1)}^2 + \|\partial_\nu u\|_{L^2(\Gamma_1)}^2)^{\frac{1}{2}} \leq \frac{A}{\ln\left(\frac{B}{\|u\|_{L^2(\Gamma_2)}}\right)}.$$

à condition que $\|q_2 - q_1\|_{C^{1,\alpha}(\Gamma_1)} \leq \epsilon$. Mais

$$q_2 - q_1 = \frac{1}{u_2}(\partial_\nu u + q_1 u) \text{ sur } \tilde{\Gamma},$$

où $\tilde{\Gamma} = \{x \in \Gamma_1;\ u_2(x) \neq 0\}$. Par suite,

$$\|q_1 - q_2\|_{L^2(K)} \leq \frac{A}{\ln\left(\frac{B}{\|u\|_{L^2(\Gamma_2)}}\right)},$$

pour tout compact K de $\tilde{\Gamma}$, avec A et B deux constantes positives qui ne dépendent que de K, M, r_1 et r_2.   □

2.4.2 Cas d'un domaine rectangulaire : méthode fondée sur la transformée de Fourier

Dans ce sous-paragraphe nous établissons un résultat de stabilité logarithmique dans le cas $\Omega = (0,1) \times (0,1)$. Posons

$$\Gamma_1 = (0,1) \times \{0\};\ \Gamma_2 = \{1\} \times (0,1);\ \Gamma_3 = (0,1) \times \{1\};\ \Gamma_4 = \{0\} \times (0,1).$$

Nous limiterons notre dans étude aux coefficients q supportés dans Γ_1 et au cas où f est à support dans Γ_3. Avec ces conditions, (2.161) devient

$$\begin{cases} \Delta u = 0, & \text{dans } \Omega, \\ -\partial_y u + q(x)u = 0, & \text{sur } \Gamma_1, \\ \partial_y u = f, & \text{sur } \Gamma_3, \\ \partial_x u = 0, & \text{sur } \Gamma_2 \cup \Gamma_4. \end{cases} \tag{2.169}$$

Nous travaillerons avec des coefficients q dans l'ensemble

$$\mathcal{Q} = \{q \in C^3[0,1];\ q \geq 0,\ q \neq 0,\ \text{supp}(q) \subset (0,1)\}.$$

Comme cas particulier du Théorème 2.2 de G. Inglese [In], nous avons

Théorème 2.61. *Soient* $q \in \mathcal{Q}$, $f \in C^3[0,1]$ *avec* $\text{supp}(f) \subset (0,1)$. *Alors* (2.169) *admet une unique solution* $u \in C^2(\overline{\Omega})$.

Le résultat principal de ce sous-paragraphe est le

Théorème 2.62. *Soient q_m, $q_M \in \mathcal{Q}$, $f \in C^3[0,1]$ avec $supp(f) \subset (0,1)$, et $M > 0$. Supposons que f est positive et non identiquement égale à zéro. Alors il existe une constante positive A, dépendant seulement de q_m, q_M, M et f, et deux constantes positives B, ϵ, dépendant uniquement de q_m, M et f telles que, pour tous q_1, $q_2 \in \mathcal{Q}$ vérifiant*

(i) $\|q_1\|_{W^{1,\infty}(\Gamma_1)}, \|q_2\|_{W^{1,\infty}(\Gamma_1)} \le M$,

(ii) $q_m \le q_1, q_2 \le q_M$,

(iii) $\|q_1 - q_2\|_{L^\infty(\Gamma_1)} \le \epsilon$,

nous avons

$$\|q_1 - q_2\|_{L^2(\Gamma_1)} \le \frac{A}{\ln\left(\frac{B}{\|(u_1-u_2)_{|\Gamma\backslash\Gamma_1}\|_{L^1(\Gamma\backslash\Gamma_1)} + |(u_1-u_2)(0,0)| + |(u_1-u_2)(1,0)|}\right)},$$

où u_i est la solution de (2.169) correspondante à $q = q_i$, $i = 1$, 2.

Nous démontrons au préalable un certain nombre de résultats préliminaires. Nous commençons par une version du lemme de Hopf dans un coin. Soient

$$P_1 = (0,0), \ P_2 = (1,0), \ P_3 = (1,1), \ P_4 = (0,1).$$

Lemme 2.63. *Soit $u \in C^2(\overline{\Omega})$ telle que $\partial_x u = 0$ sur Γ_4, $\Delta u \ge 0$ et il existe une boule B de centre P_1 pour laquelle $u(P_1) > u(P)$ pour tout $P \in (\Omega \cup \Gamma_4) \cap B$. Alors $\partial_y u(P_1) < 0$.*

Preuve. Nous définissons la fonction v sur $\Omega' = (-1,1) \times (0,1)$ comme suit : v est paire par rapport à la première variable et est égale à u dans Ω. Il n'est pas difficile de voir que $v \in C^2(\overline{\Omega'})$, $\Delta v \ge 0$ et $v(P_1) > v(P)$ pour tout $P \in \Omega' \cap B$. D'où, d'après le Lemme 1.34 (lemme de Hopf),

$$\partial_\nu v(P_1) = -\partial_y v(P_1) = -\partial_y u(P_1) > 0.$$

$\square$

Remarque (i) La condition $\Delta u \ge 0$ peut être remplacée par $Lu \ge 0$, pour un opérateur elliptique approprié L.

(ii) Comme les autres coins de Ω jouent le même rôle que P_1, nous avons un résultat similaire pour P_2, P_3 et P_4.

Proposition 2.64. *Soient a, $g \in C[0,1]$ deux fonctions positives $a \ne 0$ et $supp(a)$, $supp(g) \subset (0,1)$. Soient $u \in C^2(\overline{\Omega})$ satisfaisant*

$$\begin{cases} \Delta u = 0, & \text{dans } \Omega, \\ -\partial_y u + a(x)u \ge 0, & \text{sur } \Gamma_1, \\ \partial_y u = g, & \text{sur } \Gamma_3, \\ \partial_x u = 0, & \text{sur } \Gamma_2 \cup \Gamma_4. \end{cases}$$

Si g est non identiquement égale à zéro alors $u > 0$ dans $\overline{\Omega}$. En particulier, $u \ge 0$.

Preuve. Notons d'abord que, d'après le Théorème 1.33 (principe du maximum fort), u ne peut pas atteindre son minimum en un point de Ω. Par le Lemme 1.34 (lemme de Hopf) et le dernier lemme, u atteint son minimum en un point P de Γ_1. De nouveau, nous obtenons par le Lemme 1.34 (lemme de Hopf) $0 < -\partial_\nu u(P) = \partial_y u(P) \le a(P)u(P)$. $\qquad\square$

Nous déduisons de cette proposition le principe de comparaison suivant :

Corollaire 2.65. *Soit u_i la solution du problème aux limites* (2.167) *correspondant à $q = q_i$, $i = 1,\ 2$. Alors $q_1 \le q_2$ implique $u_1 \ge u_2$.*

Preuve. Clairement, $u = u_1 - u_2$ est la solution du problème aux limites

$$\begin{cases} \Delta u = 0, & \text{dans } \Omega, \\ -\partial_y u + q_1(x)u = (q_2(x) - q_1(x))u_2, & \text{sur } \Gamma_1, \\ \partial_y u = 0, & \text{sur } \Gamma_3, \\ \partial_x u = 0, & \text{sur } \Gamma_2 \cup \Gamma_4. \end{cases}$$

Nous appliquons deux fois la proposition précédente. Une première fois pour conclure que $u_2 \ge 0$ et une seconde fois pour déduire que $u \ge 0$. $\qquad\square$

Nous montrons maintenant des estimations a priori pour les solutions du problème aux limites (2.169).

Proposition 2.66. *Soient $q_m \in \mathcal{Q}$, $f \in C^3[0,1]$, avec $\mathrm{supp}(f) \subset (0,1)$ et $M > 0$. Alors il existe une constante positive C, ne dépendant que de q_m, M et f telle que si $q \in \mathcal{Q}$ satisfait à $q_m \le q$ et $\|q'\|_{L^\infty} \le M$ alors*

$$\|u(\cdot,0)\|_{H^2(0,1)},\ \|\partial_y u(\cdot,0)\|_{H^1(0,1)} \le C,$$

où u est la solution de (2.169).

Preuve. Dans cette preuve C et les C_i sont des constantes génériques qui ne dépendent que de q_m, M et f. Dans un premier temps, nous montrons

$$\|u(\cdot,0)\|_{H^1(0,1)} \le C. \tag{2.170}$$

D'après la formule de Green, nous avons

$$\int_\Omega |\nabla u|^2 = -\int_0^1 \partial_y u(\cdot,0)u(\cdot,0) + \int_0^1 \partial_y u(\cdot,1)u(\cdot,1)$$

$$= -\int_0^1 qu(\cdot,0)^2 + \int_0^1 fu(\cdot,1).$$

D'où,

$$\int_\Omega |\nabla u|^2 + \int_0^1 qu(\cdot,0)^2 = \int_0^1 fu(\cdot,1) \le \|f\|_{L^2(0,1)}\|u(\cdot,1)\|_{L^2(0,1)}$$

et donc

$$\int_\Omega |\nabla u|^2 + \int_0^1 q_m u(\cdot,0)^2 \le \|f\|_{L^2(0,1)} \|u(\cdot,1)\|_{L^2(0,1)}.$$

Puisque l'opérateur de trace $v \in H^1(\Omega) \to v(\cdot,1) \in L^2(0,1)$ est borné et que

$$v \in H^1(\Omega) \to (\int_\Omega |\nabla v|^2 + \int_0^1 q_m v(\cdot,0)^2)^{\frac{1}{2}}$$

définit une norme équivalente sur $H^1(\Omega)$, nous obtenons

$$\|u\|_{H^1(\Omega)} \le C_0,$$

Or l'opérateur de trace $v \in H^1(\Omega) \to v(\cdot,0) \in L^2(0,1)$ est borné. Par suite,

$$\|u(\cdot,0)\|_{L^2(0,1)} \le C_1. \tag{2.171}$$

D'autre part, nous observons que $w = \partial_x u$ est la solution du problème aux limites

$$\begin{cases} \Delta w = 0, & \text{dans } \Omega, \\ -\partial_y w + q(x)w = -q'(x)u, & \text{sur } \Gamma_1, \\ \partial_y w = f', & \text{sur } \Gamma_3, \\ w = 0, & \text{sur } \Gamma_2 \cup \Gamma_4. \end{cases}$$

Une nouvelle fois, une application de la formule de Green nous donne

$$\int_\Omega |\nabla w|^2 + \int_0^1 q w(\cdot,0)^2 = -\int_0^1 q' u(\cdot,0)w(\cdot,0) + \int_0^1 f' w(\cdot,1).$$

Les mêmes argument que précédemment nous permettent de conclure

$$\|\nabla w\|_{L^2(\Omega)} \le C_2(\|q'\|_{L^\infty(0,1)} \|u(\cdot,0)\|_{L^2(0,1)} + \|f'\|_{L^2(0,1)}).$$

Comme $v \in H^1(\Omega) \to \|\nabla v\|_{L^2(\Omega)}$ définit une norme équivalente sur $H = \{v \in H^1(\Omega); v = 0 \text{ on } \Gamma_2 \cup \Gamma_4\}$, nous déduisons

$$\begin{aligned} \|\partial_x u(\cdot,0)\|_{L^2(0,1)} &= \|w(\cdot,0)\|_{L^2(0,1)} \\ &\le C_3(\|q'\|_{L^\infty(0,1)} \|u(\cdot,0)\|_{L^2(0,1)} + \|f'\|_{L^2(0,1)}). \end{aligned} \tag{2.172}$$

Nous combinons alors (2.171) et (2.172) pour avoir (2.170).

Pour montrer l'estimation H^2 pour $u(\cdot,0)$, nous introduisons la fonction $z = \partial_{x^2}^2 u$, qui est, par une simple vérification, la solution du problème aux limites

$$\begin{cases} \Delta z = 0, & \text{dans } \Omega, \\ -\partial_y z + qz = -2q' \partial_x u - q'' u, & \text{sur } \Gamma_1, \\ \partial_y z = f'', & \text{sur } \Gamma_3, \\ z = 0, & \text{sur } \Gamma_2 \cup \Gamma_4. \end{cases}$$

La formule de Green nous donne

$$\int_{\Omega} |\nabla z|^2 + \int_0^1 qz^2(\cdot,0) = -2\int_0^1 q'\partial_x u(\cdot,0)z(\cdot,0) - \int_0^1 q''u(\cdot,0)z(\cdot,0) + \int_0^1 f''z(\cdot,1).$$

D'où,

$$\int_{\Omega} |\nabla z|^2 + \int_0^1 q_m z^2(\cdot,0) \leq C_4(\|z(\cdot,0)\|_{L^2(0,1)} + \|z(\cdot,1)\|_{L^2(0,1)}).$$

Or la norme $[\int_{\Omega} |\nabla z|^2 + \int_0^1 q_m z^2(\cdot,0)]^{\frac{1}{2}}$ est équivalente à $\|z\|_{H^1(\Omega)}$ et l'opérateur de trace $w \in H^1(\Omega) \to (w(\cdot,0), w(\cdot,1)) \in L^2(0,1) \times L^2(0,1)$ est borné. Par conséquence,

$$\|z\|_{H^1(\Omega)} \leq C_5.$$

Ceci et la continuité de l'opérateur de trace $w \in H^1(\Omega) \to w(\cdot,0) \in L^2(0,1)$ impliquent

$$\|\partial_{x^2}^2 u(\cdot,0)\|_{L^2(0,1)} = \|z(\cdot,0)\|_{L^2(0,1)} \leq C_6.$$

La dernière estimation, combinée avec (2.170), donne,

$$\|u(\cdot,0)\|_{H^2(0,1)} \leq C_7. \tag{2.173}$$

Il nous reste à estimer la norme H^1 de $v = \partial_y u$. Comme ci-dessus, nous commençons par noter que v est la solution du problème aux limites

$$\begin{cases} \Delta v = 0, & \text{dans } \Omega, \\ v = qu, & \text{sur } \Gamma_1, \\ v = f, & \text{sur } \Gamma_3, \\ \partial_x v = 0, & \text{sur } \Gamma_2 \cup \Gamma_4. \end{cases}$$

Nous décomposons v sous la forme $v = v_0 + v_1$, où v_0 et v_1 sont les solutions respectives des problèmes aux limites

$$\begin{cases} \Delta v_0 = 0, & \text{dans } \Omega, \\ v_0 = qu, & \text{sur } \Gamma_1, \\ v_0 = 0, & \text{sur } \Gamma_3, \\ \partial_x v_0 = 0, & \text{sur } \Gamma_2 \cup \Gamma_4, \end{cases}$$

et

$$\begin{cases} \Delta v_1 = 0, & \text{dans } \Omega, \\ v_1 = 0, & \text{sur } \Gamma_1, \\ v_1 = f, & \text{sur } \Gamma_3, \\ \partial_x v_1 = 0, & \text{sur } \Gamma_2 \cup \Gamma_4. \end{cases}$$

Toujours d'après la formule de Green

$$\int_{\Omega} |\nabla v_0|^2 = -\int_0^1 qu(\cdot,0)\partial_y v_0(\cdot,0)$$

et donc

$$\int_\Omega |\nabla v_0|^2 \le \|qu(\cdot,0)\|_{H^{\frac{1}{2}}(0,1)} \|\partial_y v_0(\cdot,0)\|_{H^{-\frac{1}{2}}(0,1)}$$

$$\le C_8 \|q\|_{W^{1,\infty}(0,1)} \|u(\cdot,0)\|_{H^1(0,1)} \|\partial_y v_0(\cdot,0)\|_{H^{-\frac{1}{2}}(0,1)}.$$

D'autre part, nous savons que l'opérateur de trace

$$w \in \{\psi \in H^1(\Omega);\ \Delta\psi \in L^2(\Omega)\} \to \partial_y w(\cdot,0) \in H^{-\frac{1}{2}}(0,1)$$

est borné. Par suite,

$$\int_\Omega |\nabla v_0|^2 \le C_9 \|q\|_{W^{1,\infty}(0,1)} \|u(\cdot,0)\|_{H^1(0,1)} \|v_0\|_{H^1(\Omega)}.$$

Mais $\|\nabla w\|_{L^2(\Omega)}$ est équivalente à $\|w\|_{H^1(\Omega)}$ sur $\{w \in H^1(\Omega);\ w(\cdot,1) = 0\}$. Par conséquence,

$$\|v_0\|_{H^1(\Omega)} \le C_{10} \|q\|_{W^{1,\infty}(0,1)} \|u(\cdot,0)\|_{H^1(0,1)}.$$

De la même manière, nous avons aussi $\|v_1\|_{H^1(\Omega)} \le C_{11}\|f\|_{H^1(0,1)}$. Il s'ensuit

$$\|v\|_{H^1(\Omega)} \le C_{12}(\|f\|_{H^1(0,1)} + \|q\|_{W^{1,\infty}(0,1)} \|u(\cdot,0)\|_{H^1(0,1)})$$

et par suite,

$$\|v(\cdot,0)\|_{L^2(0,1)} \le C_{13}(\|f\|_{H^1(0,1)} + \|q\|_{W^{1,\infty}(0,1)} \|u(\cdot,0)\|_{H^1(0,1)}), \quad (2.174)$$

en utilisant la continuité de l'opérateur de trace $w \in H^1(\Omega) \to w(\cdot,0) \in L^2(0,1)$.

Nous terminons par estimer $\|\partial_x v(\cdot,0)\|_{L^2(0,1)}$. Nous répétons les mêmes arguments que ci-dessus. Nous commençons par noter que $w = \partial_x v$ est la solution du problème aux limites

$$\begin{cases} \Delta w = 0, & \text{dans } \Omega, \\ w = q'u + q\partial_x u, & \text{sur } \Gamma_1, \\ w = f', & \text{sur } \Gamma_3, \\ w = 0, & \text{sur } \Gamma_2 \cup \Gamma_4. \end{cases}$$

En procédant comme nous l'avons fait à plusieurs reprises dans cette preuve, nous obtenons

$$\|w(\cdot,0)\|_{L^2(0,1)} \le C_{14}(\|f'\|_{H^1(0,1)} + \|q'\|_{W^{1,\infty}} \|u(\cdot,0)\|_{H^1(0,1)}$$
$$+ \|q\|_{W^{1,\infty}} \|\partial_x u(\cdot,0)\|_{H^1(0,1)}). \quad (2.175)$$

D'une combinaison de (2.174) et (2.175), nous tirons

$$\|\partial_x u(\cdot,0)\|_{H^1(0,1)} \le C_{15}.$$

$\square$

Preuve du Théorème 2.62. Rappelons d'abord que $u = u_1 - u_2$ est la solution du problème aux limites

$$\begin{cases} \Delta u = 0, & \text{dans } \Omega, \\ -\partial_y u + q_1(x)u = (q_2(x) - q_1(x))u_2, & \text{sur } \Gamma_1, \\ \partial_y u = 0, & \text{sur } \Gamma_3, \\ \partial_x u = 0, & \text{sur } \Gamma_2 \cup \Gamma_4. \end{cases}$$

Nous introduisons les fonctions harmoniques suivantes

$$v_\pm(\xi)(x,y) = e^{-ix\xi \pm \xi y}, \quad \xi \in \mathbb{R}$$

et nous posons

$$f(\xi) = \int_0^1 u(x,0)e^{-ix\xi}dx, \quad g(\xi) = \int_0^1 \partial_y u(x,0)e^{-ix\xi}dx.$$

Nous appliquons alors la formule de Green avec u et $v_\pm(\xi)$ pour avoir

$$-g(\xi) + \xi f(\xi) = \int_{\Gamma \backslash \Gamma_1} u \partial_\nu v_+(\xi)dx$$

$$-g(\xi) - \xi f(\xi) = \int_{\Gamma \backslash \Gamma_1} u \partial_\nu v_-(\xi)dx.$$

Ces deux identités nous fournissent

$$f(\xi) = \frac{1}{2\xi} \int_{\Gamma \backslash \Gamma_1} u(\partial_\nu v_+(\xi) - \partial_\nu v_-(\xi))dx$$

et

$$g(\xi) = \frac{1}{2} \int_{\Gamma \backslash \Gamma_1} u(\partial_\nu v_+(\xi) + \partial_\nu v_-(\xi))dx.$$

Comme $|v_\pm(\xi)| \le e^{|\xi|}$ et $|\partial_\nu v_\pm(\xi)| \le |\xi|e^{|\xi|}$, nous déduisons les estimations

$$|f(\xi)| \le e^{|\xi|}\|u\|_{L^1(\Gamma \backslash \Gamma_1)}, \tag{2.176}$$

et

$$|g(\xi)| \le e^{2|\xi|}\|u\|_{L^1(\Gamma \backslash \Gamma_1)}. \tag{2.177}$$

Pour poursuivre la preuve, nous faisons appel à un lemme. Si $w \in L^2(0,1)$, $Ew \in L^2(\mathbb{R})$ désignera son extension par 0 en dehors de $(0,1)$.

Lemme 2.67. *Pour tout $\rho > 0$ et $v \in H^1(0,1)$, nous avons*

$$\|v\|_{L^2(0,1)} \le a \left[\int_{|\xi| \le \rho} |\mathcal{F}Ev(\xi)|^2 d\xi + (\rho+1)(|v(0)| + |v(1)|)^2 + \frac{\|v\|_{H^1(0,1)}^2}{\rho^2} \right],$$

où a est un nombre réel et, rappelons le, $\mathcal{F}$ désigne la transformée de Fourier.

La preuve de ce lemme sera donnée plus loin.

Notons $u^0 = u(\cdot, 0)$. Alors (2.176) se met sous la forme

$$|\mathcal{F}Eu^0(\xi)| \le \|u_{|\Gamma\setminus\Gamma_1}\|_{L^1(\Gamma\setminus\Gamma_1)}e^{|\xi|}. \tag{2.178}$$

D'autre part, il résulte de la Proposition 2.66 qu'il existe C_0, qui dépend seulement de q_m, f et M, telle que

$$\|u^0\|_{H^1(0,1)} \le C_0. \tag{2.179}$$

Vu le dernier lemme, une combinaison de (2.178) et (2.179) implique

$$\|u^0\|^2_{L^2(0,1)} = \frac{1}{2\pi}\|\mathcal{F}Eu^0\|^2_{L^2(\mathbb{R})} \le \frac{a}{2\pi}\left[2\gamma^2\rho e^{2\rho} + (\rho+1)\gamma^2 + \frac{C_0^2}{\rho^2}\right],$$

pour tout $\rho > 0$, où a est comme dans le Lemme 2.67 et

$$\gamma = \|u_{|\Gamma\setminus\Gamma_1}\|_{L^1(\Gamma\setminus\Gamma_1)} + |u(0,0)| + |u(1,0)|.$$

La dernière inégalité entraine

$$\|u^0\|^2_{L^2(0,1)} \le \frac{a}{2\pi}\min_{\rho>0}\left(\gamma^2 e^{5\rho} + \frac{C_0^2}{\rho^2}\right).$$

Comme nous l'avons déjà fait, cette inégalité nous permet d'établir

$$\|u(\cdot,0)\|_{L^2(0,1)} \le \frac{A_0}{\ln\frac{B_0}{\gamma}},$$

Ici et dans ce qui suit les A_i et B_i sont des constantes qui ne dépendent que de q_m, M et f.

De façon tout à fait similaire, nous montrons, grâce à (2.177), l'estimation

$$\|\partial_y u(\cdot,0)\|_{L^2(0,1)} \le \frac{A_1}{\ln\frac{B_1}{\gamma}},$$

Donc

$$\|u(\cdot,0)\|_{L^2(0,1)} + \|\partial_y u(\cdot,0)\|_{L^2(0,1)} \le \frac{A_2}{\ln\frac{B_2}{\gamma}}, \tag{2.180}$$

Maintenant, puisque (voir le problème aux limites vérifié par u)

$$(q_1 - q_2)u_2(\cdot,0) = -\partial_y u(\cdot,.) + q_1 u(\cdot,0).$$

nous concluons

$$\|(q_1 - q_2)u_2(\cdot,0)\|_{L^2(0,1)} \le \frac{A_3}{\ln\frac{B_3}{\gamma}}. \tag{2.181}$$

Mais comme $q_2 \leq q_M$, nous avons

$$u_2 \geq u_M > 0 \text{ dans } \overline{\Omega},$$

d'après la Proposition 2.64 et son corollaire, où u_M est la solution de (2.169) quand $q = q_M$. Par suite,

$$\|q_1 - q_2\|_{L^2(0,1)} = \|\frac{1}{u_2}[(q_1 - q_2)u_2(\cdot, 0)]\|_{L^2(0,1)}$$
$$\leq \|\frac{1}{u_M}\|_{L^\infty(\Omega)}\|(q_1 - q_2)u_2(\cdot, 0)\|_{L^2(0,1)}. \quad (2.182)$$

L'inégalité recherchée s'obtient comme conséquence de (2.181) et (2.182). $\square$

Preuve du Lemme 2.67. Soit $\varphi \in C_c^1(0,1)$ et $\xi \in \mathbb{R}$. Une simple intégration par parties nous donne

$$\xi \mathcal{F}E\varphi(\xi) = -i\mathcal{F}E\varphi'(\xi).$$

Par suite,

$$\|\xi \mathcal{F}E\varphi\|_{L^2(\mathbb{R})} = \|\mathcal{F}E\varphi'\|_{L^2(\mathbb{R})} = \sqrt{2\pi}\|\varphi'\|_{L^2(0,1)} \leq \sqrt{2\pi}\|\varphi\|_{H^1(0,1)}.$$

Pour $\rho > 0$, nous avons alors

$$\|\mathcal{F}E\varphi\|_{L^2(\mathbb{R})}^2 = \int_{|\xi|\leq\rho} |\mathcal{F}E\varphi|^2(\xi)d\xi + \int_{|\xi|>\rho} |\mathcal{F}E\varphi|^2(\xi)d\xi$$
$$\leq \int_{|\xi|\leq\rho} |\mathcal{F}E\varphi|^2(\xi)d\xi + \frac{1}{\rho^2}\int_{|\xi|>\rho} \xi^2|\mathcal{F}E\varphi|^2(\xi)d\xi$$
$$\leq \int_{|\xi|\leq\rho} |\mathcal{F}E\varphi|^2(\xi)d\xi + \frac{1}{\rho^2}\|\xi\mathcal{F}E\varphi\|_{L^2(\mathbb{R})}^2$$
$$\leq \int_{|\xi|\leq\rho} |\mathcal{F}E\varphi|^2(\xi)d\xi + \frac{2\pi}{\rho^2}\|\varphi\|_{H^1(0,1)}.$$

Comme $C_c^1(0,1)$ est dense dans $H_0^1(0,1)$, nous déduisons

$$\|\mathcal{F}Eu\|_{L^2(\mathbb{R})}^2 \leq \int_{|\xi|\leq\rho} |\mathcal{F}Eu|^2(\xi)d\xi + \frac{2\pi}{\rho^2}\|u\|_{H^1(0,1)}, \quad (2.183)$$

pour tout $u \in H_0^1(0,1)$.

Maintenant si $v \in H^1(0,1)$, $u = v - [(1-x)v(0) + xv(1)]$ est dans $H_0^1(0,1)$. Nous vérifions sans peine que

$$\|v\|_{L^2(0,1)} \leq \|u\|_{L^2(0,1)} + \frac{1}{\sqrt{3}}(|v(0)| + |v(1)|), \quad (2.184)$$

$$|\mathcal{F}Eu(\xi)|^2 \leq 2|\mathcal{F}Ev(\xi)|^2 + \frac{1}{2}(|v(0)| + |v(1)|)^2 \quad (2.185)$$

et

$$\|u\|_{H^1(0,1)} \leq (1 + \frac{4}{\sqrt{3}})\|v\|_{H^1(0,1)}. \quad (2.186)$$

L'estimation que nous voulons montrer résulte alors de (2.183) - (2.186). $\square$

2.4.3 Cas d'un domaine quelconque régulier : une méthode d'inégalité de Carleman

Soit Ω un domaine borné de $\mathbb{R}^2$ de frontière Γ. Même si ce n'est pas toujours nécessaire, nous supposons que Ω est classe $C^{2,\alpha}$ pour un certain α, $0 < \alpha < 1$. Nous considérons le problème aux limites

$$\begin{cases} \Delta u = 0, & \text{dans } \Omega, \\ \partial_\nu u = f, & \text{sur } \Gamma \setminus \Gamma_0, \\ \partial_\nu u + qu = 0, & \text{sur } \Gamma_0, \end{cases} \qquad (2.187)$$

avec Γ_0 une partie de Γ.

Réécrivons (2.187) sous la forme

$$\begin{cases} \Delta u = 0, & \text{dans } \Omega, \\ \partial_\nu u + qu = f, & \text{sur } \Gamma, \end{cases} \qquad (2.188)$$

et rappelons que sous les hypothèses suivantes :

$(H1)$ $q \in C^{1,\alpha}(\Gamma)$, $q \geq 0$ et non identiquement égale à zéro,

$(H2)$ $f \in C^{1,\alpha}(\Gamma)$,

le problème aux limites (2.188) admet une unique solution $u = u_q \in C^{2,\alpha}(\overline{\Omega})$ (voir Théorème 1.25).

Le résultat de stabilité que nous nous proposons de démontrer est le suivant :

Théorème 2.68. *Soient Γ_0 un fermé de Γ d'intérieur non vide tel que $\Gamma \setminus \Gamma_0 \neq \emptyset$ et $M > 0$. Pour $i = 1, 2$, soit q_i vérifiant $(H1)$, $supp(q_i) \subset \Gamma_0$ et $\|q_i\|_{C^{1,\alpha}(\Gamma)} \leq M$. Supposons que f satisfait à $(H2)$ et est non identiquement nulle. Soient K un compact de $\{x \in \Gamma_0; u_1 \neq 0\}$ et γ un ouvert non vide de $\Gamma \setminus \Gamma_0$. Alors il existe des constantes positives ϵ, A et B telles que*

$$\|q_1 - q_2\|_{L^2(K)} \leq \frac{A}{\ln\left(\frac{B}{\|g_1 - g_2\|_{L^2(\gamma)}}\right)}$$

si $\|q_1 - q_2\|_{C^{1,\alpha}(\Gamma)} \leq \epsilon$, où $g_i = u_{q_i}|_\gamma$.

Remarque. Notons que le dernier résultat généralise le Théorème 2.58.

Comme précédemment, la preuve de ce théorème repose sur un résultat de stabilité pour un problème de Cauchy. En effet, puisque

$$\partial_\nu u_1 + q_1 u_1 = \partial_\nu u_2 + q_2 u_2 \text{ sur } \Gamma_0,$$

nous avons

$$(q_1 - q_2)u_1 = q_2(u_2 - u_1) + \partial_\nu(u_2 - u_1) \text{ sur } \Gamma_0. \qquad (2.189)$$

Soit K un compact de $\{x \in \Gamma_0;\ u_1 \neq 0\}$. En utilisant le fait que $|q_2| \leq M$ sur Γ_0 et (2.189), nous concluons

$$\|q_1 - q_2\|_{L^2(K)} \leq C(\|u_2 - u_1\|_{L^2(\Gamma_0)} + \|\partial_\nu(u_2 - u_1)\|_{L^2(\Gamma_0)}),$$

pour une certaine constante positive C.

Supposons que nous puissions démontrer

$$\left(\int_{\Gamma_0}[u^2 + |\nabla u|^2]d\sigma\right)^{\frac{1}{2}} \leq \cfrac{A}{\ln\left(\cfrac{B}{\left(\int_\gamma[u^2+|\nabla u|^2]d\sigma\right)^{\frac{1}{2}}}\right)}, \qquad (2.190)$$

où $u = u_1 - u_2$ et A, B sont deux constantes. Alors

$$\|q_1 - q_2\|_{L^2(K)} \leq \cfrac{A}{\ln\left(\cfrac{B}{\left(\int_\gamma[u^2+|\nabla u|^2]d\sigma\right)^{\frac{1}{2}}}\right)}.$$

Mais $\partial_\nu u = 0$ sur γ. D'où,

$$\|q_1 - q_2\|_{L^2(K)} \leq \cfrac{A}{\ln\left(\cfrac{B}{\left(\int_\gamma[(g_1-g_2)^2+|\partial_\tau(g_1-g_2)|^2]d\sigma\right)^{\frac{1}{2}}}\right)}.$$

D'après l'estimations hölderienne du Théorème 1.25,

$$\|u\|_{C^2(\overline{\Omega})} \leq C_0,$$

où C_0 est une constante qui dépend seulement de Ω, M et f. D'autre part, nous déduisons des inégalités d'interpolation classique (voir par exemple R. A. Adams [Ad])

$$\|\partial_\tau(g_1 - g_2)\|_{L^2(\gamma)} \leq \|g_1 - g_2\|_{H^1(\gamma)} \leq C_1\|g_1 - g_2\|_{L^2(\gamma)}^{\frac{1}{2}}\|g_1 - g_2\|_{H^2(\gamma)}^{\frac{1}{2}}$$

$$\leq C_2\|g_1 - g_2\|_{L^2(\gamma)}^{\frac{1}{2}}\|u_1 - u_2\|_{C^2(\overline{\Omega})}$$

et donc

$$\|\partial_\tau(g_1 - g_2)\|_{L^2(\gamma)} \leq C\|g_1 - g_2\|_{L^2(\gamma)}^{\frac{1}{2}},$$

avec C une constante qui dépend uniquement de Ω, M et f. Par suite,

$$\|q_1 - q_2\|_{L^2(K)} \leq \cfrac{A}{\ln\left(\cfrac{B}{\|g_1-g_2\|_{L^2(\gamma)}}\right)}.$$

Le reste de ce sous-paragraphe sera consacré à la preuve de l'estimation (2.190) pour un opérateur un peu plus général que le laplacien. Plus précisément, nous considérons l'opérateur

$$Pu = -\Delta u + b_1\partial_1 u + b_2\partial_2 u + cu,$$

où b_1, b_2 et c sont des fonctions de $L^\infty(\Omega)$.

Théorème 2.69. *Soient Γ_0 une partie fermé de Γ d'intérieur non vide telle que $\Gamma\backslash\Gamma_0$ est non vide, $\gamma \subset \Gamma\backslash\Gamma_0$ un ouvert non vide et $M > 0$. Alors il existe des constantes positives ϵ, A et B (dépendant de M et des normes L^∞ des coefficients de P) telles que*

$$\left(\int_{\Gamma_0}[u^2 + |\nabla u|^2]d\sigma\right)^{\frac{1}{2}} \leq \frac{A}{\ln\left(\frac{B}{(\int_\gamma[u^2+|\nabla u|^2]d\sigma)^{\frac{1}{2}}}\right)}, \tag{2.191}$$

pour tout $u \in C^2(\overline{\Omega})$ vérifiant $Pu = 0$, $\|u\|_{C^2(\overline{\Omega})} \leq M$ et $(\int_\gamma[u^2 + |\nabla u|^2]d\sigma)^{\frac{1}{2}} \leq \epsilon$.

Puisque

$$\int_{\Gamma_0}[u^2 + |\nabla u|^2]d\sigma \leq \int_{\Gamma_0\cup(\Gamma\backslash\gamma)}[u^2 + |\nabla u|^2]d\sigma,$$

nous pouvons nous ramener au cas $\gamma = \Gamma\backslash\Gamma_0$. C'est ce que nous ferons dans ce qui suit.

Nous aurons besoin des deux lemmes qui suivent dans la preuve du dernier théorème.

Lemme 2.70. *(A. L. Bukhgeim [Buk]) Soit ψ une fonction arbitraire de $C^2(\overline{\Omega})$. Nous avons alors l'inégalité de Carleman suivante*

$$\int_\Omega (\Delta\psi u^2 + (\Delta\psi - 1)|\nabla u|^2)e^\psi$$

$$\leq \int_\Omega |\Delta u|^2 e^\psi dx + \int_\Gamma \partial_\nu\psi(u^2 + |\nabla u|^2) + 2|\partial_\tau|\nabla u|^2|]e^\psi d\sigma,$$

pour tout $u \in C^2(\overline{\Omega})$.

Lemme 2.71. *Il existe $\psi_0 \in C^2(\overline{\Omega})$, non identiquement égale à zéro, ayant les propriétés suivantes*

$$\Delta\psi_0 = 0 \text{ dans } \Omega, \quad \psi_0 = 0 \text{ sur } \Gamma_0, \quad \partial_\nu\psi_0 < 0 \text{ sur } \Gamma_0, \quad \psi_0 \geq 0 \text{ sur } \gamma.$$

Preuve. Soit $\chi \in C^{2,\alpha}(\Gamma)$ telle que

$$\chi = 0 \text{ sur } \Gamma_0, \quad \chi \geq 0 \text{ sur } \gamma,$$

et χ non identiquement égale à zéro sur γ.

Puisque Ω est de classe $C^{2,\alpha}$, le problème aux limites

$$\begin{cases} \Delta\psi_0 = 0, & \text{dans } \Omega, \\ \psi_0 = \chi, & \text{sur } \Gamma, \end{cases}$$

possède une unique solution $\psi_0 \in C^{2,\alpha}(\overline{\Omega})$ (voir Théorème 1.25). Notons que ψ_0 est non constante car χ est non identiquement égale à zéro. Il en résulte que $\psi_0 > 0$ dans Ω par le Théorème 1.33 (principe du maximum fort). Mais ψ_0 est identiquement nulle sur Γ_0. Nous pouvons alors appliquer le Lemme 1.34 (lemme de Hopf) pour conclure que $\partial_\nu \psi_0 < 0$ sur Γ_0. Donc, ψ_0 possède bien les propriétés requises.   □

Preuve du Théorème 2.69. Elle est fondée sur l'inégalité de Carleman du Lemme 2.70 pour un choix approprié de la fonction poids ψ. Soit $\psi_0 \in C^2(\overline{\Omega})$, non identiquement nulle, telle que

$$\Delta\psi_0 = 0 \text{ dans } \Omega, \quad \psi_0 = 0 \text{ sur } \Gamma_0, \quad \partial_\nu \psi_0 < 0 \text{ sur } \Gamma_0, \quad \psi_0 \geq 0 \text{ sur } \gamma.$$

Une telle fonction existe, d'après le Lemme 2.71. Soit λ un réel positif à notre disposition. Notons par $\psi_1 \in C^2(\overline{\Omega})$ l'unique solution du problème aux limites

$$\begin{cases} \Delta\psi_1 = \lambda \text{ dans } \Omega \\ \psi_1 = 0 \text{ sur } \Gamma. \end{cases}$$

Soient $s > 0$ et $u \in C^2(\overline{\Omega})$ vérifiant $Pu = 0$. Nous appliquons alors l'estimation du Lemme 2.70, avec $\psi = \psi_1 + s\psi_0$, pour avoir

$$\int_\Omega (\lambda u^2 + (\lambda - 1)|\nabla u|^2)e^\psi dx$$
$$\leq \int_\Omega |\Delta u|^2 e^\psi dx + \int_\Gamma [\partial_\nu \psi(u^2 + |\nabla u|^2)$$
$$+ 2|\partial_\tau|\nabla u|^2|]e^\psi d\sigma. \tag{2.192}$$

D'autre part,

$$\int_\Omega |\Delta u|^2 e^\psi dx \leq 4 \int_\Omega (Pu)^2 e^\psi dx + 4\max(\|b_1\|^2_{L^\infty(\Omega)}, \|b_2\|^2_{L^\infty(\Omega)}) \int_\Omega |\nabla u|^2 dx$$
$$+ 4\|c\|^2_{L^\infty(\Omega)} \int_\Omega u^2 dx$$
$$\leq 4\max(\|b_1\|^2_{L^\infty(\Omega)}, \|b_2\|^2_{L^\infty(\Omega)}) \int_\Omega |\nabla u|^2 dx$$
$$+ 4\|c\|^2_{L^\infty(\Omega)} \int_\Omega u^2 dx. \tag{2.193}$$

Fixons λ telle que $\lambda \geq 4\max(\|b_1\|^2_{L^\infty(\Omega)}, \|b_2\|^2_{L^\infty(\Omega)}) + 1$ et $\lambda \geq 4\|c\|^2_{L^\infty(\Omega)}$. Alors (2.192) et (2.193) impliquent

$$0 \leq \int_\Gamma \left[\partial_\nu \psi(u^2 + |\nabla u|^2) + 2|\partial_\tau|\nabla u|^2|\right]e^\psi d\sigma. \tag{2.194}$$

Supposons que u satisfait en plus à $\|u\|_{C^2(\overline{\Omega})} \leq M$, pour une certaine constante $M > 0$. Puisque $\psi_0 = 0$ sur Γ_0 et $\theta = \min_{\Gamma_0} |\partial_\nu \psi_0| > 0$, nous déduisons de (2.194)

$$0 \leq -\frac{s\theta}{2} \int_{\Gamma_0} (u^2 + |\nabla u|^2)d\sigma + 4M^2 + sK,$$

où

$$K = C_0 \int_\gamma (u^2 + |\nabla u|^2)e^\psi d\sigma + 2M \int_\gamma |\nabla u|e^\psi d\sigma,$$

avec C_0 une constante dépendant de Γ_0.

D'où

$$\frac{s\theta}{2} \int_{\Gamma_0} (u^2 + |\nabla u|^2)d\sigma \leq C_1(\frac{1}{s} + K),$$

pour une certaine constante positive C_1 qui dépend de M et Γ_0.

Soit $\delta = \int_\gamma (u^2 + |\nabla u|^2)d\sigma$. Un calcul élémentaire nous donne

$$K \leq C_2 e^{ks}(\delta + \sqrt{\delta}) \leq C_2 e^{ks}\sqrt{\delta} \text{ si } \delta \leq 1.$$

Ici C_2 est une constante positive dépendant de Γ_0, M et des normes L^∞ des coefficients de P et k est une constante qui dépend de Γ. Par suite,

$$\int_{\Gamma_0} (u^2 + |\nabla u|^2)d\sigma \leq C_3 \min_{s \geq 1}(\frac{1}{s} + e^{ks}\sqrt{\delta}),$$

où C_3 est une constante positive dépendant de Γ_0, M et des normes L^∞ des coefficients de P.

Nous vérifions aisément que le minimum est atteint en s_* tel

$$\sqrt{\delta} = \frac{e^{-ks_*}}{ks_*^2}.$$

Puisque $s \to \frac{e^{-ks}}{s}$ est décroissante, $s_* \geq 1$ si δ est assez petit. Il s'ensuit

$$\int_{\Gamma_0} (u^2 + |\nabla u|^2)d\sigma \leq C_1(\frac{1}{s_*} + \frac{1}{ks_*^2}) \leq C_1(1 + \frac{1}{k})\frac{1}{s_*}. \tag{2.195}$$

Or

$$\frac{1}{\sqrt{\delta}} = ks_*^2 e^{ks_*} \leq 2ke^{(k+1)ks_*}.$$

C'est-à-dire

$$\frac{1}{s_*} \leq \frac{k+1}{\ln(\frac{1}{2k\sqrt{\delta}})}. \tag{2.196}$$

L'estimation recherchée s'obtient par une combinaison de (2.195) et (2.196). □

Pour faire ce paragraphe, nous nous sommes basé sur les articles de J. Cheng, M. Choulli et J. Lin [CCL], J. Cheng, M. Choulli et X. Yang [CCY], M. Choulli [Ch4]. Il existe d'autres résultats de stabilité obtenus grâce à des méthodes fondées sur des techniques de l'analyse complexe ; voir à ce sujet les articles de G. Alessandrini, L. Del Piero et L. Rondi [ADR], S. Chaabane, I. Fellah, M. Jaoua et J. Leblond [CFJL].

2.5 Stabilité pour deux problèmes inverses géométriques : méthode utilisant la dérivation par rapport au domaine

Avant tout, nous donnons les définitions et les principaux résultats concernant la dérivation par rapport au domaine, que nous utiliserons dans ce paragraphe.

Notons $C^{1,b}$ l'ensemble des fonctions $W : \mathbb{R}^n \to \mathbb{R}^n$ telles que W et ses dérivées partielles d'ordre 1 sont continues et bornées et soit Ω un ouvert borné de $\mathbb{R}^n$, de frontière Γ, que nous supposons de classe C^2 (pour simplifier).

Nous fixons $V \in C^{1,b}$ et $f \in L^2(\mathbb{R}^n)$. Pour $\Omega_t = (I+tV)\Omega$, si $u_t \in H^1(\Omega_t)$ est la solution variationnelle d'un problème aux limites posé sur Ω_t, nous notons

$$\dot{u}(\Omega)(V) = \lim_{t \to 0} \frac{u_t \circ (I + tV) - u_0}{t} - \nabla u_0 \cdot V$$

Théorème 2.72. *(1) (conditions aux limites de Dirichlet) Soit* $u \in H^2(\Omega)$ *la solution du problème aux limites*

$$\begin{cases} \Delta u = f, & dans\ \Omega, \\ u = 0, & sur\ \Gamma. \end{cases}$$

Alors $\dot{u}(\Omega)(V)$ *existe dans* $H^1(\Omega)$, $\dot{u}(\Omega)(V) \in H_\Delta(\Omega)$ *et est la solution de*

$$\begin{cases} \Delta \dot{u} = 0, & dans\ \Omega, \\ \dot{u} = -(V \cdot \nu)\partial_\nu u, & sur\ \Gamma. \end{cases}$$

(2) (conditions aux limites de Neumann) Nous supposons que $\int_\Omega f = 0$. *Soit* $u \in H^2(\Omega)$ *une solution du problème aux limites*

$$\begin{cases} \Delta u = f, & dans\ \Omega, \\ \partial_\nu u = 0, & sur\ \Gamma. \end{cases}$$

Alors $\dot{u}(\Omega)(V)$ *existe dans* $H^1(\Omega)$, $\dot{u}(\Omega)(V) \in H_\Delta(\Omega)$ *et est la solution de*

$$\begin{cases} \Delta \dot{u} = 0, & dans\ \Omega, \\ \partial_\nu \dot{u} = -(V \cdot \nu)\partial^2_{\nu^2} u + \nabla_\tau u \cdot \nabla_\tau(V \cdot \nu), & sur\ \Gamma. \end{cases}$$

(3) (conditions aux limites mixtes) Nous supposons que $\Gamma = \gamma_1 \cup \gamma_2$, *avec* γ_1 *et* γ_2 *fermés et disjoints. Soit* $u \in H^2(\Omega)$ *la solution du problème aux limites*

$$\begin{cases} \Delta u = f, & dans\ \Omega, \\ \partial_\nu u = 0, & sur\ \gamma_1, \\ u = 0, & sur\ \gamma_2. \end{cases}$$

Alors $\dot{u}(\Omega)(V)$ *existe dans* $H^1(\Omega)$, $\dot{u}(\Omega)(V) \in H_\Delta(\Omega)$ *et est la solution de*

$$\begin{cases} \Delta \dot{u} = 0, & dans\ \Omega, \\ \partial_\nu \dot{u} = -(V \cdot \nu)\partial^2_{\nu^2} u + \nabla_\tau u \cdot \nabla_\tau(V \cdot \nu), & sur\ \gamma_1, \\ \dot{u} = -(V \cdot \nu)\partial_\nu u, & sur\ \gamma_2. \end{cases}$$

Nous énonçons enfin un lemme qui nous sera bien utile dans la suite.

Lemme 2.73. *Si $f \in L^2(\mathbb{R}^n)$ (resp. $H^1(\mathbb{R}^n)$) alors*

$$\lim_{t \to 0} \frac{[f \circ (I + tV) - f]_{|\Omega}}{t} = \nabla f \cdot V \ dans \ H^{-1}(\Omega) \ (resp. \ L^2(\Omega)).$$

Pour une démonstration du Théorème 2.72 et du Lemme 2.73, nous renvoyons à A. Henrot et M. Pierre [HP].

2.5.1 Identification d'un sous-domaine

Dans un matériau semi-conducteur, pour tester la résistance du contact entre le métal et le semi-conducteur, nous sommes amené à étudier le problème aux limites

$$\begin{cases} -\Delta u + \chi_D u = 0, & \text{dans } \Omega, \\ u = f, & \text{sur } \Gamma, \end{cases} \tag{2.197}$$

où D est un sous-domaine de Ω, $\overline{D} \subset \Omega$ et χ_D est la fonction caractéristique de D.

Dans (2.197) la quantité importante est D. En dimension deux, elle représente l'interface entre le métal et le semi-conducteur. Nous revoyons le lecteur intéressé à W. H. Loh, S. E. Swirhun, T. A. Schereyer, R. M. Swanson et K. C. Saraswat [LS] pour plus de détails.

Dans ce paragraphe, nous nous intéressons au problème d'identifier D à partir des mesures frontières

$$\partial_\nu u = g \text{ sur } \gamma, \ \gamma \subset \Gamma.$$

Dans tout ce sous-paragraphe, nous supposons que D est de classe C^1 et $f \in H^{\frac{3}{2}}(\Gamma)$. Sous ces hypothèses, nous déduisons du Théorème 1.26 que (2.197) admet une unique solution $u(D) \in H^2(\Omega)$. De plus, $u(D)$ est continue dans Ω (c'est la régularité intérieure; voir D. Gilbarg et N.S. Trudinger [GT] à ce sujet).

Nous fixons Ω_0, un ouvert borné de $\mathbb{R}^n$ tel que $\overline{\Omega_0} \subset \Omega$ et nous considérons le sous-espace fermé de $C^{1,b}$ donné par

$$X = \{V \in C^{1,b}; \ \text{supp}(V) \subset \overline{\Omega_0}\}.$$

Soit Y le sous-espace quotient $Y = X/\mathcal{F}$, avec

$$\mathcal{F} = \{V \in X; \ V \cdot \nu = 0 \text{ sur } \partial D\}.$$

Y sera muni de sa norme (quotient) naturelle, notée $\| \cdot \|_Y$.

Nous nous donnons alors $\mathcal{U}$ un voisinage ouvert de 0 dans Y pour lequel $D_V = (I + V)D$ est inclu dans un compact de Ω, pour tout $V \in \mathcal{U}$, et nous introduisons l'application

$$\theta : V \in \mathcal{U} \to \partial_\nu u(D_V)_{|\gamma} \in H^{-\frac{1}{2}}(\gamma).$$

Ici $u(D_V) \in H^2(\Omega)$ est la solution du problème (2.197) dans lequel nous prenons D_V à la place de D.

Notre objectif dans ce sous-paragraphe est de démontrer le

Théorème 2.74. *Soit γ une partie fermée de Γ, d'intérieur non vide, et nous supposons que f est positive ou nulle et non constante. Alors θ est Gâteaux-différentiable en $V = 0$ et $Ker(\theta'(0)) = \{0\}$.*

Comme conséquence immédiate de ce théorème, nous avons

Corollaire 2.75. *Sous les hypothèses du Théorème 2.74, si $V \in X$ est tel que $V \cdot \nu \neq 0$ sur ∂D alors il existe deux constantes positives $\epsilon = \epsilon(V)$ et $C = C(V)$ telles que*

$$\|\partial_\nu u(D_{tV}) - \partial_\nu u(D)\|_{H^{-\frac{1}{2}}(\Gamma)} \geq C|t|,$$

pour tout t, $|t| \leq \epsilon$.

Remarque. Puisque $|t| \geq K|D_{tV}\Delta D|$, où $K = K(V)$ est une constante positive, l'estimation dans dernier corollaire entraine

$$|D_{tV}\Delta D| \leq \|\partial_\nu u(D_{tV}) - \partial_\nu u(D)\|_{H^{-\frac{1}{2}}(\Gamma)}, \ |t| \leq \epsilon.$$

Preuve du Théorème 2.74. Nous donnons la démonstration en deux étapes.

Première étape. Nous montrons la Gâteaux-différentiabilité de θ en $V = 0$. À $V \in Y$ nous associons $\mu(D)(V) \in H^{-1}(\Omega)$ donné par

$$\langle \mu(D)(V), v \rangle_{H^{-1}(\Omega), H_0^1(\Omega)} = -\int_{\partial D} (V \cdot \nu) u(D) v, \ v \in H_0^1(\Omega).$$

Proposition 2.76. *θ est Gâteaux-différentiable en $V = 0$ et $\theta'(0)(V) = \partial_\nu \dot{u}(D)(V)_{|\gamma}$, où $\dot{u}(D)(V) \in H_0^1(\Omega)$ est la solution du problème aux limites*

$$\begin{cases} -\Delta \dot{u} + \chi_D \dot{u} = \mu(D)(V), & dans \ \Omega, \\ \dot{u} = 0, & sur \ \Gamma. \end{cases} \tag{2.198}$$

Preuve. Fixons $V \in X$ et notons

$$V' = (\partial_{x_j} V_i), \quad J(t) = \det(I + tV'), \quad M(t) = (I + tV')^{-1}.$$

Soit I un intervalle autour de l'origine pour lequel $M(t)$ est bien définie et $J(t) \geq 0$ pour tout $t \in I$.

Nous nous donnons $F_0 \in H^2(\Omega)$ telle que $F_{0|\Gamma} = f$, $\psi \in \mathcal{D}(\mathbb{R}^n)$ vérifiant $\psi = 1$ dans un voisinage de Γ et $\mathrm{supp}(\psi) \subset \mathbb{R}^n \setminus \overline{\Omega_0}$.

Nous posons, pour simplifier les notations $u_t = u(D_{tV})$. Si $F = \psi F_0$, $v_t = u_t - F$ et $G = -\Delta F$. Il est alors aisé de montrer que v_t est la solution du problème aux limites

$$\begin{cases} -\Delta v + \chi_{D_{tV}} v = G, & \text{dans } \Omega, \\ v = 0, & \text{sur } \Gamma. \end{cases}$$

Donc v_t est l'unique solution du problème variationnel

$$\int_\Omega \nabla v_t \cdot \nabla w \, dy + \int_\Omega \chi_{D_{tV}} v_t w \, dy = \int_\Omega G w \, dy, \quad w \in H_0^1(\Omega).$$

Le changement de variable $y = (I + tV)x$ permet de déduire que $v(t) = v_t \circ (I + tV)$ est la solution du problème variationnel

$$\int_\Omega M(t) \nabla v(t) \cdot M(t) \nabla w J(t) dx + \int_\Omega \chi_{D_{tV}} v(t) w J(t) dx$$
$$= \int_\Omega G(t) w J(t) dx \quad w \in H_0^1(\Omega),$$

où $G(t) = G \circ (I + tV)$.

En s'inspirant de la preuve du Théorème 2.72, nous montrons que l'application $t \to v(t) \in H_0^1(\Omega)$ est dérivable en $t = 0$, et

$$v'(0)(V) = \lim_{t \to 0} \frac{v(t) - v(0)}{t}$$

est la solution du problème variationnel

$$\int_\Omega \nabla v'(0)(V) \cdot \nabla w \, dx + \int_\Omega \chi_D v'(0)(V) w \, dx + \int_\Omega A(V) \nabla v(0) \cdot \nabla w \, dx$$
$$+ \int_\Omega \chi_D v(0) w \, \mathrm{div} V \, dx = \langle \mathrm{div}(GV), w \rangle, \quad w \in H_0^1(\Omega),$$

avec

$$A(V) = V' + (V')^t - \mathrm{div} V.$$

Par suite,

$$-\Delta v'(0) + \chi_D v'(0) - \mathrm{div}(A \nabla v(0)) + \chi_D v(0) \mathrm{div} V$$
$$= \mathrm{div}(GV) \text{ dans } H^{-1}(\Omega). \tag{2.199}$$

D'autre part, il n'est pas difficile de voir que dans $H^{-1}(\Omega)$,

$$-\mathrm{div}(A \nabla v(0)) + \chi_D v(0) \mathrm{div} V = -\chi_D \nabla v(0) \cdot V - v(0) \nabla \chi_D \cdot V$$
$$+ \mathrm{div}(GV) + \Delta(\nabla v(0) \cdot V). \tag{2.200}$$

(2.199) et (2.200) impliquent

$$-\Delta(v'(0) - \nabla v(0) \cdot V) + \chi_D(v'(0) - \nabla v(0) \cdot V)$$
$$= v(0)\nabla \chi_D \cdot V \text{ dans } H^{-1}(\Omega). \qquad (2.201)$$

Mais,

$$\langle v(0)\nabla \chi_D \cdot V, w \rangle_{H^{-1}(\Omega), H_0^1(\Omega)} = -\int_\Omega \chi_D \text{div}(v(0)wV)dx = -\int_D \text{div}(v(0)wV)dx$$
$$= -\int_{\partial D} v(0)w(V \cdot \nu)d\sigma, \ w \in H_0^1(\Omega).$$

C'est-à-dire $v(0)\nabla \chi_D \cdot V = \mu(D)(V)$. Si $\dot{v}(D)(V) = v'(0)(V) - \nabla v(0) \cdot V$, nous déduisons de (2.201) que $\dot{v}(D)(V)$ satisfait

$$-\Delta \dot{v}(D)(V) + \chi_D \dot{v}(0)(V) = \mu(D)(V) \text{ dans } H^{-1}(\Omega)$$

et comme V est nul dans un voisinage de Γ, $\dot{v}(D)(V) \in H_0^1(\Omega)$.

Nous posons

$$\dot{u}(D)(V) = \lim_{t \to 0} \frac{u_t \circ (I + tV) - u(0)}{t} - \nabla u(0) \cdot V.$$

Par le Lemme 2.73, nous savons que

$$\lim_{t \to 0} \frac{F \circ (I + tV) - F}{t} - \nabla F \cdot V = 0 \text{ dans } H^{-1}(\Omega),$$

et puisque $u_t = v_t + F$, nous concluons que $\dot{u}(D)(V) = \dot{v}(D)(V)$. En d'autres termes, $\dot{u}(D)(V)$ est la solution de (2.198).

Maintenant, comme $\Delta u_t = 0$ dans $\omega = \Omega \backslash \overline{\Omega}_0$, pour tout $t \in I$, $\dot{u}(D)(V)$ existe aussi dans $H_\Delta(\omega)$. Or $u_t = u_t \circ (I + tV)$ et $\nabla u_t \cdot V = 0$ dans ω. D'où, l'application

$$t \in I \to u_t \in H_\Delta(\omega)$$

est dérivable en $t = 0$ et sa dérivée en ce point est égale à $\dot{u}(D)(V)_{|\omega}$. Ceci et la continuité de l'opérateur de trace

$$w \in H_\Delta(\omega) \to \partial_\nu w_{|\gamma} \in H^{-\frac{1}{2}}(\gamma)$$

(voir le Théorème 1.20) nous montrent que θ a une dérivée directionnelle $\theta'(D)(V)$, dans la direction V, en 0 et $\theta'(0)(V) = \partial_\nu \dot{u}(D)(V)_{|\gamma}$.

Pour terminer la preuve, il nous reste à vérifier que l'application

$$V \in Y \to \theta'(0)(V) \in H^{-\frac{1}{2}}(\gamma)$$

définit un opérateur borné.

Nous utilisons d'abord le fait que $\Delta \dot{u}(D)(V) = 0$ dans ω, $V \in X$, pour avoir

$$\|\theta'(0)(V)\|_{H^{-\frac{1}{2}}(\gamma)} = \|\partial_\nu \dot{u}(D)(V)_{|\gamma}\|_{H^{-\frac{1}{2}}(\gamma)} \le C\|\dot{u}(D)(V)\|_{H^1(\omega)}$$
$$\le C\|\dot{u}(D)(V)\|_{H^1(\Omega)}, \qquad (2.202)$$

pour une certaine constante positive C.

D'autre part, nous déduisons de la formulation variationnelle de (2.198) l'estimation

$$\|\dot{u}(D)(V)\|_{H^1(\Omega)} \le C_0\|\mu(D)(V)\| \le C_1\|V \cdot \nu\|_{L^\infty(\partial D)},$$

où $C_0 = C_0(\Omega)$ et $C_1 = C_1(\Omega, D)$ sont deux constantes positives. En particulier,

$$\|\dot{u}(D)(V)\|_{H^1(\Omega)} \le C_1\|(V + W) \cdot \nu\|_{L^\infty(\partial D)}, \ W \in \mathcal{F}.$$

D'où

$$\|\dot{u}(D)(V)\|_{H^1(\Omega)} \le C_2\|V\|_Y,$$

avec $C_2 = C_2(\Omega, D)$ une constante positive.

Cette inégalité, combinée avec (2.202), nous donne

$$\|\theta'(0)(V)\|_{H^{-\frac{1}{2}}(\gamma)} \le C_3\|V\|_Y,$$

pour une certaine constante $C_3 = C_3(\Omega, D)$.

Seconde étape. Nous montrons que $\mathrm{Ker}(\theta'(0)) = \{0\}$.

Nous démontrons d'abord deux lemmes.

Lemme 2.77. *Nous supposons que f est comme dans le Théorème 2.74. C'est-à-dire que f positive ou nulle et non constante. Alors $u = u_0 > 0$ sur ∂D.*

Preuve. Nous raisonnons par l'absurde. Nous supposons donc qu'il existe $x_0 \in \partial D$ tel que $u(x_0) = 0$. D'après le Théorème 1.35 (principe du maximum pour les solutions faibles), u est positive ou nulle. Nous pouvons donc appliquer le Théorème 1.36 (inégalité de Harnack). Nous obtenons

$$\sup_{B(x_0)} u \le C \inf_{B(x_0)} u,$$

pour au moins une boule $B(x_0)$, où C est une constante qui dépend de $B(x_0)$. Donc u est nulle dans $B(x_0)$ car $\inf_{B(x_0)} u = u(x_0) = 0$. Par suite, u est nulle dans tout Ω par le Théorème 1.37 (unicité du prolongement). Mais ceci contredit le fait que $f = u_{|\Gamma}$ est non constante. $\qquad \Box$

Lemme 2.78. *Si $\theta'(0)(V) = 0$ alors $\mu(D)(V) = 0$.*

Preuve. D'après la Proposition 2.76, $\theta'(0)(V) = 0$ signifie $\partial_\nu \dot{u}(D)(V)_{|\gamma} = 0$. Donc $\dot{u}_e = \dot{u}(D)(V)_{|\Omega \backslash \overline{D}}$ est telle que

$$\begin{cases} -\Delta \dot{u}_e = 0, & \text{dans } \Omega \backslash \overline{D}, \\ \dot{u}_e = 0, & \text{sur } \Gamma, \\ \partial_\nu \dot{u}_e = 0, & \text{sur } \gamma, \end{cases}$$

où nous avons utilisé le fait que $\mu(D)(V)$ est à support dans ∂D. Il en résulte que $\dot{u}_e = 0$ dans $\Omega \backslash \overline{D}$ par le corollaire 1.38 (unicité du prolongement). Comme $\dot{u}(V) \in H_0^1(\Omega)$, nous concluons que $\dot{u}_i = \dot{u}(V)_{|D}$ est la solution du problème aux limites

$$\begin{cases} -\Delta \dot{u}_i + \dot{u}_i = 0, & \text{dans } D, \\ \dot{u}_i = 0, & \text{sur } \partial D. \end{cases} \qquad (2.203)$$

Il s'ensuit que $\dot{u}_i = 0$ dans D par l'unicité de la solution de (2.203) et donc $u'(V) = 0$ dans Ω. Par conséquence $\mu(D)(V) = 0$.   □

Pour compléter la preuve de $\mathrm{Ker}(\theta'(0)) = \{0\}$, nous affirmons que $\theta'(0)(V) \neq 0$ si $V \notin \mathcal{F}$. Car sinon $\theta'(0)(V) = 0$ entrainerait $\mu(D)(V) = 0$ par le Lemme 2.78, ou de manière équivalente que $(V \cdot \nu)u = 0$ sur ∂D. Or $u(0) > 0$ sur ∂D par le Lemme 2.77. Donc $V \cdot \nu = 0$ sur ∂D. Mais ceci est en contradiction avec le fait que $V \notin \mathcal{F}$.

La preuve du Théorème 2.74 est donc complète.   □

Le résultat de ce paragraphe provient de M. Choulli [Ch2]. Signalons qu'il n'existe que très peu de résultats d'unicité concernant le problème que nous avons étudié ici. À notre connaissance, les seuls résultats sont ceux démontré dans le Problème 1 pour un D de géométrie quelconque, et ceux de K. Sungwhan [Sung], K. Sungwhan et M. Yamamoto [SuY] pour des D ayant une géométrie particulière.

2.5.2 Un problème de conductivité inverse

Comme ci-dessus, D est un sous-domaine de Ω tel que $\overline{D} \subset \Omega$. Nous considérons le problème aux limites

$$\begin{cases} \mathrm{div}((1 + \chi_D)\nabla u) = 0, & \text{dans } \Omega, \\ u = f, & \text{sur } \Gamma. \end{cases} \qquad (2.204)$$

Rappelons ici que χ_D désigne la fonction caractéristique de D.

Le problème de conductivité inverse consiste à déterminer D à partir des mesures

$$\partial_\nu u = g, \text{ sur } \gamma \subset \Gamma.$$

Ce problème d'identification modélise par exemple la détection d'un objet, ayant une conductivité différente du milieu qui l'entoure, à partir de mesures frontières.

Dans ce sous-paragraphe nous supposons que Ω et D sont de classe $C^{2,\alpha}$ pour un certain α, $0 < \alpha < 1$, et que $f \in C^{2,\alpha}(\Gamma)$. Sous ces hypothèses, nous savons par le Théorème 1.30 que (2.204) admet une unique solution $u \in H^1(\Omega) \cap C^{2,\alpha}(\overline{D}) \cap C^{2,\alpha}(\overline{\Omega}\backslash D)$.

Soit $\tilde{\Omega}$ un ouvert de $\mathbb{R}^n$ tel que $\overline{\tilde{\Omega}} \subset \Omega$. Nous fixons $V \in C^{1,b}$ tel que $\text{supp}(V) \subset \tilde{\Omega}$ et nous choisissons I un intervalle autour de l'origine pour lequel $D_t = (I + tV)D \subset \Omega_0$, pour tout $t \in I$, pour un certain ouvert Ω_0, $\overline{\Omega}_0 \subset \Omega$. Nous notons alors u_t la solution de (2.204) quand nous remplaçons D par D_t. Pour simplifier les notations, nous posons $u = u_0$.

Nous démontrons dans ce sous-paragraphe le

Théorème 2.79. *Soit γ une partie fermée de Γ d'intérieur non vide. Nous supposons*

a) f est non constante,

b) Σ_+ et Σ_- sont non vides, avec

$$\Sigma\pm = \{x \in \partial D; \ \pm V(x) \cdot \nu(x) > 0\},$$

c) il existe δ un ouvert de Σ_+ tel que $dist(\overline{\delta}, \overline{\Sigma_+\backslash\delta} \cup \overline{\Sigma}_-) > 0$[1].

Alors il existe deux constantes positives ϵ et C (dépendant de V) telles que

$$\left\|(\partial_\nu u_t - \partial_\nu u)_{|\gamma}\right\|_{H^{-\frac{1}{2}}(\gamma)} \geq C|t|, \ |t| \leq \epsilon.$$

En particulier,

$$\left\|(\partial_\nu u_t - \partial_\nu u)_{|\gamma}\right\|_{H^{-\frac{1}{2}}(\gamma)} \geq C|D_{tV} \Delta D|, \ |t| \leq \epsilon.$$

Avant de donner la preuve de ce théorème, nous montrons d'abord des résultats préliminaires. Nous commençons par le

Théorème 2.80. *Soit γ une partie fermée de Γ d'intérieur non vide. L'application*

$$\Phi_V : t \in I \to \partial_\nu u_{t|\gamma} \in H^{-\frac{1}{2}}(\gamma)$$

est alors dérivable en $t = 0$ et $\Phi'_V(0) = \partial_\nu \dot{u}_{|\gamma}$, où $\dot{u} \in H^1_0(\Omega)$ est l'unique solution du problème de transmission

$$\begin{cases} \Delta \dot{u}_i = 0, & dans \ D, \\ \Delta \dot{u}_e = 0, & dans \ \Omega\backslash\overline{D}, \\ \dot{u}_i - \dot{u}_e = (V \cdot \nu)\partial_\nu u_i, & sur \ \partial D, \\ 2\partial_\nu \dot{u}_i - \partial_\nu \dot{u}_e = (V \cdot \nu)\Delta_\tau u_i + \nabla_\tau u_i \cdot \nabla_\tau(V \cdot \nu), & sur \ \partial D, \\ \dot{u}_e = 0, & sur \ \Gamma. \end{cases} \quad (2.205)$$

---

[1] Noter que nous pouvons aussi considérer γ comme partie de Σ_-.

Preuve. Nous donnons la démonstration en trois étapes. Nous rappelons les notations

$$V' = (\partial_{x_j} V_i), \quad J(t) = \det(I + tV'), \quad M(t) = (I + tV')^{-1}.$$

Réduisant I si nécessaire, nous pouvons toujours supposer que $M(t)$ est bien définie et que $J(t) \geq 0$ pour tout $t \in I$.

Première étape. Soient $F_0 \in C^{2,\alpha}(\overline{\Omega})$ telle que $F_{0|\Gamma} = f$ et $\theta \in \mathcal{D}(\mathbb{R}^n)$ vérifiant $\theta = 1$ dans un voisinage de Γ et $\mathrm{supp}(\theta) \subset \mathbb{R}^n \backslash \overline{\Omega}_0$. Nous posons

$$F = \theta F_0, \ v_t = u_t - F \text{ et } g = -\Delta F.$$

Alors il est aisé de vérifier que v_t est la solution du problème aux limites

$$\begin{cases} \mathrm{div}((1 + \chi_{D_t})\nabla v) = g, & \text{dans } \Omega, \\ v = 0, & \text{sur } \Gamma. \end{cases}$$

Lemme 2.81. *Soit $v(t) = v_t \circ (I + tV)$. Alors*

$$v' = \lim_{t \to 0} \frac{v(t) - v(0)}{t}$$

existe dans $H_0^1(\Omega)$ et c'est l'unique solution du problème variationnel

$$\int_\Omega (1 + \chi_D)\nabla v' \cdot \nabla w = \langle div((1 + \chi_D)A\nabla v + div(gV)), w \rangle_{H^{-1}(\Omega), H_0^1(\Omega)}, \ w \in H_0^1(\Omega),$$

où $v = v(0)$ et

$$A = V' + (V')^t - div(V).$$

Preuve. Clairement, v_t est la solution du problème variationnel

$$\int_\Omega (1 + \chi_{D_t})\nabla v_t \cdot \nabla w \, dy = \int_\Omega gw \, dy, \ w \in H_0^1(\Omega).$$

Nous faisons le changement de variable $y = (I + tV)x$ pour aboutir à

$$\int_\Omega (1 + \chi_D)M(t)\nabla v(t) \cdot M(t)\nabla w J(t) = \int_\Omega g(t)w J(t), \ w \in H_0^1(\Omega),$$

où $g(t) = g \circ (I + tV)$. En procédant comme pour le laplacien, nous pouvons montrer que $v' = \lim_{t \to 0} \frac{v(t) - v}{t}$ existe dans $H_0^1(\Omega)$ et que c'est l'unique solution du problème variationnel

$$\int_\Omega (1 + \chi_D)\nabla v' \cdot \nabla w = \langle \mathrm{div}((1 + \chi_D)A\nabla v + div(gV)), w \rangle_{H^{-1}(\Omega), H_0^1(\Omega)}, \ w \in H_0^1(\Omega).$$

$\square$

Si $\dot{v} = v' - \nabla v \cdot V$, nous utilisons

$$-\mathrm{div}((1 + \chi_D)\nabla v') = \mathrm{div}((1 + \chi_D)A\nabla v) + \mathrm{div}(gV), \text{ dans } \mathcal{D}'(\Omega),$$

pour conclure que $\dot{v}$ vérifie

$$\begin{cases} \Delta \dot{v}_i = 0, & \text{dans } D, \\ \Delta \dot{v}_e = 0, & \text{dans } \Omega \setminus \overline{D}, \\ \dot{v}_e = 0, & \text{sur } \Gamma. \end{cases} \tag{2.206}$$

Ici et dans ce qui suit, si w est une fonction définie sur Ω alors $w_i = w_{|D}$ et $w_e = w_{|\Omega \setminus \overline{D}}$.

Seconde étape. Nous établissons les conditions de transmission satisfaites par $\dot{v}$.

Lemme 2.82.

$$\dot{v}_i - \dot{v}_e = (V \cdot \nu)\partial_\nu v_i, \text{ dans } D. \tag{2.207}$$

$$2\partial_\nu \dot{v}_i - \partial_\nu \dot{v}_e = (V \cdot \nu)\Delta_\tau v_i + \nabla_\tau v_i \cdot \nabla_\tau (V \cdot \nu), \text{ dans } D. \tag{2.208}$$

Preuve de (2.207). Soit $\psi \in H^2(\Omega)$ telle que $\psi_{|\partial D} = v_i$ and $\psi_{|\partial \Omega} = 0$. En notant que $v_i = v_e$ sur ∂D, nous montrons sans peine que $w_i = v_i - \psi$ et $w_e = v_e - \psi$ sont les solutions respectives des problèmes aux limites

$$\begin{cases} -\Delta w_i = f_i, & \text{dans } D, \\ w_i = 0, & \text{sur } \partial D, \end{cases}$$

et

$$\begin{cases} -\Delta w_e = f_e, & \text{dans } \Omega \setminus \overline{D}, \\ w_i = 0, & \text{sur } \partial(\Omega \setminus \overline{D}), \end{cases}$$

avec

$$f_i = \frac{g}{2} + \Delta \psi, \quad f_e = g + \Delta \psi.$$

D'après le Théorème 2.72, nous concluons que $\dot{w}_i$ et $\dot{w}_e$ sont les solutions respectives des problèmes aux limites

$$\begin{cases} -\Delta \dot{w}_i = 0, & \text{dans } D, \\ \dot{w}_i = -(V \cdot \nu)\partial_\nu w_i, & \text{sur } \partial D, \end{cases}$$

et

$$\begin{cases} -\Delta \dot{w}_e = 0, & \text{dans } \Omega \setminus \overline{D}, \\ \dot{w}_e = -(V \cdot \nu)\partial_\nu w_e, & \text{sur } \partial D, \\ \dot{w}_e = 0, & \text{sur } \Gamma. \end{cases}$$

Or $\dot{\psi} = 0$ par le Lemme 2.73. Ceci, le fait que $2\partial_\nu v_i = \partial_\nu v_e$ sur ∂D et les conditions aux limites vérifiées par $\dot{w}_i$ et $\dot{w}_e$ entrainent alors (2.207). $\qquad \square$

Preuve de (2.208). Nous nous donnons $\rho \in H^2(\Omega)$ vérifiant

$$\partial_\nu \rho_{|\partial D} = 2\partial_\nu v_{i|\partial D} = \partial_\nu v_{e|\partial D} \text{ et } \rho_{|\Gamma} = 0.$$

Si

$$h_i = \frac{1}{2}(g + \Delta\rho) \text{ et } h_e = g + \Delta\rho,$$

alors un calcul simple nous montre que $y_i = v_i - \frac{\rho}{2}$ et $y_e = v_e - \rho$ sont les solutions respectives des problèmes aux limites

$$\begin{cases} -\Delta y_i = h_i, & \text{dans } D, \\ \partial_\nu y_i = 0, & \text{sur } \partial D, \end{cases}$$

et

$$\begin{cases} -\Delta y_e = h_e, & \text{dans } \Omega \backslash \overline{D}, \\ \partial_\nu y_e = 0, & \text{sur } \partial D, \\ y_e = 0, & \text{sur } \Gamma. \end{cases}$$

Il résulte du Théorème 2.72 que $\dot{y}_i$ et $\dot{y}_e$ vérifient

$$\begin{cases} -\Delta \dot{y}_i = 0, & \text{dans } D, \\ \partial_\nu \dot{y}_i = -(V \cdot \nu)\partial^2_{\nu^2} y_i + \nabla_\tau y_i \cdot \nabla_\tau(V \cdot \nu), & \text{sur } \partial D, \end{cases}$$

et

$$\begin{cases} -\Delta \dot{y}_e = 0, & \text{dans } \Omega \backslash \overline{D}, \\ \partial_\nu \dot{y}_e = -(V \cdot \nu)\partial^2_{\nu^2} y_e + \nabla_\tau y_e \cdot \nabla_\tau(V \cdot \nu), & \text{sur } \partial D, \\ \dot{y}_e = 0, & \text{sur } \Gamma. \end{cases}$$

Comme $\dot{\rho} = 0$ (par le Lemme 2.73), nous déduisons des conditions aux limites pour $\dot{y}_i$ et $\dot{y}_e$ que

$$2\partial_\nu \dot{v}_i - \partial_\nu \dot{v}_e = -2(V \cdot \nu)\partial^2_{\nu^2} v_i + (V \cdot \nu)\partial^2_{\nu^2} v_e + 2\nabla_\tau v_i \cdot \nabla_\tau(V \cdot \nu)$$
$$- \nabla_\tau v_e \cdot \nabla_\tau(V \cdot \nu), \text{ sur } \partial D. \qquad (2.209)$$

Mais

$$\begin{cases} 2\partial^2_{\nu^2} v_i = \Delta v_i - \Delta_\tau v_i - H\partial_\nu v_i = -\frac{g}{2} - \Delta_\tau v_i - H\partial_\nu v_i, & \text{sur } \partial D, \\ \partial^2_{\nu^2} v_e = -g - \Delta_\tau v_e - H\partial_\nu v_e, & \text{sur } \partial D, \\ \Delta_\tau v_i = \Delta_\tau v_e, & \text{sur } \partial D, \\ \nabla_\tau v_i = \nabla_\tau v_e, & \text{sur } \partial D. \end{cases} \qquad (2.210)$$

(2.208) découle alors d'une combinaison de (2.209) et (2.210). □

Troisième étape. De (2.206) et du lemme précédent nous déduisons que $\dot{v}$ est la solution du problème de transmission

$$\begin{cases} \Delta \dot{v}_i = 0, & \text{dans } D, \\ \Delta \dot{v}_e = 0, & \text{dans } \Omega \backslash \overline{D}, \\ \dot{v}_i - \dot{v}_e = (V \cdot \nu) \partial_\nu v_i, & \text{sur } \partial D, \\ 2\partial_\nu \dot{v}_i - \partial_\nu \dot{v}_e = (V \cdot \nu) \Delta_\tau v_i + \nabla_\tau v_i \cdot \nabla_\tau (V \cdot \nu), & \text{sur } \partial D, \\ \dot{v}_e = 0, & \text{sur } \Gamma. \end{cases}$$

Comme $u = v + F$, $\text{supp}(F) \subset \mathbb{R}^n \backslash \overline{\Omega_0}$ et $\dot{F} = 0$, $\dot{u}$ est solution du problème de transmission

$$\begin{cases} \Delta \dot{u}_i = 0, & \text{dans } D, \\ \Delta \dot{u}_e = 0, & \text{dans } \Omega \backslash \overline{D}, \\ \dot{u}_i - \dot{u}_e = \partial_\nu u_i (V \cdot \nu), & \text{sur } \partial D, \\ 2\partial_\nu \dot{u}_i - \partial_\nu \dot{u}_e = (V \cdot \nu) \Delta_\tau u_i + \nabla_\tau u_i \cdot \nabla_\tau (V \cdot \nu), & \text{sur } \partial D, \\ \dot{u}_e = 0, & \text{sur } \Gamma. \end{cases}$$

Lemme 2.83. *Soit Φ_V comme dans le Théorème 2.80. Alors*

$$\lim_{t \to 0} \frac{\Phi_V(t) - \Phi_V(0)}{t} = \partial_\nu \dot{u}_{|\gamma} \ dans \ H^{-\frac{1}{2}}(\gamma).$$

Preuve. D'après ce qui précède, nous savons déjà que $\lim_{t \to 0} \frac{u(t) - u}{t}$ existe dans $H^1(\Omega)$ et que $\dot{u} = \lim_{t \to 0} \frac{u(t) - u}{t} - \nabla u \cdot V$ est la solution du problème de transmission (2.205). Mais dans $\Omega \backslash \overline{\Omega_0}$, $V = 0$ et $u(t) = u_t$. D'où $\lim_{t \to 0} \frac{u_t - u}{t} = \dot{u}$ dans $H^1(\Omega \backslash \overline{\Omega_0})$. Or $\Delta u_t = 0$ dans $\Omega \backslash \overline{\Omega_0}$. Par suite, $\lim_{t \to 0} \frac{u_t - u}{t} = \dot{u}$ dans $H_\Delta(\Omega \backslash \overline{\Omega_0})$. Le résultat s'ensuit alors en utilisant la continuité de l'opérateur de trace $w \in H_\Delta(\Omega \backslash \overline{\Omega_0}) \to \partial_\nu w_{|\gamma} \in H^{-\frac{1}{2}}(\gamma)$ (voir le Théorème 1.20). □

Nous venons donc d'achever la démonstration du Théorème 2.80. □

Nous montrons maintenant le

Lemme 2.84. $\Phi'_V(0) = 0$ *implique*

$$\int_{\partial D} (V \cdot \nu) \nabla u_e \cdot \nabla w = 0, \text{ pour tout } w \in H^2(D) \text{ telle que } \Delta w = 0 \text{ dans } D.$$

Preuve. Si $\Phi'_V(0) = \partial_\nu \dot{u}_{e|\gamma} = 0$ alors $\dot{u}_e = 0$ dans $\Omega \backslash \overline{D}$ par le Corollaire 1.38 (unicité du prolongement). Mais $\dot{u}$ est la solution du problème de transmission (2.205). Donc $\dot{u}_i$ est solution du problème surdéterminé

$$\begin{cases} \Delta \dot{u}_i = 0, & \text{dans } D, \\ \dot{u}_i = (V \cdot \nu) \partial_\nu u_i, & \text{sur } \partial D, \\ 2\partial_\nu \dot{u}_i = (V \cdot \nu) \Delta_\tau u_i + \nabla_\tau u_i \cdot \nabla_\tau (V \cdot \nu), & \text{sur } \partial D. \end{cases}$$

Soit $w \in H^2(D)$ telle que $\Delta w = 0$ dans D. Une application de la formule de Green nous donne

$$0 = \int_D \Delta w \dot{u}_i dx = \int_{\partial D} (V \cdot \nu) \partial_\nu w \partial_\nu u_i d\sigma$$
$$- \frac{1}{2} \int_{\partial D} [(V \cdot \nu) \Delta_\tau u_i d\sigma + \nabla_\tau (V \cdot \nu) \cdot \nabla_\tau u_i] w d\sigma \quad (2.211)$$

Or d'après la formule d'intégration par parties du Théorème 1.24, nous avons

$$\int_{\partial D} (V \cdot \nu) w \Delta_\tau u_i d\sigma = - \int_{\partial D} \nabla_\tau u_i \cdot \nabla_\tau (w(V \cdot \nu)) d\sigma.$$

D'où,

$$\int_{\partial D} (V \cdot \nu) w \Delta_\tau u_i d\sigma + \int_{\partial D} w \nabla_\tau u_i \cdot \nabla_\tau (V \cdot \nu) d\sigma = \int_{\partial D} (V \cdot \nu) \partial_\nu w \partial_\nu u_i d\sigma.$$
$$(2.212)$$

Vu (2.211) et (2.212), nous obtenons

$$\int_{\partial D} (V \cdot \nu) \partial_\nu w \partial_\nu u_i d\sigma + \frac{1}{2} \int_{\partial D} (V \cdot \nu) \nabla_\tau w \nabla_\tau u_i d\sigma = 0.$$

Le résultat s'ensuit en utilisant $2\partial_\nu u_i = \partial_\nu u_e$ et $\nabla_\tau u_i = \nabla_\tau u_e$ sur ∂D.   □

Preuve du Théorème 2.79. D'après le théorème des accroissements finis, il suffit de démontrer que $\Phi'_V(0)$ ne s'annule pas. Nous raisonnons par l'absurde. Nous supposons alors que $\Phi'_V(0) = 0$. Dans la preuve du lemme précédent nous avons vu que ceci entraine $\dot{u}_e = 0$ dans $\Omega \backslash \overline{D}$ et que $\dot{u}_i$ est solution du problème surdéterminé

$$\begin{cases} \Delta \dot{u}_i = 0, & \text{dans } D, \\ \dot{u}_i = (V \cdot \nu) \partial_\nu u_i, & \text{sur } \partial D, \\ 2\partial_\nu \dot{u}_i = (V \cdot \nu) \Delta_\tau u_i + \nabla_\tau u_i \cdot \nabla_\tau (V \cdot \nu), & \text{sur } \partial D. \end{cases}$$

D'autre part, de l'hypothèse c) nous déduisons que $\Sigma_0 = \{x \in \partial D; \; V(x) \cdot \nu(x) = 0\}$ est d'intérieur non vide. Comme $\dot{u}_i = \partial_\nu \dot{u}_i = 0$ sur Σ_0, $\dot{u}_i = 0$ dans D par le Corollaire 1.38 (unicité du prolongement). Par suite,

$$\partial_\nu u_e = 2\partial_\nu u_i = 0 \text{ sur } \partial D \backslash \Sigma_0.$$

Nous utilisons encore une fois l'hypothèse c) pour conclure qu'il existe $\mathcal{O}$ un ouvert borné de $\mathbb{R}^n$ tel que

$$\overline{\delta} \subset \mathcal{O} \text{ et } \mathcal{O} \cap (\overline{\Sigma_+ \backslash \delta} \cup \overline{\Sigma_-}) = \emptyset.$$

Soit $\varphi \in \mathcal{D}(\mathbb{R}^n)$ telle que $\mathrm{supp}(\varphi) \subset \mathcal{O}$ et $\varphi = 1$ dans un voisinage de $\overline{\delta}$. Soit $w \in C^{2,\alpha}(\overline{D})$ la solution du problème aux limites

$$\begin{cases} \Delta w = 0, & \text{dans } D, \\ w = \varphi u_e, & \text{sur } \partial D. \end{cases}$$

Une application du lemme 2.84 nous donne

$$0 = \int_{\partial D \backslash \delta} (V \cdot \nu) \nabla_\tau w \cdot \nabla_\tau u_e d\sigma + \int_\delta |V \cdot \nu| |\nabla_\tau u_e|^2 d\sigma.$$

Or

$$\int_{\partial D \backslash \delta} (V \cdot \nu) \nabla_\tau w \cdot \nabla_\tau u_e d\sigma = \int_{(\Sigma_+ \cup \Sigma_-) \backslash \delta} (V \cdot \nu) \nabla_\tau w \cdot \nabla_\tau u_e d\sigma = 0,$$

car $w = 0$ sur $(\Sigma_+ \cup \Sigma_-) \backslash \delta$. D'où

$$\int_\delta |V \cdot \nu| |\nabla_\tau u_e|^2 d\sigma = 0.$$

C'est-à-dire $\nabla_\tau u_e = 0$ sur δ. Mais nous savons déjà que $\partial_\nu u_e = 0$ sur $\partial D \backslash \Sigma_0$. Par conséquent, $\nabla u_e = 0$ sur δ et u_e est constante sur δ. Donc u_e est constante dans $\Omega \backslash \overline{D}$ par le Corollaire 1.38 (unicité du prolement). Or $u_e = f$ sur Γ et donc f est constante. Mais ceci est en contradiction avec l'hypothèse a).   □

Nous avons utilisé M. Choulli [Ch3] pour préparer ce sous-paragraphe. Le Théorème 2.79 généralise les résultas antérieurs de H. Bellout et A. Friedman [BF], A. Friedman et B. Gustafsson [FG]. Pour le cas parabolique, voir H. Bellout [Bel].

2.6 Détection de fissures

2.6.1 Applications quasi-conformes, fonctions courant et points critiques géométriques

Soient Ω un domaine du plan et $f : \Omega \to f(\Omega)$ un difféomorphisme. Pour $z = x + iy$, s'il n'y a pas de confusion, nous identifierons $f(z)$ et $f(x, y)$. Il n'est pas difficile de vérifier que $J_f(z)$, le jacobien de f en z_0, est donné par

$$J_f(z) = |\partial_z f(z)|^2 - |\partial_{\bar{z}} f(z)|^2, \ z \in \Omega.$$

Comme $J_f(z)$ ne s'annule jamais sur Ω, nous pouvons définir la distorsion de f en z par

$$D_f(z) = \frac{|\partial_z f(z)|^2 + |\partial_{\bar{z}} f(z)|^2}{|\partial_z f(z)|^2 - |\partial_{\bar{z}} f(z)|^2}.$$

Nous définissons aussi la dilatation complexe de f en z comme suit

$$\mu_f(z) = \frac{\partial_{\bar{z}} f(z)}{\partial_z f(z)}.$$

Nous avons alors la relation

$$D_f = \frac{1 + |\mu_f|}{1 - |\mu_f|}.$$

Nous dirons que f est quasi-conforme si D_f est bornée sur Ω. f est dite k-quasi-conforme si $D_f \leq k$.

Clairement, f est 1-quasi-confome si et seulement si elle est conforme.

Il est possible d'étendre la notion d'application quasi-conforme. Nous dirons que $f : \Omega \to \Omega'$ un homémorphisme qui préserve l'orientation est k-quasi-conforme si $f \in H^1_{loc}(\Omega)$ et si $D_f \leq k$ p.p. sur Ω.

Notons qu'une application $f \in H^1_{loc}(\Omega)$ qui satisfait à $D_f \leq k$ p.p. sur Ω est dite k-quasi-régulière.

Nous supposons maintenant que Ω est borné et simplement connexe. Soit $A = (a_{ij})$ une matrice 2×2 symétrique, à coefficients dans $L^\infty(\Omega)$ vérifiant, pour un certain $\lambda \in (0, 1]$,

$$\lambda |\xi|^2 \leq \sum_{1 \leq i, j \leq 2} a_{ij} \xi_i \xi_j \leq \lambda^{-1} |\xi|^2, \ \xi \in \mathbb{R}^n, z \in \Omega. \tag{2.213}$$

Nous considérons l'équation

$$\operatorname{div}(A\nabla u) = 0, \ \text{dans} \ \Omega. \tag{2.214}$$

Soit $u \in H^1(\Omega)$ une solution de (2.214) et posons

$$\omega = -(a_{12}\partial_x u + a_{22}\partial_y u)dx + (a_{11}\partial_x u + a_{12}\partial_y u)dy.$$

Nous vérifions aisément que ω est une forme différentielle exacte. D'où, il existe $v \in H^1(\Omega)$ telle que $dv = \omega$. La fonction v s'appelle la fonction courant associée à u, et la relation $dv = \omega$ se met sous la forme

$$\nabla v = \begin{pmatrix} 0 & -1 \\ 1 & 0 \end{pmatrix} A\nabla u, \text{ p.p. dans } \Omega. \tag{2.215}$$

Notons que v est unique à une constante additive près et que c'est une solution faible de l'équation

$$\text{div}(B\nabla v) = 0, \text{ dans } \Omega, \tag{2.216}$$

où $B = (\det A)^{-1}A^t$.

Soit $f = u + iv$. Alors l'équation (2.215) devient

$$\partial_{\bar{z}}f = \mu\partial_z f + \nu\overline{\partial_z f}, \text{ p.p. sur } \Omega, \tag{2.217}$$

avec

$$\mu = \frac{a_{22} - a_{11} - 2ia_{12}}{a_{11}a_{22} + a_{11} + a_{22} - a_{12}^2 + 1} \text{ et } \nu = \frac{1 - a_{11}a_{22} + a_{12}^2}{a_{11}a_{22} + a_{11} + a_{22} - a_{12}^2 + 1}.$$

Après un calcul fastidieux mais élémentaire, nous arrivons à montrer

$$|\mu| + |\nu| \le k < 1, \tag{2.218}$$

où k est une constante qui ne dépend que de λ.

Nous résumons ceci dans la proposition suivante

Proposition 2.85. *(i) Soit $u \in H^1(\Omega)$ une solution de (2.214). Alors il existe, à une constante additive près, une unique fonction $v \in H^1(\Omega)$ solution de (2.216). De plus $f = u + iv$ est solution de (2.217), où μ et ν sont deux fonctions mesurables et bornées qui vérifient (2.218).*
(ii) D'autre part, si $f = u + iv$, $f \in H^1(\Omega)$ vérifie (2.217) avec μ et ν satisfaisant (2.218), alors il existe une matrice, 2×2, A telle que u est une solution variationnelle de $\text{div}(A\nabla u) = 0$ dans Ω et A vérifie (2.213), où λ dépend uniquement de k.

Dans (ii), la matrice A est explicitement donnée par

$$A = \begin{pmatrix} \frac{|1-\mu|^2 - |\nu|^2}{|1+\nu|^2 - |\mu|^2} & \frac{2\Im(\nu-\mu)}{|1+\nu|^2 - |\mu|^2} \\ \frac{-2\Im(\nu+\mu)}{|1+\nu|^2 - |\mu|^2} & \frac{|1+\mu|^2 - |\nu|^2}{|1+\nu|^2 - |\mu|^2} \end{pmatrix}. \tag{2.219}$$

Notons que si u est une fonction harmonique (c-à-d $A = I$), v n'est rien d'autre que la conjuguée harmonique de u. Dans ce cas $\mu = \nu = 0$ et, par suite, $\partial_{\bar{z}}f = 0$ dans Ω, par (2.215). En d'autres termes, f vérifie les conditions de Cauchy dans Ω. Elle est donc holomorphe dans Ω. Dans le cas général, nous vérifions sans peine que, grâce à (2.217), f est quasi-régulière. Un théorème de représentation de L. Bers et L. Nirenberg [BN] nous dit alors que, modulo un changement de variable quasi-conforme, f est holomorphe :

Théorème 2.86. *Soit D un sous domaine simplement connexe de la boule unité B. Si $f \in H^1(\Omega)$ vérifie (2.217) avec μ et ν satisfaisant (2.218). Alors il existe $\chi : B \to B$ une application quasi-conforme et F holomorphe sur $\chi(D)$ telles que*

$$f = F \circ \chi.$$

De plus, χ et χ^{-1} sont holderiennes :

$$|\chi(x) - \chi(y)|, \ |\chi^{-1}(x) - \chi^{-1}(y)| \le C|x - y|^\alpha, \ x, y \in B, \tag{2.220}$$

où C et α, $0 < \alpha < 1$, sont deux constantes qui ne dépendent que de k.

Le dernier théorème permet définir la notion de point critique géométrique. Un point $z \in \Omega$ est un point critique géométrique de u si $\chi(z)$ est un point critique (au sens usuel) de $h = \Re F$. Si z est un point critique géométrique de u, nous définissons l'indice géométrique de ∇u par

$$I(z, \nabla u) = -\frac{1}{2\pi} \lim_{r \to 0} \int_{\partial B_r(\chi(z))} d(\arg(\nabla h)),$$

où $\arg(\nabla h)$ désigne l'angle entre le vecteur ∇h et une direction fixée.

Pour le problème de détection de fissures, nous aurons besoin d'un résultat d'existence d'une fonction courant dans le domaine $\Omega \setminus \sigma$, où σ est une courbe simple lipschitzienne. Notons que $\Omega \setminus \sigma$ n'est plus simplement connexe. Il est doublement connexe. Nous considérons le problème aux limites

$$\begin{cases} \mathrm{div}(A\nabla u) = 0, & \text{dans } \Omega \setminus \sigma, \\ A\nabla u \cdot \nu = 0, & \text{de chaque côté de } \sigma, \\ A\nabla u \cdot \nu = \psi, & \text{sur } \Gamma. \end{cases} \tag{2.221}$$

Théorème 2.87. *Soit $u \in H^1(\Omega)$ une solution de (2.221) avec $\psi \in L^2(\Gamma)$, $\int_\Gamma \psi dx = 0$. Alors il existe, à une constante additive près, une unique fonction courant $v \in H^1(\Omega)$ associée à u. De plus v est une solution variationnelle du problème aux limites*

$$\begin{cases} div(B\nabla v) = 0, & dans \ \Omega \setminus \sigma, \\ v = constante, & sur \ \sigma, \\ v = \Psi, & sur \ \Gamma, \\ \int_\Gamma B\nabla v \cdot \nu = 0, \end{cases} \tag{2.222}$$

avec $B = (\det A)^{-1} A^t$ et Ψ est une primitive de ψ, considérée comme fonction de l'abscisse curviligne.

Le reste de ce paragraphe est dédié à des estimations pour la solution de (2.217) et (2.218). Dans ce qui suit, Ω redevient un ouvert borné de $\mathbb{R}^n$. A cette fin nous introduisons une notion généralisant celle des fonctions sur-harmonique. A étant comme ci-dessus, nous notons L_A l'opérateur

$$L_A u = -\mathrm{div}(A\nabla u).$$

Définition 2.88. *Une fonction* $u : \Omega \to \mathbb{R} \cup \{+\infty\}$ *est dite* L_A-*sur-harmonique si*
(i) u *est semi-continue inférieurement,*
(ii) $u \not\equiv +\infty$ *dans toute composante connexe de* Ω,
(iii) pour tout ouvert D, $\overline{D} \subset \Omega$, *et toute* $v \in C^1(\overline{D})$ *telle que* $L_A v = 0$ *au sens variationnel, si* $u \geq v$ *sur* ∂D *alors* $u \geq v$ *dans* D.
u *sera dite* L_A-*sous-harmonique dans* Ω *si* $-u$ L_A-*sur-harmonique dans* Ω.

Si E est une partie de Γ, nous désignons par U_E l'ensemble de toute les fonctions u, L_A-sur-harmonique dans Ω, telles que $u \geq 0$ et $\liminf_{x \to y} u(x) \geq \chi_E(y)$, où χ_E est la fonction caractéristique de E.

Définition 2.89. *Nous définissons la mesure* L_A-*harmonique de* E *par rapport à* Ω *comme étant la solution de Perron supérieure par rapport à* χ_E, *c'est-à-dire*

$$\omega(z) = \omega(z, D, L_A; z) = \inf\{u(z); u \in U_E\}, \ z \in \Omega.$$

Lemme 2.90. *Soit* $f \in H^1(\Omega)$ *vérifiant* (2.217) *avec* μ *et* ν *satisfaisant* (2.218). *Alors il existe une matrice,* 2×2, $\tilde{A}$ *à coefficients dans* $L^\infty(\Omega)$ *qui vérifient* (2.213), *avec* λ *dépendant uniquement de* k, *telle que* $\phi = \log|f|$ *est* $L_{\tilde{A}}$-*sur-harmonique.*

Preuve. En un point $z \in \Omega$ où $f(z) \neq 0$, nous pouvons définir, dans un voisinage de z, $\psi = \log f$, où $\log$ est une détermination quelconque du logarithme. Dans ce voisinage ψ vérifie l'équation

$$\partial_{\overline{z}}\psi = \mu \partial_z \psi + \tilde{\nu}\overline{\partial_z \psi},$$

où $\tilde{\nu} = \nu \frac{\overline{f}}{f}$ et donc $|\mu| + |\tilde{\nu}| \leq k < 1$. Soit $\tilde{A}$ la matrice donnée par (2.219) avec $\tilde{\nu}$ à la place de ν. D'après la Proposition 2.85, $\phi = \ln|f| = \Re \log f$ vérifie localement

$$\mathrm{div}(\tilde{A}\nabla\phi) = 0, \tag{2.223}$$

au sens variationnel.
Notons que nous pouvons définir $\phi = \ln|f|$ globalement comme une fonction de $H^1_{loc}(\tilde{\Omega})$, où $\tilde{\Omega} = \{z \in \Omega; f(z) \neq 0\}$. À l'aide d'une partition de l'unité, nous pouvons aisément démontrer que ϕ vérifie, au sens variationnel, (2.223) dans $\tilde{\Omega}$.
Nous savons que $\{z \in \Omega; f(z) = 0\}$ est constitué de points isolés et $\phi(z)$ converge vers $-\infty$ quand z tend vers un élément de cet ensemble. En utilisant ce fait et le principe du maximum, nous arrivons à montrer de manière assez simple que ϕ est $L_{\tilde{A}}$-sur-harmonique. $\qquad\square$

Théorème 2.91. *Soient* E *une partie de* Ω *et* $f \in H^1(\Omega)$ *une solution de* (2.217), *avec* ν *et* μ *vérifiant* (2.216). *Si* $M = \sup|f|$ *et, pour* $\epsilon > 0$,

$$\limsup_{x \to y} |f(x)| \leq \epsilon, \ y \in E, \tag{2.224}$$

alors

$$|f(z)| \leq M^{1-\omega(z)} \epsilon^{\omega(z)}, \ z \in \Omega, \tag{2.225}$$

où $\omega = \omega(E, \Omega, L_{\tilde{A}})$ *est la mesure* $L_{\tilde{A}}$*-harmonique de* E *par rapport à* Ω *et* $\tilde{A}$ *est comme dans le Lemme 2.90.*

Preuve. Sans perte de généralité, nous supposons $0 < \epsilon < M$. D'après le dernier lemme, $\phi = \ln |f|$ est $L_{\tilde{A}}$-sur-harmonique. D'autre part, il n'est difficile de voir que $\varphi = \frac{\phi - \ln M}{\ln \epsilon - \ln M}$ est dans l'ensemble U_E. D'où $\omega(z) \leq \varphi(z)$ et, par suite,

$$\phi(z) \leq (\ln \epsilon)\omega(z) + \ln M(1 - \omega(z)), \ z \in \Omega,$$

ce qui entraine le résultat recherché. $\square$

2.6.2 Stabilité de la détermination d'une fissure régulière

Nous introduisons d'abord les hypothèses dont nous aurons besoin pour énoncer le résultat de stabilité que nous nous proposons de démontrer dans ce sous-paragraphe.

(H1) Ω est un domaine borné, de frontière Γ, simplement connexe tel qu'il existe trois constantes L, δ et M pour lesquelles : (i) pour tout $z \in \Gamma$, $\Gamma \cap B(z, \delta)$ est un graphe lipschitzien de norme M ; (ii) $|\Gamma| \leq L$.

(H2) Une fissure σ dans Ω sera une courbe simple telle que : (i) la longueur de σ est inférieure ou égale à L ; (ii) $\mathrm{dist}(\sigma, \Gamma) \geq \delta$; (iii) Si V_1 et V_2 sont les deux extrémités de σ, alors, pour $i = 1, 2$, $\sigma \cap B(V_i, \delta)$ est un demi-graphe Lipschitz de norme M ; en outre pour tout $z \in \sigma \setminus [B(V_1, \frac{\delta}{2}) \cup B(V_2, \frac{\delta}{2})]$, $\sigma \cap B(z, \frac{\delta}{2})$ est un graphe lipschitzien de norme M. Les constantes L, δ et M sont les mêmes qu'en **(H1)**.

Nous décomposons Γ en trois arcs simples γ_0, γ_1 et γ_2, dont les intersections, deux à deux, des intérieurs sont vides. Soit $N > 0$ et fixons trois fonctions η_0, η_1 et η_2 dans $L^2(\Gamma)$ telles que pour $j = 0, 1, 2$,

$$\eta_j \geq 0, \ \mathrm{supp}(\eta_j) \subset \gamma_j, \ \int_\Gamma \eta_j = 1, \ \|\eta_j\|_{L^2(\Gamma)} \leq N.$$

Nous posons

$$\psi_1 = \eta_0 - \eta_1, \ \psi_2 = \eta_0 - \eta_2. \tag{2.226}$$

Nous avons donc

$$\int_\Gamma \psi_j = 0, \ \|\psi_j\|_{L^2(\Gamma)} \leq 2N, \ j = 1, 2. \tag{2.227}$$

Pour $j = 1, 2$, Ψ_j désignera la primitive de ψ_j par rapport à la variable curviligne (Γ est orientée dans le sens direct). Bien entendu, Ψ_1 et Ψ_2 ne sont définies qu'à une constante additive près.

Désignons par d_Γ la distance sur Γ. En utilisant $(H1)$, nous montrons aisément qu'il existe $M_1 = M_1(L, \delta, M)$ telle que, pour $z_0, z_1 \in \Gamma$,

$$d_\Gamma(z_0, z_1) \leq M_1 |z_0 - z_1|,$$

Il en résulte que Ψ_j, $j = 1, 2$, vérifie

$$|\Psi_j(z_0) - \Psi_j(z_1)| \leq 2N d_\Gamma(z_0, z_1)^{\frac{1}{2}} \leq N_1 |z_0 - z_1|^{\frac{1}{2}}, \qquad (2.228)$$

pour $z_0, z_1 \in \Gamma$, où $N_1 = 2N M_1^{\frac{1}{2}}$.

Soit $A = (a_{ij})$ une matrice 2×2 symétrique, à coefficients dans $L^\infty(\Omega)$ vérifiant, pour un certain $\lambda \in (0, 1]$,

$$\lambda |\xi|^2 \leq \sum_{1 \leq i,j \leq 2} a_{ij} \xi_i \xi_j \leq \lambda^{-1} |\xi|^2, \ \xi \in \mathbb{R}^n, z \in \Omega.$$

Pour $i = 1, 2$, nous notons $u_i \in H^1(\Omega \setminus \sigma)$ (resp. $u_i' \in H^1(\Omega \setminus \sigma')$) la solution variationnelle du problème aux limites

$$\begin{cases} \operatorname{div}(A\nabla u) = 0, & \text{dans } \Omega \setminus \sigma, \\ A\nabla u \cdot \nu = 0, & \text{de chaque côté de } \sigma, \\ A\nabla u \cdot \nu = \psi, & \text{sur } \Gamma, \end{cases} \qquad (2.229)$$

quand $\psi = \psi_i$ (resp. et $\sigma = \sigma'$), ψ_i donnée par (2.226).

Rappelons que la distance de Hausdorff entre σ et σ' est donnée par

$$d_H(\sigma, \sigma') = \max\{ \sup_{x \in \sigma'} \operatorname{dist}(x, \sigma), \sup_{x \in \sigma} \operatorname{dist}(x, \sigma') \}.$$

Nous énonçons maintenant le résultat que nous démontrons dans ce sous-paragraphe.

Théorème 2.92. *Soit $\Sigma \subset \Gamma$ un arc simple de longueur au moins égale à δ. Sous les hypothèses* (**H1**) *et* (**H2**), *si $\epsilon > 0$ est tel que*

$$\max_{i=1,2} \|u_i - u_i'\|_{L^\infty(\Sigma)} \leq \epsilon \qquad (2.230)$$

alors

$$d_H(\sigma, \sigma') \leq \omega(\epsilon), \qquad (2.231)$$

où $\omega(\epsilon)$ est une fonction positive sur $(0, +\infty)$ vérifiant

$$\omega(\epsilon) \leq K(\ln |\ln \epsilon|)^{-\alpha}, \ 0 < \epsilon < \frac{1}{e}.$$

Ici K et α sont deux contantes positives dépendant uniquement des données.

Dans le reste de ce paragraphe, les notations et les hypothèses sont celles du dernier théorème. Soient a et b deux réels tels que $a^2 + b^2 = 1$. Nous posons

$$u = au_1 + bu_2, \quad v = av_1 + bv_2, \tag{2.232}$$

$$\psi = a\psi_1 + b\psi_1, \quad \Psi = a\Psi_1 + b\Psi_2. \tag{2.233}$$

Nous vérifions sans peine que u est la solution faible de (2.229) et que v est sa fonction courant. De la même manière, en remplaçant σ par σ', nous définissons u' et v'.

Notons qu'il est plausible de s'attendre à ce que v soit continue à travers σ, grâce au fait que v vérifie une condition de Cauchy sur σ. Par contre, u n'a aucune raison d'être continue à travers σ. Afin de distinguer les limites de part et d'autre de σ, nous considérons σ comme une courbe fermée dégénérée : soit $\tilde{\sigma}$ la courbe abstraite simple obtenue en recollant deux à deux les extrémiés de deux copies de σ. Notons $\tilde{\Omega}$ la sous-variété compact obtenue par un recollement "approprié" de $\overline{\Omega} \setminus \sigma$ et $\tilde{\sigma}^2$ et $\tilde{d}$ la distance géodésique[3] sur $\tilde{\Omega}$.

Dans ce qui suit C désigne une constante ou une fonction générique qui ne dépend que des données.

Un résultat important dans la preuve du Théorème 2.92 est donné par la

Proposition 2.93. *Soient u, v données par (2.232), (2.233) et $f = u + iv$. Alors*
a) v est hölderienne :

$$|v(z_1) - v(z_2)| \leq C|z_1 - z_2|^\beta, \ z_1, z_2 \in \overline{\Omega}. \tag{2.234}$$

b) u vérifie l'estimation

$$|u(z_1) - u(z_2)| \leq C\tilde{d}(z_1, z_2)^\beta, \ z_1, z_2 \in \tilde{\Omega}. \tag{2.235}$$

c) f est quasi-conforme sur $\Omega \setminus \sigma$.

Nous utilisons le (dont la preuve est donnée dans [Ro2])

Lemme 2.94. *Sous les hypothèses et les notations de la Proposition 2.93, nous avons la représentation*

$$f = F \circ \chi, \tag{2.236}$$

où $\chi : \Omega \setminus \sigma \to D$ est une application quasi-conforme satisfaisant

---

[2] Ω étant des deux côtés de σ, les points de $\tilde{\sigma}$ sont identifiés aux limites de suites d'un côté de Ω qui convergent vers un point de σ, à l'exception des extrémités. Ce procédé permet donc de compactifier $\overline{\Omega} \setminus \sigma$.

[3] C'est-à-dire, $\tilde{d}(x, y)$ est l'infimum des longueurs de tous les chemins dans $\tilde{\Omega}$ joignant x à y.

$$|\chi(x) - \chi(y)| \le C(\tilde{d}(x,y))^\alpha, \; x,y \in \Omega \setminus \sigma \qquad (2.237)$$

$$|\chi^{-1}(x) - \chi^{-1}(y)| \le C|x-y|^\alpha, \; x,y \in D, \qquad (2.238)$$

$D = B_2(0) \setminus \overline{B_1(0)}$ et $F = U + iV$ est holomorphe dans D. La constante α vérifie $0 < \alpha < 1$ et dépend seulement des données.

Preuve de la Proposition 2.93. a) Si χ et F sont comme dans le dernier lemme $V = v \circ \chi^{-1} = \Im F$ est alors la solution variationnelle du problème aux limites,

$$\begin{cases} \Delta V = 0, & \text{dans } B_2 \setminus \overline{B}_1, \\ V = \text{constante}, & \text{sur, } \partial B_1, \\ V = \Psi \circ \chi^{-1}, & \text{sur, } \partial B_2, \\ \int_{\partial B_2} \nabla V \cdot \nu = 0. \end{cases} \qquad (2.239)$$

Les conditions aux bords dans le problème aux limites (2.239) sont les traces de fonctions de $H^1(B_2 \setminus \overline{B}_1)$. Elles sont donc hölderiennes et par suite, d'après les résultats de régularité elliptique (voir par exemple D. Gilbarg et N.S. Trudinger [GT]), V satisfait une estimation hölderienne sur $\overline{B}_2 \setminus B_1$, avec des constantes dépendantes uniquement des données. Ceci et (2.238) prouvent (2.234).

b) Puisque U est la conjuguée de $-V$, une utilisation locale du théorème de Privaloff (voir l'énoncé ci-dessous) montre que U est hölderienne dans $\overline{D}$. Mais $u = U \circ \chi$. D'où (2.235) est une conséquence de (2.237).

Théorème 2.95. *(Privaloff) Soit $h = \lambda + i\nu$ une fonction holomorphe dans $|z| < 1$. Si λ est continue dans $|z| \le 1$ et vérifie*

$$|\lambda(z_1) - \lambda(z_2)| \le K|z_1 - z_2|^\alpha, \; |z_1| = |z_2| = 1,$$

pour une certaine constante K, alors

$$|h(z_1) - h(z_2)| \le CK|z_1 - z_2|^\alpha, \; |z_1|, |z_2| \le 1.$$

Ici C est une constante qui ne dépend que de α.

Le lecteur trouvera une démonstration de ce théorème dans [BJS].

c) La preuve repose sur deux lemmes.

Lemme 2.96. *u et v n'ont pas de points critiques géométriques dans $\Omega \setminus \sigma$ et ont exactement deux points critiques géométriques distincts, d'indice 1, sur $\tilde{\sigma}$.*

La preuve est assez technique et fait référence à divers résultats intermédiaires. Nous renvoyons le lecteur à A. Alessandrini et L. Rondi [AR] et ses références pour de plus amples détails.

Soient $m = \min_\Gamma \Psi$, $M = \max_\Gamma \Psi$ et $c = v_{|\sigma}$. Notons que, d'après le principe du maximum, $m < c < M$.

Lemme 2.97. *Pour tout* $t \in (m, M)$, $t \neq c$, *la ligne de niveau* $\{z \in \Omega \setminus \sigma;\ v(z) = t\}$ *est composée d'une courbe simple* γ_t *joignant les deux composantes connexes de* $\{z \in \Gamma;\ \Psi(t) = t\}$.

La ligne de niveau $\{z \in \Omega \setminus \sigma;\ v(z) = c\}$ *est composée de deux courbes simples* γ_c^1 *et* γ_c^2, *chacune joignant* σ *à l'une des deux composantes connexes* $\{z \in \Gamma;\ \Psi(t) = c\}$. *De plus les deux extremités de* γ_c^1 *et* γ_c^2 *dans* $\tilde{\sigma}$ *sont les deux points critiques, distincts, de* v *sur* $\tilde{\sigma}$.

Preuve. v étant continue (voir Proposition 2.93 a)), un simple argument de connexité permet de déduire que, pour tout $t \in (m, M)$, les extremités de $\{z \in \Omega \setminus \sigma;\ v(z) = t\}$ dans $\Gamma \cup \tilde{\sigma}$ appartiennent à $\{z \in \Gamma;\ \Psi(t) = t\}$ si $t \neq c$, et à $\{z \in \Gamma;\ \Psi(t) = t\} \cup \tilde{\sigma}$ si $t = c$.

Soient $t \neq c$ et $z_0 \in \Omega \setminus \sigma$ tel que $v(z_0) = t$. Par le Lemme 2.96, v n'a pas de points critiques géométriques dans $\Omega \setminus \sigma$. Par suite, d'après le principe du maximum, la composante connexe γ_t de $\{z \in \Omega \setminus \sigma;\ v(z) = t\}$ contenant z_0 est une courbe simple ayant des extrémités dans Γ. De nouveau, le principe du maximum permet de conclure que $v \neq t$ en dehors de γ_t. Les mêmes arguments s'appliquent pour le cas $t = c$. Nous trouvons qu'il existe deux courbes simples γ_c^1 et γ_c^2 dans $\Omega \setminus \sigma$, chacune joignant σ à l'une des deux composantes connexes de $\{z \in \Gamma;\ \Phi(t) = c\}$. Ces deux courbes déconnectent $\Omega \setminus \sigma$ et, par le principe du maximum, elles constituent une partition de $\{z \in \Omega \setminus \sigma;\ v(z) = c\}$. Pour terminer, nous notons que les extremités de $\{z \in \Omega \setminus \sigma;\ v(z) = c\}$ dans $\tilde{\sigma}$ sont exactement les deux points critiques de v sur $\tilde{\sigma}$. $\qquad\square$

Pour montrer c), il nous suffit de vérifier que f est une bijection de $\Omega \setminus \sigma$ sur $f(\Omega \setminus \sigma)$. Nous utilisons les notations précédentes. Soient $\tilde{\sigma}_1$ et $\tilde{\sigma}_2$ les deux courbes simples qui forment $\tilde{\sigma} \setminus \{P_1, P_2\}$, où P_1 et P_2 sont les deux points critiques de u sur $\tilde{\sigma}$. En utilisant le fait que u n'a pas de points critiques géométriques dans $\Omega \setminus \sigma$, nous déduisons que u est strictement croissante le long des courbes $\gamma_c^1 \cup \gamma_c^2 \cup \tilde{\sigma}_i$, $i = 1, 2$. De même pour $t \in (m, M)$, $t \neq c$, u est strictement croissante le long de γ_t. Par suite, pour tout $\zeta = s + it \in f(\Omega \setminus \sigma)$, il existe un unique $z \in \Omega \setminus \sigma$ tel que $u(z) = t$ et $v(z) = s$. $\qquad\square$

Nous normalisons maintenant v et v' de telle sorte qu'elles aient la même valeur Ψ sur Γ. Nous introduisons

$$\Phi : \Omega \setminus (\sigma \cup \sigma') \to \mathbb{C} : \Phi = W + iZ = u - u' + i(v - v').$$

Par hypothèse Z est identiquement nulle et $|W| \leq \sqrt{2}\epsilon$ sur Σ. D'autre part, de a) et b) de la Proposition 2.93, nous déduisons que Φ est bornée :

$$|\Phi| \leq C,\ z \in \Omega \setminus (\sigma \cup \sigma').$$

De plus Z est höldérienne sur $\overline{\Omega}$. Par conséquent, Φ satisfait au problème de Cauchy

$$\begin{cases} \partial_{\bar{z}}\Phi = \mu \partial_z \Phi + \nu \overline{\partial_z \Phi}, & \text{dans } \Omega \setminus (\sigma \cup \sigma'), \\ |\Phi| \leq \sqrt{2}\epsilon, & \text{sur } \Sigma, \\ \Im\Phi = 0, & \text{sur } \Gamma, \end{cases}$$

où $|\mu| + |\nu| \leq k < 1$.

Proposition 2.98. *Z vérifie l'estimation*

$$|Z(z)| \leq \eta(\epsilon), \ z \in \overline{\Omega}, \tag{2.240}$$

où η est une fonction positive, définie sur $(0, +\infty)$, qui satisfait à

$$\eta(\epsilon) \leq C(\ln|\ln\epsilon|)^{-\gamma} \epsilon, \ 0 < \epsilon < \frac{1}{e}, \tag{2.241}$$

où γ est une constante positive qui ne dépend que des données.

Nous donnons les grandes lignes de la preuve de cette proposition un peu plus loin.

Nous obtenons le Théorème 2.92 comme conséquence de la dernière proposition et de celle que nous énonçons maintenant.

Proposition 2.99. *Sous les hypothèses du Théorème 2.92, à l'exception de (2.230), pour un choix approprié des constantes a et b, l'estimation*

$$\max_{i=1,2} \|v_i - v_i'\|_{L^\infty(\Omega)} \leq \eta$$

entraine

$$d_H(\sigma, \sigma') \leq C\eta^\kappa,$$

avec κ une constante positive ne dépendant que des données.

Preuve. D'après le Lemme 2.94, nous avons

$$f = F \circ \chi,$$

où $F = U + iV$ est une fonction holomorphe dans $D = B_2 \setminus \overline{B_1}$.

Notons $D_d = B_{2-d} \setminus \overline{B_{1+d}}$, $d > 0$. Nous utilisons le

Lemme 2.100. *Nous avons l'estimation*

$$|F'(z)| \geq C(d)|z - \zeta_1||z - \zeta_2|, \ \text{pour tout } z \in D_d, \tag{2.242}$$

où ζ_1 et ζ_2 sont les images par χ est deux points critiques de u.

Preuve. F étant höldérienne dans D^4, $|F| \leq C$ dans D. D'après (2.228), il existe d_1 assez petit pour lequel

---

[4] En fait c'est une extension de F, encore notée F, qui est höldérienne. Cette extension est donnée par

$$F(z) = \overline{f(\frac{1}{\overline{z}})} + 2ic, \ z \in B_1 \setminus B_{\frac{1}{2}},$$

$c = v|_\sigma = V|_{\partial B_1}$.

$$\mathrm{osc}_{\partial D_d} V \geq \frac{1}{2\sqrt{2}}, \text{ pour tout } 0 < d \leq d_1. \tag{2.243}$$

Nous utilisons les intégrales de Cauchy qui expiment F' en fonction de F et le fait que $|F| \leq C$ dans D pour conclure

$$|F'| \leq \frac{C}{d} \text{ pour tout } z \in D_{\frac{d}{2}}. \tag{2.244}$$

Posons $\phi = \ln \frac{|F'|}{|z-\zeta_1||z-\zeta_2|}$. ϕ est alors harmonique dans D et donc, d'après le Théorème 1.36 (inégalité de Harnack) appliquée à $M - \phi$, avec $M = \sup_{D_{\frac{d}{2}}} \phi$, nous déduisons

$$\sup_{D_d}(M - \phi) \leq c \inf_{D_d}(M - \phi),$$

où c dépend seulement de R et d. D'où

$$\inf_{D_d} \phi \geq M - c(M - \sup_{D_d} \phi). \tag{2.245}$$

Nous avons $\mathrm{osc}_{\partial D_d} V \leq C \max_{D_d} |F'|$ et donc

$$\frac{1}{2\sqrt{2}} \leq C \max_{D_d} |F'| \leq C \max_{D_d} e^\phi \leq C e^{\max_{D_d} \phi}$$

par (2.243). Ceci entraine alors

$$\max_{D_d} \phi \geq C, \text{ pour tout } 0 < d \leq d_1.$$

Par suite,

$$M \geq C, \text{ pour tout } 0 < d \leq d_1. \tag{2.246}$$

D'autre part, comme $|z - \zeta_i| \geq d$ si $z \in D_d$, nous déduisons de (2.244)

$$\phi(z) \leq C \ln(\frac{1}{d}), \ z \in D_d \text{ et } 0 < d \leq d_1.$$

Par conséquent,

$$M - \sup_{D_d} \phi = \sup_{D_{\frac{d}{2}}} \phi - \sup_{D_d} \phi \leq C \ln(\frac{1}{d}), \ 0 < d \leq d_1. \tag{2.247}$$

Finalement, (2.245), (2.246) et (2.247) nous donnent

$$\inf_{D_d} \phi \geq C(d).$$

D'où le résultat. □

Maintenant, quitte à intervertir les rôles de σ et σ', nous pouvons toujours supposer qu'il existe $z_0 \in \sigma' \setminus \sigma$ tel que $p = \mathrm{dist}(z_0, \sigma) = d_H(\sigma, \sigma') > 0$. Par hypothèse, il existe une constante C_0, ne dépendant que des données, telle que

$$B_{\frac{p}{C_0}}(z_0) \subset \Omega_{\frac{\delta}{2}} \setminus \sigma,$$

et, pour tout $r \leq \frac{p}{2C_0}$, il existe $z_1 \in \sigma'$ tel que $|z_1 - z_0| = r$.

Si α_1 est la constante de Hölder de χ^{-1}, alors nous montrons facilement que, pour tout $w \in \chi(B_{\frac{p}{C_0}}(z_0))$, $\text{dist}(w, \partial B_R) \geq C_1 \delta^{\frac{1}{\alpha_1}}$. De même, en utilisant le fait que χ et χ^{-1} sont hölderiennes, nous trouvons qu'il existe des constantes E_0, E_1, α_2 et α_3 telles que $B_{E_0 p^{\alpha_2}}(z_0) \subset B_{\frac{p}{2C_0}}(z_0)$ et $\chi(B_{E_0 p^{\alpha_2}}(z_0))$ est contenue dans une boule B centrée en $\chi(z_0)$ telle que pour tout $w \in B$, nous avons $\text{dist}(w, \partial B_1) \geq E_1 p^{\alpha_3}$.

Soit $z_1 \in \sigma' \cap \partial B_{E_0 p^{\alpha_2}}(z_0)$, nous avons

$$|f(z_0) - f(z_1)| = |F(\chi_0(z_0)) - F(\chi_0(z_1))|.$$

Comme $|\chi(z_0) - \chi(z_1)| \geq E_2 p^{\alpha}$, nous avons d'après le dernier lemme

$$|F(\chi_0(z_0)) - F(\chi_0(z_1))| \geq C_2 p^{\alpha_5}. \tag{2.248}$$

Nous choisissons a et b telles que

$$a u_1(z_0) + b u_2(z_0) = a u_1(z_1) + b u_2(z_1).$$

C'est-à-dire

$$u(z_0) = u(z_1). \tag{2.249}$$

Par (2.248), f vérifie l'estimation

$$C_2 p^{\alpha_5} \leq |f(z_0) - f(z_1)|, \tag{2.250}$$

et, par (2.249), $|f(z_0) - f(z_1)| = |v(z_0) - v(z_1)|$. Comme z_0, $z_1 \in \sigma'$, $v'(z_0) = v'(z_1)$. Par suite,

$$|f(z_0) - f(z_1)| \leq 2\eta. \tag{2.251}$$

D'une combinaison de (2.250) et (2.251) nous tirons

$$p = d_H(\sigma, \sigma') \leq C_3 \eta^{\frac{\beta}{5}},$$

ce qui achève la démonstration.   □

Preuve de la Proposition 2.98. (les grandes lignes) Nous introduisons dans un premier temps la notion de h-tube. Si $z_0 \in \Sigma$, soit l la bissectrice d'un secteur angulaire S, de sommet z_0 et dont l'angle d'ouverture dépend de M seulement. Des hypothèses faites sur Γ, nous déduisons que $\text{dist}(z, \Gamma) \geq \tilde{M}|z - z_0|$, pour tout $z \in l$, où $\tilde{M} < 1$ est une constante qui ne dépend que de M.

Soit γ une courbe régulière, contenue dans $\Omega \setminus (\sigma \cup \sigma')$, d'extrémité $z_0 \in \sigma$ telle que γ coïncide avec l pour une longueur au moins égale à h. Donc les points de $\gamma \setminus l$ sont à une distance de Γ supérieur ou égale à $\tilde{M}h$. Pour une telle courbe, nous lui associons un h-tube, notée γ_h, comme étant l'ensemble des points $z \in \Omega$ tels que $\mathrm{dist}(z, \gamma) < h$.

Un point est dit h-accessible s'il appartient à la fermeture d'un h-tube contenu dans $\Omega \setminus (\sigma \cup \sigma')$. L'ensemble des points h-accessibles est noté G_h.

Nous appliquons le Théorème 2.91 pour l'intérieur des domaines γ_h pour avoir, avec $\omega = \omega(\Sigma \cap \partial\gamma_h, \gamma_h, \mathcal{L}_A)$,

$$|\Phi(z)| \le C^{1-\omega(z)}(\sqrt{2}\epsilon)^{\omega(z)}, \; z \in \gamma_h$$

et donc

$$|Z(z)| \le C(\frac{\epsilon}{C})^{\omega(z)}, \; z \in \gamma_h.$$

Un point technique important, qui est essentiellement fondé sur l'inégalité de Harnack, consiste à trouver une minoration de ω (voir la preuve du lemme 3.7 de [Al1]). Plus précisément, nous obtenons : si $h_0 > 0$, il existe D, qui ne dépend que des données et de h_0, telle que pour tout $0 < h \le h_0$,

$$|Z(z)| \le C_0(\frac{\epsilon}{C})^{\exp(-\frac{D}{h^2})}, \; z \in G_h. \tag{2.252}$$

Nous allons étendre cette estimation à $\overline{\Omega}$. Si β est la constante de Hölder de v et v', nous posons

$$\eta(h) = h^\beta + (\frac{\epsilon}{C})^{\exp(-\frac{D}{h^2})}. \tag{2.253}$$

Notons $c = v_{|\sigma}$ et $c' = v'_{|\sigma}$ et fixons $0 < h < h_0 = \frac{L}{4}$. Supposons dans un premier temps que $G_h \ne \overline{G}$, où G est la composante connexe de $\overline{\Omega} \setminus (\sigma \cup \sigma')$ contenant Γ. Alors, il existe (d'après le Lemme 3.6 de [Al1]) $w \in G_h \cap \sigma$ et $w' \in G_h \cap \sigma'$ tels que $|w - w'| \le 2h$. Nous avons

$$|c - c'| = |v(w) - v'(w')| \le |v(w) - v(w')| + |Z(w')|.$$

Ceci et (2.252) impliquent

$$|c - c'| \le C\eta(h). \tag{2.254}$$

Soit $Q_h = \Omega \setminus G_h$. Comme $v - c'$ vérifie la même équation que v sur $Q_h \setminus \sigma$, le principe du maximum nous donne

$$\max_{Q_h} |v - c'| \le \max_\sigma |v - c'| + \max_{\partial Q_h} |v - c'|$$
$$\le |c - c'| + \max_{\partial Q_h} |v - c'|.$$

Notons que $\partial Q_h \subset \partial G_h$ et que pour tout $z \in \partial Q_h$, soit $\mathrm{dist}(z, \sigma) \le h$, ou bien $\mathrm{dist}(z, \sigma') \le h$ (car sinon z serait un point de l'intérieur de G_h). Dans chacun des cas, nous avons

$$|v(z) - c'| \le C(h_0)h^\beta + |c - c'|, \text{ pour tout } z \in \partial Q_h.$$

Nous en déduisons

$$\max_{Q_h} |v - c'| \leq C(h_0)h^\beta + 2|c - c'|.$$

De manière similaire, nous avons aussi

$$\max_{Q_h} |v' - c| \leq C(h_0)h^\beta + 2|c - c'|.$$

Par conséquence

$$\max_{Q_h} |Z| \leq 2C(h_0)h^\beta + 5|c - c'|.$$

Cette estimation et (2.254) entrainent

$$\max_{\overline{\Omega}} |Z| \leq C\eta(h). \qquad (2.255)$$

Cette estimation est encore valable quand $G_h = \overline{G}$. En effet, si $Q = \Omega \setminus G$ est vide, alors (2.255) est une conséquence immédiate de (2.252). Sinon, Q est non vide et dans ce cas ∂Q est composé d'arcs dans σ et σ'. Puisque σ et σ' sont simples, il existe au moins $z_0 \in \sigma \cap \sigma' \cap \partial Q$. De la même manière que nous l'avons fait plus haut avec v et v', nous montrons

$$|c - c'| \leq C\eta(h).$$

De même, comme ci-dessus, nous déduisons de cette estimation

$$\max_{\partial Q \cap \sigma} |v' - c|, \; \max_{\partial Q \cap \sigma'} |v - c'| \leq C\eta(h).$$

En utilisant le fait que $v' - c$ (resp. $v - c'$) vérifie la même équation que v' (resp. v) sur $Q \setminus \sigma'$ (resp. $Q \setminus \sigma$), le principe du maximum et (2.255), nous trouvons

$$\begin{aligned}
\max_{\overline{\Omega}} |Z| &\leq \max_{\overline{G}} |Z| + \max_{\overline{Q}} |Z| \\
&\leq \max_{\overline{G}} |Z| + \max_{\overline{Q}} |v' - c| + \max_{\overline{Q}} |v - c'| + |c - c'| \\
&\leq C\eta(h).
\end{aligned}$$

Pour terminer nous allons minimiser dans $\eta(h)$ dans (2.255) par rapport à h. Nous posons

$$h(\epsilon) = \left(\frac{2D}{\ln \ln \frac{C}{\epsilon}} \right)^{\frac{1}{2}}.$$

Si ϵ est assez petit, $0 < \epsilon < \epsilon_1$, $h(\epsilon) \leq h_0$. Nous obtenons, en faisant $h = h(\epsilon)$ dans (2.255),

$$\max_{\overline{\Omega}} |Z| \leq C_1 \left[\left(\ln \ln \frac{C}{\epsilon} \right)^{-\frac{\beta}{2}} + \exp\left(- \left(\ln \frac{C}{\epsilon} \right)^{\frac{1}{2}} \right) \right].$$

Or le second terme du membre de droite est d'ordre plus elevé quand $\epsilon \to 0$. D'où

$$\max_{\overline{\Omega}} |Z| \leq C_2 \Big(\ln \ln \frac{C}{\epsilon} \Big)^{-\frac{\beta}{2}},$$

ce qui termine la preuve. □

Ce sous-paragraphe est préparé à partir de [AR]. Le lecteur trouvera une généralisation aux cas d'un nombre fini de fissures dans la thèse de L. Rondi [Ro1]. Le module de continuité, qui est de type log-log, dans le Théorème 2.92 n'est pas optimal dans le cas d'une fissure qui a une régularité meilleure que Lipschitz. L. Rondi a établi dans [Ro2] un résultat de stabilité avec un module de continuité de type log, pour une fissure (ou un nombre fini de fissures) de classe $C^{1,\alpha}$.

2.6.3 Points conductifs et points de capacité

Soit Ω un ouvert borné de $\mathbb{R}^n$. Comme dans [BB], pour $F \subset \overline{\Omega}$, nous définissons

$$H^1_{cond,F}(\Omega) = \overline{\{u \in H^1(\Omega); \text{ il existe } \epsilon > 0, \ \nabla u = 0 \text{ p.p. dans } F^\epsilon \cap \Omega\}}^{H^1(\Omega)},$$

où, pour $\epsilon > 0$, $F^\epsilon = \cup_{x \in F} B_\epsilon(x)$.

Soit U un ouvert de Ω. Nous dirons que $x \in \partial U$ est conductif pour U si pour tout $r > 0$ et pour toute fonction $\varphi \in C(\overline{U}) \cap H^1_{cond,\partial U \cap B_r(x)}(\Omega)$

$$\liminf_{y \in \partial U, y \to x} \frac{|\varphi(y) - \varphi(x)|}{|y - x|} = 0.$$

Lemme 2.101. *Soient K un compact de Ω tel que $\Omega \setminus K$ est connexe. Alors pour tout $x \in \partial(\Omega \setminus K)$, pour lequel il existe un continuum de diamètre positif U_x tel que $x \in U_x \subset K$, est un point conductif pour $\Omega \setminus K$.*

Ce lemme nous dit qu'en particulier, si K est un continuum de diamètre positif alors tout point de $\partial(\Omega \setminus K)$ est conductif. Aussi, si K est un compact ayant un nombre fini de composantes connexes, alors $\Omega \setminus K$ est conductif quasi-partout en les points de sa frontière (à l'exeption de ces points isolés).

Nous donnons l'exemple d'un point non conductif quand $\Omega = [-2, 2] \times [-2, 2]$. Si

$$K = \{(0,0)\} \cup \Big(\cup_{n \geq 1} \Big(\frac{1}{n} \times \Big[0, \frac{1}{n} \Big] \Big) \Big),$$

alors $(0,0)$ n'est pas un point conductif pour $\Omega \setminus K$ (voir [BB] pour une preuve).

Rappelons que la capacité d'un ensemble $E \subset \mathbb{R}^2$ est donnée par

$$\text{cap}(E) = \inf \{ \int_{\mathbb{R}^2} |\nabla \varphi|^2 + |u|^2; \ \varphi \in \mathcal{U}_E \},$$

où $\mathcal{U}_E$ est l'ensemble de toutes les fonctions $\varphi \in \mathcal{D}(\mathbb{R}^2)$, $\varphi \geq 1$ dans un voisinage de E.

Soit K un compact de Ω. Un point $x \in K$ est un point de capacité pour K si pour tout $r > 0$, $\mathrm{cap}(B_r(x) \cap K) > 0$.

Nous avons

Lemme 2.102. K^*, *l'ensemble des points de capcités d'un compact K, est compact et $cap(K \setminus K^*) = 0$.*

Il existe des points conductifs qui ne sont pas contenus dans un continuum de capacité positive. En voici un exemple : soient $\Omega = [-2, 2] \times [-2, 2]$ et

$$K = \{(0,0)\} \cup \left(\cup_{n \geq 1} \left(\{b_n\} \times \left[0, \frac{1}{n}\right] \right) \right),$$

où, $b_n = \sum_{k \geq n} \frac{1}{k^2(k+1)^2}$. Nous pouvons démontrer (voir [BB] pour les détails) que $(0, 0)$ est un point conductif de $\Omega \setminus K$ qui n'est pas contenu dans un continuum de K de capacité positive.

2.6.4 Unicité de la détermination de fissures irrégulières

Soit Ω un ouvert borné de $\mathbb{R}^2$. Nous posons

$$\mathcal{L}^{1,2}(\Omega) = \{\varphi \in L^2(\Omega);\ \nabla\varphi \in L^2(\Omega)^2\}$$

et nous introduisons la relation d'équivalence

$$\varphi\mathcal{R}\phi \text{ si } \int_\Omega |\nabla(\varphi - \phi)|^2 dx = 0.$$

Nous définissons l'espace de Deny-Lions $L^{1,2}(\Omega) = \mathcal{L}^{1,2}(\Omega)/\mathcal{R}$. C'est un espace de Hilbert pour le produit scalaire

$$(\varphi, \phi) = \int_\Omega \nabla\varphi \cdot \nabla\phi dx.$$

Si Ω est un ouvert de frontière lipschitzienne, $L^{1,2}(\Omega) = H^1(\Omega)$. Mais il peut arriver, pour un Ω non régulier, que $H^1(\Omega)$ soit inclus strictement dans $L^{1,2}(\Omega)$.

Pour $K \subset \Omega$ compact, nous considérons le problème aux limites

$$\begin{cases} \Delta u = 0, & \text{dans } \Omega \setminus K, \\ \partial_\nu u = 0, & \text{sur } \partial K, \\ \partial_\nu u = \psi, & \text{sur } \Gamma = \partial\Omega, \end{cases} \tag{2.256}$$

où $\psi \in L^2(\Gamma)$ vérifie $\int_\Omega \psi = 0$.

De manière tout à fait standard (formulation variationnelle et application du théorème de Lax-Milgram), il n'est difficile de démontrer que (2.257) admet une unique solution $u_{\psi,K} \in L^{1,2}(\Omega \setminus K)$, qui est solution du problème de minimisation

$$\min_{\varphi \in L^{1,2}(\Omega \setminus K)} \left[\int_\Omega |\nabla \varphi|^2 dx - \int_\Gamma \varphi \psi \right].$$

D'après une version un peu plus général du Théorème 2.87 (voir [BrV] ou [ADiV]), $u_{\psi,\overline{K}^\epsilon}$ admet une fonction courant associée. Ceci et la

Proposition 2.103. $\nabla u_{\psi,\overline{K}^\epsilon} \chi_{\Omega \setminus \overline{K}^\epsilon} \to \nabla u_{\psi,K} \chi_{\Omega \setminus K}$ *dans* $L^2(\Omega)^2$ *quand* $\epsilon \to 0$.

impliquent que $u_{\psi,K}$ admet une fonction courant associée (qui est en l'occurrence une conjuguée harmonique), que nous notons $v_{\Psi,K}$ (une démontration de la Proposition 2.103 est donnée dans [BB]), avec Ψ une primitive de ψ, considérée comme fonction de l'abscisse curviligne. Nous laissons au lecteur le soin de vérifier que $v_{\Psi,K}$ est solution du problème de minimisation

$$\min\{\int_\Omega |\nabla \varphi|^2; \ \varphi \in H_{\mathrm{cond},K}(\Omega), \ \varphi = \Psi \text{ sur } \Gamma\}.$$

Nous énonçons maintenant le résultat principal de ce sous-paragraphe. Nous supposons que ψ_1 et ψ_2 sont comme dans le sous-paragraphe 2.6.2 : nous décomposons Γ en trois arcs simples γ_0, γ_1 et γ_2, dont les intersections, deux à deux, des intérieurs sont vides. Fixons trois fonctions η_0, η_1 et η_2 dans $L^2(\Gamma)$ telles que, pour $j = 0, 1, 2$,

$$\eta_j \geq 0, \ \mathrm{supp}(\eta_j) \subset \gamma_j$$

et posons

$$\psi_1 = \eta_0 - \eta_1, \ \psi_2 = \eta_0 - \eta_2.$$

Nous avons donc

$$\int_{\partial\Omega} \psi_j = 0, \ j = 1, 2.$$

Pour $j = 1, 2$, Ψ_j désignera une primitive de ψ_j par rapport à la variable curviligne (noter que Ψ_1 et Ψ_2 ne sont définies qu'à une constante additive près).

Dans ce qui suit, pour simplifier les notations, nous posons

$$u_i = u_{\psi_i,K}, \ \tilde{u}_i = u_{\psi_i,\tilde{K}}, \ v_i = v_{\Psi_i,K} \text{ et } \tilde{v}_i = v_{\Psi_i,\tilde{K}} \ i = 1, 2.$$

Théorème 2.104. *Soient K et $\tilde{K}$ deux compacts de Ω tels que $\Omega \setminus K$ et $\Omega \setminus \tilde{K}$ sont connexes. Supposons que $u_{\psi_i,K} = u_{\psi_i,\tilde{K}}$ sur Γ, $j = 1, 2$ et que $\Omega \setminus K$, $\Omega \setminus \tilde{K}$ sont conductifs q.p. sur leur frontière. Alors $K = \tilde{K}$ q.p..*

Preuve. Nous raisonnons par l'absurde. Plus précisément, nous montrons que si $K \neq \tilde{K}$ alors il existe deux réels α et β, avec $\alpha^2 + \beta^2 = 1$, tels que $f = \alpha(u_1 + iv_1) + \beta(u_2 + iv_2)$ admet un point critique géométrique dans $\Omega \setminus K$. Mais vu les hypothèses faites sur les ψ_i, ceci est en contradiction avec le fait que f n'a pas de points critiques dans $\Omega \setminus K$[5].

Soit G la composante connexe de $\Omega \setminus (K \cup \tilde{K})$ telle que $\partial G \supset \partial \Omega$. D'après le Corollaire 1.38 (l'unicité du prolongement), $u_j = \tilde{u}_j$, $j = 1, 2$ sur G.

Maintenant, la difficulté est de propager l'information de G à $\Omega \setminus (K \cup \tilde{K})$.

Supposons que $\Omega \setminus K \neq \Omega \setminus \tilde{K}$, par exemple $\Omega \setminus K \not\subset \Omega \setminus \tilde{K}$. Il existe alors $x \in \Omega \setminus K$ tel que $x \notin \Omega \setminus \tilde{K}$, c'est-à-dire $x \in \tilde{K}$ et $x \in \Omega \setminus K$. Comme $\Omega \setminus K$ est connexe et Γ est régulier, il existe une courbe $\gamma : [0, 1] \to \overline{\Omega} \setminus K$ telle que $\gamma(0) = x$, $\gamma((0, 1)) \subset \Omega$ et $\gamma(1) \in \Gamma$. Soit $x_0 = \gamma(t_0)$, où

$$t_0 = \sup\{t \in [0, 1]; \ \gamma(t) \in \tilde{K}\}.$$

Clairement $x_0 \in \partial\tilde{K} \cap \partial G$. Puisque $x_0 \notin K$, il existe $B_r(x_0)$ telle que $B_r(x_0) \cap K = \emptyset$.

Pour poursuivre la preuve, nous avons besoin du

Lemme 2.105. *Pour tout $\delta > 0$, G a un point conductif sur $\partial G \cap \partial B_\delta(x_0)$.*

Nous donnons la preuve de ce lemme après celle du Théorème 2.104.

Soit $x^* \in \partial G \cap B_r(x_0)$ un point conductif donné par le dernier lemme. Quitte à faire une translation par une constante, nous pouvons supposer que $u_j(x_0) = v_j(x_0) = 0$, $j = 1, 2$. La fonction $|\tilde{v}_1| + |\tilde{v}_2|$ appartient à $H^1_{\text{cond}, \tilde{K}}(\Omega)$ et est égale à $|v_1| + |v_2|$ dans Ω. Cette dernière étant continue dans un voisinage de x^*, nous pouvons appliquer la propriété de conductivité de $|v_1| + |v_2|$ en x^*. Il existe donc (x_n) une suite de points de ∂G qui converge vers x^* et

$$\lim_{n \to +\infty} \frac{|v_1(x_n)| + |v_2(x_n)|}{|x_n - x^*|} = 0.$$

Par suite,

$$\lim_{n \to +\infty} \frac{v_j(x_n)}{|x_n - x^*|} = 0, \ j = 1, 2. \tag{2.257}$$

Pour chaque n, nous choisissons α_n et β_n telles que $\alpha_n^2 + \beta_n^2 = 1$ et

$$\alpha_n u_1(x_n) + \beta_n u_2(x_n) = 0. \tag{2.258}$$

---

[5] La démonstration de ce fait est comme suit : on montre d'abord que f n'a pas de points critiques sur $\Omega \setminus K^\epsilon$. Ensuite un résultat de continuité des points critiques (Proposition 2.6 de [AM2]) permet d'affirmer que f n'a pas de points critiques dans $\Omega \setminus K$.

En extrayant si nécessaire une sous-suite, nous supposons que α_n et β_n convergent respectivement vers α^* et β^*. Posons

$$f_n = \alpha_n(u_1 + iv_1) + \beta_n(u_2 + iv_2)$$

et

$$f^* = \alpha^*(u_1 + iv_1) + \beta^*(u_2 + iv_2).$$

De (2.257) et (2.258), nous tirons

$$\lim_{n \to +\infty} \frac{f_n(x_n) - f_n(x^*)}{|x_n - x^*|} = 0, \; j = 1, 2.$$

Il en résulte

$$\lim_{n \to +\infty} \frac{f^*(x_n) - f^*(x^*)}{|x_n - x^*|} = \lim_{n \to +\infty} \frac{f_n(x_n) - f_n(x^*)}{|x_n - x^*|}$$

$$= -\lim_{n \to +\infty} (\alpha_n - \alpha^*) \frac{u_1(x_n) + iv_1(x^*)}{|x_n - x^*|}$$

$$- \lim_{n \to +\infty} (\beta_n - \beta^*) \frac{u_2(x_n) + iv_2(x^*)}{|x_n - x^*|} = 0,$$

où nous avons utilisé

$$\lim_{n \to +\infty} (\alpha_n - \alpha^*) \frac{u_1(x_n) + iv_1(x^*)}{|x_n - x^*|} = \lim_{n \to +\infty} (\beta_n - \beta^*) \frac{u_2(x_n) + iv_2(x^*)}{|x_n - x^*|} = 0$$

car $u_j + iv_j$, $j = 1, 2$, est holomorphe dans un voisinage de x^* (noter que $(u_j + iv_j)(x_0) = 0$, $j = 1, 2$). En d'autres termes, f^* admet en x^* un point critique géométrique, ce qui termine la preuve.   □

Preuve du Lemme 2.105. Pour $\epsilon > 0$, soit V_ϵ un ouvert polygonal tel que

$$\tilde{K}^{\frac{\epsilon}{2}} \subset V_\epsilon \subset \tilde{K}^\epsilon.$$

Soit U_ϵ la composante connexe de V_ϵ contenant x_0. Choisissons alors une suite (ϵ_n) convergeant vers 0 telle que $\epsilon_{n+1} < \frac{\epsilon_n}{2}$. Donc $U_{\epsilon_{n+1}} \subset U_{\epsilon_n}$.

Nous considérons séparément les cas (a) diam$(U_\epsilon) \to 0$ et (b) diam$(U_\epsilon) \to \eta > 0$.

Pour le cas (a), nous avons $U_{\epsilon_n} \subset B_{\frac{r}{2}}$ pour n assez grand. Soit A_n la composante connexe de $\Omega \setminus \overline{U}_{\epsilon_n}$ telle que $\Gamma \subset \partial A_n$, et $P_n = \partial A_n \setminus \Gamma$. P_n est donc une courbe de Jordan polygonale qui sépare Ω en deux régions. Notons que $P_n \subset \Omega \setminus (K \cup \tilde{K})$ car $P_n \cap K = \emptyset$ ($P_n \subset B_{\frac{r}{2}}(x_0)$) et $P_n \cap \tilde{K} = \emptyset$ ($P_n \subset \partial U_{\epsilon_n}$ et $d(\partial U_{\epsilon_n}, \tilde{K}) = \frac{\epsilon_n}{2}$). Comme P_n intersecte γ et que γ est dans G, la connexité de G implique que P_n est entièrement dans G. Par suite, pour ρ assez petit, nous avons

$$G \cap B_\rho(x_0) = (\Omega \setminus \tilde{K}) \cap B_\rho(x_0)$$

et

$$\partial G \cap B_\rho(x_0) = \partial(\Omega \setminus \tilde{K}) \cap B_\rho(x_0).$$

Si x_0 est lui même un point conductif, la preuve est terminée. Sinon, x_0 étant un point de capacité pour ∂G (voir [Bu]) et puisque l'ensemble des points de ∂G qui ne sont pas conductifs est de capacité zéro par hypothèse, $\partial G \cap B_\rho(x_0)$ contient un point conductif (noter que, localement, ∂G coïncide avec $\partial(\Omega \setminus \tilde{K})$).

Pour le cas (b), puisque $\mathrm{diam}(U_\epsilon) \to \eta > 0$, $\cap_n U_{\epsilon_n} = C$, où C est un continuum tel que $x_0 \in C \subset \tilde{K}$ et $\mathrm{diam}(C) = \eta$. Pour $0 < \rho < \frac{\eta}{2}$, nous avons alors $C \cap \partial B_\rho(x_0) \neq \emptyset$. Soit de nouveau A_n la composante connexe de $\Omega \setminus \overline{U}_{\epsilon_n}$ telle que $\partial \Omega \subset \partial A_n$, et $P_n = \partial A_n \setminus \partial \Omega$. Donc P_n est une courbe de jordan polygonale vérifiant $P_n \cap \tilde{K} = \emptyset$. Soit $z_n = \gamma(t_n)$, avec

$$t_n = \min\{t \in [0,1];\ \gamma(t) \in P_n\}.$$

La suite (z_n) est bien définie et converge vers x_0.

Comme l'intérieur de P_n contient le continuum C, que $P_n \cap \tilde{K} = \emptyset$ et que $(P_n \cap B_\rho(x_0)) \cap K = \emptyset$, il existe F_n, une composante connexe de P_n, passant par z_n, contenue dans G et qui coupe $\partial B_\rho(x_0)$ au moins en deux points. Au sens de la distance de Hausdorff, F_n converge vers un continuum F qui contient x_0 et est contenue dans la frontière de G. D'après le Lemme 2.101, x_0 est un point conductif pour G. $\square$

Problèmes inverses paraboliques

3.1 Identification d'un coefficient ou d'une nonlinéarité : méthodes fondées sur le principe du maximum

3.1.1 Identification d'un coefficient : existence

Nous considérons le problème inverse qui consiste à déterminer le coefficient de plus bas degré, d'une équation parabolique, à partir de la donnée finale.

Soit Ω un domaine borné de $\mathbb{R}^n$ de classe $C^{2,\alpha}$, $0 < \alpha < 1$, et de frontière Γ. Notons

$$Q = \Omega \times (0,T), \quad \Sigma_0 = \overline{\Omega} \times \{0\}, \quad \Sigma = \Gamma \times [0,T],$$

où $T > 0$ est un réel donné.

Nous nous donnons $g \in C^{2+\alpha,1+\frac{\alpha}{2}}(\Sigma)$ telle que $\partial_t g \in C^{2+\alpha,1+\frac{\alpha}{2}}(\Sigma)$, $g(\cdot,T) > 0$ et

$$g(.,0) = \partial_t g(.,0) = \partial_t^2 g(\cdot,0) = 0, \quad \partial_t g \geq 0. \tag{3.1}$$

Nous introduisons le problème aux limites

$$\begin{cases} \partial_t u - \Delta u + q(x)u = 0, & \text{dans } \overline{Q}, \\ u = 0, & \text{sur } \Sigma_0, \\ u = g, & \text{sur } \Sigma. \end{cases} \tag{3.2}$$

D'après le Théorème 1.40, nous savons que si $q \in C^\alpha(\overline{\Omega})$ alors le problème aux limites (3.2) a une unique solution $u = u(q) \in C^{2+\alpha,1+\frac{\alpha}{2}}(\overline{Q})$. D'autre part, comme $\partial_t u(q)$ est la solution de (3.2) avec $\partial_t g$ à la place de g, $\partial_t u(q)$ est aussi dans $C^{2+\alpha,1+\frac{\alpha}{2}}(\overline{Q})$, de nouveau par le Théorème 1.40.

Soit $\Sigma_T = \Gamma \times \{T\}$. Dans ce sous-paragraphe nous montrons le

M. Choulli, *Une Introduction aux Problèmes Invereses Elliptiques et Paraboliques*, Mathématiques et Applications 65. DOI: 10.1007/978-3-642-02460-3_3, © Springer -Verlag Berlin Heidelberg 2009

Théorème 3.1. *Soit $h \in C^{2+\alpha}(\overline{\Omega})$ une fonction telle que*

$$h > 0 \text{ dans } \overline{\Omega}, \quad h = g \text{ sur } \Sigma_T, \quad -\Delta h + \partial_t u(0)(.,T) \leq 0.$$

Alors il existe $q \in C^\alpha(\overline{\Omega})$ pour lequel

$$u(q)(.,T) = h.$$

Preuve. Nous définissons deux suites (q^k) et (u^k) comme suit

$$q^0 = 0, \quad u^k = u(q^{k-1}), \quad q^k = \frac{\Delta h - \partial_t u^k(.,T)}{h}, \; k \geq 1.$$

Soit $v^k = u^{k+1} - u^k$, $k \geq 0$. Nous vérifions sans peine que v^k est la solution du problème aux limites

$$\begin{cases} \partial_t v - \Delta v + q^k v = (q^{k-1} - q^k)u^k, & \text{dans } Q, \\ v = 0, & \text{sur } \Sigma_0 \cup \Sigma. \end{cases}$$

Par le Corollaire 1.46 (principe du maximum), $u^k \geq 0$ et $\partial_t u^k \geq 0$. Toujours d'après le Corollaire 1.46 (principe du maximum), nous utilisons le fait que $q^0 - q^1 = -q^1 \leq 0$ pour déduire que $v^0 \leq 0$ et $\partial_t v^0 \leq 0$. Il s'ensuit que $q^1 - q^2 \leq 0$. Nous répétons cet argument pour conclure, par récurrence sur n, que les suites (u^k), $(\partial_t u^k)$ sont décroissantes et que la suite (q^k) est croissante. Il s'ensuit que les suites (u^k), $(\partial_t u^k)$ et (q^k) sont bornées dans $L^\infty(Q)$.

Soit $G \in C^{2+\alpha,1+\frac{\alpha}{2}}(\overline{Q})$ la solution du problème aux limites

$$\begin{cases} \partial_t G - \Delta G = 0, & \text{dans } Q, \\ G = 0, & \text{sur } \Sigma_0, \\ G = g, & \text{sur } \Sigma. \end{cases}$$

Alors il est facile de voir que $u^k = G + w^k$, où w^k est la solution du problème aux limites

$$\begin{cases} \partial_t w - \Delta w = -q^{k-1}u^k, & \text{dans } Q, \\ w = 0, & \text{sur } \Sigma_0, \\ w = 0, & \text{sur } \Sigma. \end{cases}$$

Nous posons $p = \frac{n}{1-\alpha}$. Comme les suites $(q^{k-1}u^k)$ et $(q^{k-1}\partial_t u^k)$ sont bornées dans $L^p(Q)$, les suites (w^k) et $(\partial_t w^k)$ sont bornées dans $W^{2,p}(Q)$ (voir le Théorème 1.44). Donc la suite (u^k) est aussi bornée dans $W^{2,p}(Q)$. Notre choix de p fait que $W^{2,p}(Q)$ s'injecte continûment dans $C^{1,\alpha}(\overline{Q})$ (voir le Thèorème 1.16). Nous en déduisons que (u^k) reste bornée dans $C^{1,\alpha}(\overline{Q})$. En particulier, $(\partial_t u^k)$ est bornée dans $C^\alpha(\overline{Q})$ et donc (q^k) est bornée dans $C^\alpha(\overline{\Omega})$. Ceci et le Théorème 1.40 impliquent que (u^k) est bornée dans $C^{2+\alpha,1+\frac{\alpha}{2}}(\overline{Q})$. D'autre part, les injections $C^\alpha(\overline{\Omega}) \hookrightarrow C^0(\overline{\Omega})$ et $C^{2+\alpha,1+\frac{\alpha}{2}}(\overline{Q}) \hookrightarrow C^{2,1}(\overline{Q})$ étant compactes[1], les suites (q^k) et (u^k) étant monotones,

---

[1] Ceci se démontre facilement en utilisant le théorème de compacité d'Ascoli.

$$q^k \to q \text{ dans } C^\alpha(\overline{\Omega}), \quad u^k \to u \text{ dans } C^{2+\alpha, 1+\frac{\alpha}{2}}(\overline{Q}).$$

Par passage à la limite dans (3.2), nous trouvons que $u = u(q)$, et par suite

$$q^k = \frac{\Delta h - \partial_t u^k(., T)}{h} \to \frac{\Delta h - \partial_t u(., T)}{h}$$
$$= \frac{\Delta h - \partial_t u(q)(., T)}{h} = q. \qquad (3.3)$$

Nous utilisons ensuite le fait que $\partial_t u(q)(., T) = \Delta u(q)(., T) - q u(q)(., T)$ et la dernière équation de (3.3) pour déduire que $y = u(q)(., T) - h$ satisfait à

$$-\Delta y + q y = 0 \text{ dans } \Omega.$$

Mais $y = 0$ sur Γ (résulte de la condition de compatibilité $h = g$ sur Σ_T) et 0 n'est pas une valeur propre de $-\Delta + q$ avec une condition de Dirichlet sur le bord (notons que q est positive). D'où y est identiquement nulle. C'est-à-dire $u(q)(., T) = h$. $\qquad \square$

Le Théorème 3.1 est dû à V. Isakov [Isa1].

3.1.2 Unicité de la détermination d'un terme nonlinéaire

Nous étudions le problème inverse dans lequel nous essayons de déterminer un terme nonlinéaire, dans une équation parabolique, à partir d'une donnée frontière.

Dans ce sous-paragraphe, Ω est un domaine de $\mathbb{R}^n$ de classe C^1 au moins et de frontière Γ. Soit $T > 0$ est un réel donné et posons

$$D = \Omega \times (0, T], \quad \Sigma_0 = \overline{\Omega} \times \{0\} \quad \Sigma = \Gamma \times [0, T].$$

Soit $\varphi \in C(\Gamma \times [0, T])$ positive, non identiquement nulle et vérifiant $\varphi(\cdot, 0) = 0$. Pour $0 \le f \in C(\mathbf{R})$, nous notons par $u_f \in C(\overline{D}) \cap C^{2,1}(D)$ la solution, quand elle existe, de l'équation

$$\begin{cases} \Delta u - \partial_t u = f(u), & \text{dans } D, \\ u = 0, & \text{sur } \Sigma_0, \\ u = \varphi, & \text{sur } \Sigma. \end{cases}$$

Nous nous proposons de démontrer le résultat suivant :

Théorème 3.2. *Nous posons*

$$M = \max_\Sigma \varphi$$

et nous supposons que $0 \le f, g \in C^1(\mathbf{R})$ sont telles que $f(0) = g(0) = 0$ et u_f, u_g existent. Si $f - g$ ne change de signe qu'un nombre fini de fois sur $[0, M]$ et si $\partial_\nu u_f = \partial_\nu u_g$ sur Σ alors $f = g$ sur $[0, M]$.

Nous montrons d'abord un lemme.

Lemme 3.3. *Soit* $0 \leq f \in C^1(\mathbf{R})$ *telle que* $f(0) = 0$ *et* u_f *existe. Alors*

(i) $0 \leq u_f$,

(ii) Pour tout $t > 0$, $\max_{\overline{\Omega} \times [0,t]} u_f = \max_{\Gamma \times [0,t]} \varphi$,

(iii) Pour tout $0 < m \leq M$, *il existe* T_m, $0 < T_m \leq T$ *tel que* $u_f(\overline{\Omega} \times [0, T_m]) = [0, m]$.

Preuve. (i) Nous écrivons $\Delta u_f - \partial_t u_f = f(u_f)$ sous la forme

$$\Delta u_f - \partial_t u_f + c u_f = 0,$$

où

$$c(x,t) = -\int_0^1 f'(\tau u_f(x,t)) d\tau.$$

Soit λ une constante réelle telle que $\lambda + c \leq 0$. Alors $v = e^{\lambda t} u_f$ vérifie

$$\Delta v - \partial_t v + (\lambda + c)v = 0 \text{ dans } Q.$$

Nous appliquons le Corollaire 1.46 (principe du maximum) pour avoir

$$\min_{\overline{D}} v = \min_{\Sigma \cup \Sigma_0} v.$$

Il s'ensuit $u_f \geq 0$.

(ii) Comme $\Delta u_f - \partial_t u_f = f(u_f) \geq 0$ sur $\overline{\Omega} \times [0, t]$, nous avons

$$\max_{\overline{\Omega} \times [0,t]} u_f = \max_{\Gamma \times [0,t]} \varphi,$$

par le principe du maximum faible.

(iii) Soit $0 < m \leq M$. Puisque $t \to \max_{\Gamma \times [0,t]} \varphi$ est continue, il existe T_m tel que $\max_{\Gamma \times [0,T_m]} \varphi = m$. Or $u_f(\overline{\Omega} \times [0, T_m])$ est un intervalle contenant 0. D'où $u_f(\overline{\Omega} \times [0, T_m]) = [0, m]$ par (ii). $\qquad\square$

Preuve du Théorème 3.2. Soient $0 \leq f, g \in C^1(\mathbf{R})$ telles que $f(0) = g(0) = 0$, u_f, u_g existent, $f - g$ ne change de signe qu'un nombre fini de fois sur $[0, M]$ et $\partial_\nu u_f = \partial_\nu u_g$ sur Σ. Faisons alors l'hypothèse que $f - g \neq 0$ sur $[0, M]$. Il existe alors $0 < m \leq M$ tel que $h = f - g$ a un signe constant sur $[0, m]$ et h non identiquement nulle sur $[0, m]$. Quitte à intervertir les rôles de f et g, nous supposons que h est positive sur $[0, m]$.

Notons $u = u_f - u_g$. Nous vérifions aisément que u est solution de l'équation

$$\begin{cases} \Delta u - \partial_t u + cu = F, & \text{dans } D, \\ u = 0, & \text{sur } \Sigma \cup \Sigma_0, \end{cases}$$

où $F(x,t) = h(u_g(x,t))$ et

$$c(x,t) = - \int_0^1 f'(u_g(x,t) + \tau[u_f(x,t) - u_g(x,t)])d\tau.$$

Comme $u = 0$ sur $\Sigma \cup \Sigma_0$, nous pouvons toujours supposer que $c \leq 0$ (pour λ une constante telle que $\lambda + c \leq 0$, $v = e^{\lambda t}u$ vérifie une équation similaire à celle satisfaite par u, ce qui permet de se ramener au cas $c \leq 0$ et $\max u \geq 0$).

D'après le lemme précédent, il existe $0 < T_m \leq T$ tel que $u_g(\overline{\Omega} \times [0, T_m]) = [0, m]$. Par suite, F est positive et non identiquement égale à 0 sur $\overline{\Omega} \times [0, T_m]$. En particulier, u est non constante sur $\overline{\Omega} \times [0, T_m]$.

Notons
$$T^* = \sup\{T_0 \in [0, T_m]; \ u \equiv 0 \text{ sur } \overline{\Omega} \times [0, T_0]\}.$$

Clairement, $T^* < T_m$ puisque u est non constante sur $\overline{\Omega} \times [0, T_m]$ et par continuité de u, $u = 0$ sur $\overline{\Omega} \times [0, T^*]$.

Nous affirmons que u ne peut pas atteindre son maximum, égal à M^*, sur $\overline{\Omega} \times [T^*, T_m]$ en un point de $\Omega \times]T^*, T_m]$. En effet, s'il existait $(x_0, t_0) \in \Omega \times]T^*, T_m]$ tel que $u(x_0, t_0) = M^*$, nous aurions u constante sur $\overline{\Omega} \times [T^*, t_0]$ par le Théorème 1.47 (principe du maximum fort). Donc u serait nulle sur $\overline{\Omega} \times [T^*, t_0]$ puisque $u(\cdot, T^*) = 0$. Mais ceci contredit la définition de T^*. Nous en déduisons que $u < 0$ sur $\Omega \times]T^*, T_m]$. Or $u = 0$ sur $\Sigma \cup \Sigma_0$. Donc u atteint son maximum sur $\overline{\Omega} \times [T^*, T_m]$ en tout point de $\Gamma \times]T^*, T_m]$. Par suite, $\partial_\nu u > 0$ sur $\Gamma \times]T^*, T_m]$ par la Proposition 1.48. Ceci est en contradiction avec l'hypothèse de départ, à savoir $\partial_\nu u = 0$ sur Σ.   □

Le résultat de ce paragraphe provient de M. Choulli et A. Zeghal [CZ] (voir aussi P. DuChateau et W. Rundell [DR], A. Lorenzi [Lo] et N. V. Muzylev [Mu] pour des résultats voisins). Des résultats récents concernant la stabilité pour le problème inverse que nous venons d'étudier, ont été établis par M. Choulli et M. Yamamoto [CY2], M. Choulli, E. Ouhabaz et M. Yamamoto [COY]. Nous exposerons les résultats de stabilité de [COY] au paragraphe 3.7. Des arguments similaires à ceux que nous avons développé ici permettent d'obtenir un résultat d'unicité pour un problème inverse qui consiste à la détermination d'une nonlinéarité frontière dans une équation parabolique (voir M. Choulli [Ch4]).

3.2 Détermination d'un coefficient ou d'une source : méthode d'inégalités de Carleman

3.2.1 Inégalité de Carleman

Dans ce sous-paragraphe, Ω est un ouvert borné de $\mathbb{R}^n$ de classe C^4 et de frontière Γ^2. Pour $T > 0$ donné, nous posons

---

[2] Notre hypothèse Ω de classe C^4 n'est pas optimale. En fait la régularité C^2 suffit (voir [Fe] par exemple).

$$Q = \Omega \times (0, T), \quad \Sigma = \Gamma \times (0, T).$$

Soient g, P_0 et P définies comme ci-dessous :

$$g(t) = \frac{1}{t(T - t)}, \quad P_0 u = \partial_t u - \Delta u, \quad P u = P_0 u + A \cdot \nabla u + bu,$$

avec $A \in L^\infty(\Omega)^n$ et $b \in L^\infty(\Omega)$.

Soit γ une partie fermée de Γ, d'intérieur non vide. Nous supposons qu'il existe une fonction $\psi \in C^4(\mathbb{R}^n)$ vérifiant

(i) $\psi(x) > 0$ dans $\overline{\Omega}$,

(ii) il existe $\alpha > 0$ tel que $|\nabla \psi(x)| \geq \alpha$, pour tout $x \in \overline{\Omega}$,

(iii) $\partial_\nu \psi \leq 0$ sur $\Gamma \backslash \gamma$.

Pour la preuve de l'existence d'une telle fonction, nous renvoyons à [FI] (voir aussi [CIK]).

Nous introduisons alors la fonction

$$\varphi = \varphi(x, t) = g(t)(e^{\rho \psi(x)} - e^{2\rho \|\psi\|_\infty}), \ \rho > 0. \tag{3.4}$$

Nous énonçons le résultat que nous nous proposons de démontrer.

Théorème 3.4. *Il existe trois constantes positives C, ρ et λ_0, qui dépendent de α, Ω, γ, T, $\|A\|_{L^\infty(\Omega)^n}$ et $\|b\|_{L^\infty(\Omega)}$, telles que*

$$\int_Q e^{2\lambda \varphi} \Big[(\lambda g)^{-1} (\Delta u)^2 + (\lambda g)^{-1} (\partial_t u)^2 + (\lambda g) |\nabla u|^2 + (\lambda g)^3 u^2 \Big] dx dt$$

$$\leq C \Big(\int_Q e^{2\lambda \varphi} (P u)^2 dx dt + \int_{\gamma \times (0, T)} e^{2\lambda \varphi} (\lambda g)(\partial_\nu u)^2 d\sigma dt \Big),$$

pour $\lambda \geq \lambda_0$ et $u \in C^{2,1}(\overline{Q})$, $u = 0$ sur Σ.

Preuve. Vu l'inégalité

$$\int_Q e^{2\lambda \varphi} (P u)^2 \geq \frac{1}{2} \int_Q e^{2\lambda \varphi} (P_0 u)^2 - K(\int_Q e^{2\lambda \varphi} [|\nabla u|^2 + u^2],$$

où K est une constante qui dépend de $\|A\|_{L^\infty(\Omega)^n}$ et $\|b\|_{L^\infty(\Omega)}$, et puisque

$$(\lambda g)^p - K \geq \frac{(\lambda g)^p}{2} \ p = 1, \ 3,$$

pour λ assez grand, il suffit de démontrer le théorème avec P_0 à la place de P.

Dans toute la démonstration, les C_i désignent des constantes génériques qui ne dépendent que de Ω, α, γ et T.

Soit $u \in C^{2,1}(\overline{Q})$, $u = 0$ sur Σ. Si $v = e^{\lambda\varphi}u$ alors

$$e^{2\lambda\varphi}(P_0 u)^2 = [e^{\lambda\varphi} P_0 e^{-\lambda\varphi} v]^2.$$

Ceci suggère d'introduire l'opérateur $L_\lambda = e^{\lambda\varphi} P_0 e^{-\lambda\varphi}$. Nous vérifions sans peine que

$$L_\lambda = \partial_t - \Delta + 2\lambda\nabla\varphi \cdot \nabla + \lambda\Delta\varphi - \lambda\partial_t\varphi - \lambda^2 |\nabla\varphi|^2$$

et que les parties auto-adjointe et anti-adjointe de L_λ sont respectivement

$$L_\lambda^+ = -\Delta - \lambda\partial_t\varphi - \lambda^2 |\nabla\varphi|^2,$$
$$L_\lambda^- = \partial_t + 2\lambda\nabla\varphi \cdot \nabla + \lambda\Delta\varphi.$$

En utilisant le fait que $v = 0$ sur ∂Q et en faisant des intégrations par parties, nous trouvons, après des calculs longs mais simples,

$$\int_Q L_\lambda^+ v L_\lambda^- v \, dx dt = 2\lambda \int_Q \mathcal{H}(\varphi)\nabla v \cdot \nabla v \, dx dt - \lambda \int_\Sigma \partial_\nu\varphi(\partial_\nu v)^2 d\sigma dt$$

$$+ \lambda^3 \int_Q (\nabla(|\nabla\varphi|^2) \cdot \nabla\varphi)v^2 dx dt$$

$$+ \lambda^2 \int_Q \partial_t(|\nabla\varphi|^2)v^2 dx dt$$

$$+ \lambda \int_Q [\partial_t^2\varphi - \Delta^2\varphi]v^2 dx dt. \tag{3.5}$$

Nous rappelons ici que $\mathcal{H}(\varphi)$ désigne la matrice hessienne de φ.

Vu les propriétés de ψ, il est aisé de vérifier qu'il existe une constante positive ρ_0, ne dépendant que de ψ, telle que

$$\nabla(|\nabla\varphi|^2) \cdot \nabla\varphi \geq C_0\rho|\nabla\varphi|^3, \ \rho \geq \rho_0,$$
$$\mathcal{H}(\varphi)\xi \cdot \xi \geq -C_1|\nabla\varphi||\xi|^2, \ \xi \in \mathbb{R}^n.$$

Ces deux estimations, combinées avec (3.5), entrainent

$$\int_Q L_\lambda^+ v L_\lambda^- v \, dx dt \geq -2\lambda C_1 \int_Q |\nabla\varphi||\nabla v|^2 dx dt - \lambda \int_\Sigma \partial_\nu\varphi(\partial_\nu v)^2 d\sigma dt$$

$$+ C_0\lambda^3\rho \int_Q |\nabla\varphi|^3 v^2 dx dt + R_0,$$

avec

$$R_0 = \lambda^2 \int_Q \partial_t(|\nabla\varphi|^2)v^2 + \lambda \int_Q [\partial_t^2\varphi - \Delta^2\varphi]v^2.$$

Or $\partial_\nu\varphi \leq 0$ sur $(\Gamma\backslash\gamma) \times (0, T)$. D'où

$$\int_Q L_\lambda^+ v L_\lambda^- v + \lambda \int_{\gamma \times (0,T)} |\partial_\nu \varphi| (\partial_\nu v)^2 \geq -2\lambda C_1 \int_Q |\nabla \varphi| |\nabla v|^2$$
$$+ C_0 \lambda^3 \rho \int_Q |\nabla \varphi|^3 v^2 + R_0. \tag{3.6}$$

• Nous appliquons l'inégalité convexité élémentaire $(X + Y + Z)^2 \leq 3X^2 + 3Y^2 + 3Z^2$ à

$$\Delta v = L_\lambda^+ v - \lambda^2 |\nabla \varphi|^2 v - \lambda \partial_t \varphi v$$

pour avoir

$$(\Delta v)^2 \leq 3(L_\lambda^+ v)^2 + 3\lambda^4 |\nabla \varphi|^4 v^2 + 3\lambda^2 (\partial_t \varphi)^2 v^2.$$

Par suite,

$$(\lambda |\nabla \varphi|)^{-1} (\Delta v)^2 \leq \frac{3}{\alpha \lambda} (L_\lambda^+ v)^2 + 3\lambda^3 |\nabla \varphi|^3 v^2 + 3\lambda |\nabla \varphi|^{-1} (\partial_t \varphi)^2 v^2$$

et donc

$$\int_Q (\lambda |\nabla \varphi|)^{-1} (\Delta v)^2 dx dt \leq \frac{3}{\alpha \lambda} \int_Q (L_\lambda^+ v)^2 dx dt + 3\lambda^3 \int_Q |\nabla \varphi|^3 v^2 dx dt + R_1. \tag{3.7}$$

Ici

$$R_1 = \int_Q 3\lambda |\nabla \varphi|^{-1} (\partial_t \varphi)^2 v^2 dx dt.$$

• Deux intégrations par parties successives nous fournissent

$$\sqrt{\rho} \lambda \int_Q |\nabla \varphi| |\nabla v|^2 dx dt = -\sqrt{\rho} \lambda \int_Q |\nabla \varphi| v \Delta v dx dt + \frac{\sqrt{\rho}}{2} \lambda \int_Q \Delta (|\nabla \varphi|) v^2 dx dt.$$

Mais

$$\sqrt{\rho} \lambda |\nabla \varphi| v \Delta v = [(\lambda |\nabla \varphi|)^{-\frac{1}{2}} \Delta v][\sqrt{\rho}(\lambda |\nabla \varphi|)^{\frac{3}{2}} v]$$
$$\leq \frac{1}{2} (\lambda |\nabla \varphi|)^{-1} (\Delta v)^2 + \frac{\rho}{2} (\lambda |\nabla \varphi|)^3 v^2.$$

Donc

$$\int_Q \sqrt{\rho} \lambda |\nabla \varphi| |\nabla v|^2 dx dt \leq \frac{1}{2} \int_Q (\lambda |\nabla \varphi|)^{-1} (\Delta v)^2 dx dt + \frac{\rho}{2} \int_Q (\lambda |\nabla \varphi|)^3 v^2 dx dt$$
$$+ \frac{\sqrt{\rho}}{2} \lambda \int_Q \Delta (|\nabla \varphi|) v^2 dx dt. \tag{3.8}$$

(3.7) et (3.8) impliquent

$$\int_Q \sqrt{\rho} \lambda |\nabla \varphi| |\nabla v|^2 dx dt + \frac{1}{2} \int_Q (\lambda |\nabla \varphi|)^{-1} (\Delta v)^2 dx dt$$
$$\leq \frac{3}{\alpha \lambda} \int_Q (L_\lambda^+ v)^2 dx dt + 3 \int_Q (\lambda |\nabla \varphi|)^3 v^2 dx dt$$
$$+ \frac{\rho}{2} \int_Q (\lambda |\nabla \varphi|)^3 v^2 dx dt + R_2,$$

où

$$R_2 = R_1 + \frac{\sqrt{\rho}\lambda}{2} \int_Q \Delta(|\nabla\varphi|)v^2.$$

Si nous supposons que $\rho \geq 6$, nous obtenons alors

$$\int_Q \sqrt{\rho}\lambda|\nabla\varphi||\nabla v|^2 dxdt + \frac{1}{2}\int_Q (\lambda|\nabla\varphi|)^{-1}(\Delta v)^2 dxdt \leq \frac{3}{\alpha\lambda}\int_Q (L_\lambda^+ v)^2 dxdt$$

$$+ \rho \int_Q (\lambda|\nabla\varphi|)^3 v^2 dxdt + R_2. \tag{3.9}$$

De (3.6) et (3.9) nous tirons

$$\frac{3}{\alpha\lambda}\int_Q (L_\lambda^+ v)^2 dxdt + \frac{2}{C_0}\int_Q L_\lambda^+ v L_\lambda^- v dxdt + \frac{2\lambda}{C_0}\int_{\gamma\times(0,T)} |\partial_\nu\varphi|(\partial_\nu v)^2 d\sigma dt$$

$$\geq (\sqrt{\rho}\lambda - \frac{4C_1\lambda}{C_0})\int_Q |\nabla\varphi||\nabla v|^2 dxdt + \rho\int_Q (\lambda|\nabla\varphi|)^3 v^2 dxdt$$

$$+ \frac{1}{2}\int_Q (\lambda|\nabla\varphi|)^{-1}(\Delta v)^2 dxdt + R_3,$$

avec

$$R_3 = \frac{2R_0}{C_0} - R_2.$$

Nous déduisons que pour ρ fixé arbitrairement grand,

$$\frac{3}{\alpha\lambda}\int_Q (L_\lambda^+ v)^2 dxdt + \frac{2}{C_0}\int_Q L_\lambda^+ v L_\lambda^- v dxdt + \frac{2\lambda}{C_0}\int_{\gamma\times(0,T)} |\partial_\nu\varphi|(\partial_\nu v)^2 d\sigma dt$$

$$\geq C_2\lambda\int_Q |\nabla\varphi||\nabla v|^2 dxdt + \rho\int_Q (\lambda|\nabla\varphi|)^3 v^2 dxdt$$

$$+ \frac{1}{2}\int_Q (\lambda|\nabla\varphi|)^{-1}(\Delta v)^2 dxdt + R_3. \tag{3.10}$$

• De l'identité $\partial_t v = L_\lambda^- v - 2\lambda\nabla\varphi\cdot\nabla v - \lambda\Delta\varphi v$, nous déduisons

$$(\lambda|\nabla\varphi|)^{-1}(\partial_t v)^2 \leq \frac{3}{\lambda\alpha}(L_\lambda^- v)^2 + 12\lambda|\nabla\varphi||\nabla v|^2 + \frac{3\lambda}{\alpha}(\Delta\varphi)^2 v^2.$$

D'où

$$\int_Q (\lambda|\nabla\varphi|)^{-1}(\partial_t v)^2 dxdt \leq \frac{3}{\lambda\alpha}\int_Q (L_\lambda^- v)^2 dxdt + 12\lambda\int_Q |\nabla\varphi||\nabla v|^2 dxdt + R_4,$$

$$\tag{3.11}$$

où

$$R_4 = \frac{3\lambda}{\alpha}\int_Q (\Delta\varphi)^2 v^2 dxdt.$$

• Il résulte des inégalités (3.10) et (3.11)

$$\frac{3}{\lambda\alpha}\int_Q (L_\lambda^+ v)^2 dxdt + \frac{C_2}{8\lambda\alpha}\int_Q (L_\lambda^- v)^2 dxdt + \frac{2}{C_0}\int_Q L_\lambda^+ v L_\lambda^- v dxdt$$

$$+ \frac{2\lambda}{C_0}\int_{\gamma\times(0,T)} |\partial_\nu\varphi|(\partial_\nu v)^2 d\sigma dt$$

$$\geq \frac{C_2}{24}\int_Q (\lambda|\nabla\varphi|)^{-1}(\partial_t v)^2 dxdt + \frac{1}{2}\int_Q (\lambda|\nabla\varphi|^{-1}(\Delta v)^2 dxdt$$

$$+ \rho\int_Q (\lambda|\nabla\varphi|)^3 v^2 dxdt + \frac{C_2\lambda}{2}\int_Q |\nabla\varphi||\nabla v|^2 dxdt + R_5,$$

avec

$$R_5 = R_3 - \frac{C_2}{24} R_4.$$

Par suite, pour λ assez grand,

$$\frac{1}{C_0}\Big[\int_Q (L_\lambda^+ v)^2 dxdt + \int_Q (L_\lambda^- v)^2 dxdt + 2\int_Q L_\lambda^+ v L_\lambda^- v dxdt\Big]$$

$$+ \frac{2\lambda}{C_0}\int_{\gamma\times(0,T)} |\partial_\nu\varphi|(\partial_\nu v)^2 d\sigma dt$$

$$\geq \frac{C_2}{24}\int_Q (\lambda|\nabla\varphi|)^{-1}(\partial_t v)^2 dxdt + \frac{1}{2}\int_Q (\lambda|\nabla\varphi|)^{-1}(\Delta v)^2 dxdt$$

$$+ \rho\int_Q (\lambda|\nabla\varphi|)^3 v^2 dxdt + \frac{C_2\lambda}{2}\int_Q |\nabla\varphi||\nabla v|^2 dxdt + R_5. \tag{3.12}$$

- Nous montrons facilement

$$|\Delta^2\varphi|, \ |\Delta(|\nabla\varphi|)|, \ |\partial_t(|\nabla\varphi|^2)|, \ |\nabla\varphi|^{-1}(\partial_t\varphi)^2, \ |\partial_t^2\varphi| \leq C_3|\nabla\varphi|^3$$

et

$$(\Delta\varphi)^2 \leq C_3\rho|\nabla\varphi|^3.$$

Il en résulte, pour λ assez grand,

$$|R_5| \leq C_4\rho\lambda^2\int_Q |\nabla\varphi|^3 v^2 dxdt.$$

Ceci et (3.12) impliquent qu'il existe deux constantes positives λ_0 et ρ_0 telles que

$$\frac{1}{C_0}\Big[\int_Q (L_\lambda^+ v)^2 dxdt + \int_Q (L_\lambda^- v)^2 dxdt + 2\int_Q L_\lambda^+ v L_\lambda^- v dxdt\Big]$$

$$+ \frac{2\lambda}{C_0}\int_{\gamma\times(0,T)} |\partial_\nu\varphi|(\partial_\nu v)^2 d\sigma dt$$

$$\geq \frac{C_2}{24}\int_Q (\lambda|\nabla\varphi|)^{-1}(\partial_t v)^2 dxdt + \frac{1}{2}\int_Q (\lambda|\nabla\varphi|)^{-1}(\Delta v)^2 dxdt$$

$$+ \frac{C_2\lambda}{2}\int_Q |\nabla\varphi||\nabla v|^2 dxdt + \frac{\rho}{2}\int_Q (\lambda|\nabla\varphi|)^3 v^2 dxdt,$$

si $\lambda \geq \lambda_0$ et $\rho \geq \rho_0$.

Nous fixons alors $\rho = \rho_0$ et nous utilisons

$$|\nabla\varphi|^i \geq C_5 g^i, \ i = -1, \ 1, \ 3.$$

pour déduire

$$\int_Q (L_\lambda v)^2 dxdt + \int_{\gamma \times (0,T)} (\lambda g)(\partial_\nu v)^2 d\sigma dt$$
$$\geq C_6 \left[\int_Q (\lambda g)^{-1}(\partial_t v)^2 dxdt + \int_Q (\lambda g)^{-1}(\Delta v)^2 dxdt \right.$$
$$\left. + \int_Q (\lambda g)^3 v^2 dxdt + \int_Q (\lambda g)|\nabla v|^2 dxdt \right],$$

si $\lambda \geq \lambda_0$.

L'inégalité pour u s'ensuit facilement en utilisant $v = e^{\lambda\varphi}u$,

$$e^{2\lambda\varphi}|\nabla u|^2 \leq 2|\nabla v|^2 + 2\lambda^2|\nabla\varphi|^2 v^2$$

et $e^{2\lambda\varphi}(P_0 u)^2 = (L_\lambda v)^2$. □

3.2.2 Inégalité d'observabilité pour l'équation de la chaleur

Nous considérons le problème aux limites

$$\begin{cases} \partial_t y - \Delta y = f, & \text{dans } Q, \\ y(\cdot, 0) = y_0, \\ y = 0, & \text{sur } \Sigma. \end{cases} \quad (3.13)$$

Des différents résultats de régularité pour l'équation de la chaleur (voir le Théorème 1.41, les commentaires qui le suivent et les Théorèmes 1.43 et 1.44), nous déduisons

Si $y_0 \in H_0^1(\Omega)$ et si $f \in L^2(Q)$ alors (3.13) admet une unique solution $y \in H^{2,1}(Q) \cap C([0,T]; H_0^1(\Omega))$. En outre, il existe une constante C, qui dépend uniquement de Ω et T, telle que

$$\|y(t)\|_{H_0^1(\Omega)} \leq C(\|y_0\|_{H_0^1(\Omega)} + \|f\|_{L^2(Q)}), \ t \in [0,T]. \quad (3.14)$$

Notons aussi que l'inégalité de Carleman du Théorème 3.4 reste bien évidemment valable pour les fonctions de $H^{2,1}(Q)$ admettant une trace nulle sur Σ.

Nous démontrons la

Proposition 3.5. *Soit γ une partie fermée de Γ d'intérieur non vide. Il existe une constante C, qui dépend uniquement de Ω et T, telle que si $u_0 \in H_0^1(\Omega)$ et si $u \in H^{2,1}(Q) \cap C([0,T]; H_0^1(\Omega))$ est la solution de*

$$\begin{cases} \partial_t u - \Delta u = 0, & \text{dans } Q, \\ u(\cdot, 0) = u_0, \\ u = 0, & \text{sur } \Sigma, \end{cases}$$

alors

$$\|u(T)\|_{H_0^1(\Omega)} \le C\|\partial_\nu u\|_{L^2(\Sigma_\gamma)}, \tag{3.15}$$

où $\Sigma_\gamma = \gamma \times (0,T)$.

Preuve. Nous appliquons d'abord le Théorème 3.4 à u pour avoir l'estimation

$$\|u\|_{L^2(\Omega \times (\frac{T}{4}, \frac{3T}{4}))} \le C_0\|\partial_\nu u\|_{L^2(\Sigma_\gamma)}, \tag{3.16}$$

où C_0 est une constante qui ne dépend que de Ω, T et γ.

Nous nous donnons ensuite $\psi \in C^\infty[0,T]$ telle que $0 \le \psi \le 1$, $\psi = 0$ sur $[0, \frac{T}{4}]$ et $\psi = 1$ sur $[\frac{3T}{4}, T]$. Nous vérifions sans peine que $v = \psi u$ est la solution du problème aux limites

$$\begin{cases} \partial_t v - \Delta v = \psi' u, & \text{dans } Q, \\ v(\cdot, 0) = 0, \\ v = 0, & \text{sur } \Sigma. \end{cases}$$

Nous appliquons l'estimation (3.14) pour avoir

$$\|v(T)\|_{H_0^1(\Omega)} \le C_1\|\psi' u\|_{L^2(Q)},$$

pour une certaine constante C_1, dépendant uniquement de Ω et T. Or ψ' est nulle en dehors de $[\frac{T}{4}, \frac{3T}{4}]$. D'où

$$\|u(T)\|_{H_0^1(\Omega)} = \|v(T)\|_{H_0^1(\Omega)} \le C_1\|\psi'\|_{L^\infty(0,T)}\|u\|_{L^2(\Omega \times (\frac{T}{4}, \frac{3T}{4}))}. \tag{3.17}$$

Nous déduisons alors (3.15) en combinant (3.16) et (3.17). □

3.2.3 Stabilité de la détermination d'un terme source

Soit $\lambda_1 < \lambda_2 \le \ldots \le \lambda_n$ la suite des valeurs propres de l'opérateur $A = -\Delta$ avec $D(A) = H_0^1(\Omega) \cap H^2(\Omega)$, comptées avec leur multiplicité. Notons alors par (φ_n) une base de $L^2(\Omega)$ formée de fonctions propres telle que φ_n est associée à λ_n.

Pour $f \in L^2(\Omega)$, $u_f \in H^{2,1}(Q)$ désignera la solution du problème

$$\begin{cases} \partial_t u - \Delta u = f(x), & \text{dans } Q, \\ u = 0, & \text{sur } \Sigma_0 \cup \Sigma. \end{cases}$$

Nous commençons par remarquer que $v = \partial_t u_f$ est solution du problème aux limites

$$\begin{cases} \partial_t v - \Delta v = 0, & \text{dans } Q, \\ v = f, & \text{sur } \Sigma_0, \\ v = 0, & \text{sur } \Sigma. \end{cases}$$

Nous vérifions aisément que v est donnée par la formule

$$v(\cdot, t) = \sum_{k \geq 1} e^{-\lambda_k t}(f, \varphi_k)_{L^2(\Omega)} \varphi_k,$$

où $(\cdot, \cdot)_{L^2(\Omega)}$ est le produit scalaire usuel sur $L^2(\Omega)$. Nous en déduisons

$$(v(\cdot, t), \varphi_k)_{L^2(\Omega)} = e^{-\lambda_k t}(f, \varphi_k)_{L^2(\Omega)}, \; t \geq 0,$$

et donc

$$(f, \varphi_k)_{L^2(\Omega)} = (v(\cdot, 0), \varphi_k)_{L^2(\Omega)} = e^{\lambda_k T}(v(\cdot, T), \varphi_k)_{L^2(\Omega)}.$$

Cette dernière identité implique

$$|(f, \varphi_k)_{L^2(\Omega)}| \leq e^{\lambda_k T}|(v(\cdot, T), \varphi_k)_{L^2(\Omega)}|. \tag{3.18}$$

Rappelons que l'espace $H_0^\beta(\Omega)$ est donné par

$$H_0^\beta(\Omega) = \{h \in H^\beta(\Omega), \; h = 0 \text{ sur } \Gamma\} \text{ si } \beta > \frac{1}{2}.$$

Fixons $\frac{1}{4} < \alpha < \frac{3}{4}$. D'après [Fu], nous savons

$$H_0^{2\alpha}(\Omega) = D(A^\alpha) = \{h \in L^2(\Omega); \sum_{k \geq 1} \lambda_k^{2\alpha}(\varphi_k, h)_{L^2(\Omega)}^2 < \infty\}$$

et

$$\||h\||_{H_0^{2\alpha}(\Omega)} = (\sum_{k \geq 1} \lambda_k^{2\alpha}(\varphi_k, h)_{L^2(\Omega)}^2)^{\frac{1}{2}}$$

définit une norme équivalente sur $H_0^{2\alpha}(\Omega)$.

Faisons l'hypothèse

$$f \in B(M) = \{h \in H_0^{2\alpha}(\Omega); \||h\||_{H_0^{2\alpha}(\Omega)} \leq M\},$$

avec $M > 0$ une constante.

Soient $\lambda \geq \lambda_1$ et $N = N(\lambda)$ l'entier qui vérifie $\lambda_N \leq \lambda < \lambda_{N+1}$. Alors

$$\|f\|^2_{L^2(\Omega)} = \sum_{k \geq 1} (f, \varphi_k)^2_{L^2(\Omega)}$$

$$= \sum_{k \leq N} (f, \varphi_k)^2_{L^2} + \sum_{k > N} (f, \varphi_k)^2_{L^2(\Omega)}$$

$$\leq \sum_{k \leq N} (f, \varphi_k)^2_{L^2(\Omega)} + \frac{1}{\lambda^{2\alpha}} \sum_{k > N} \lambda_k^{2\alpha} (f, \varphi_k)^2_{L^2(\Omega)}$$

$$\leq \sum_{k \leq N} (f, \varphi_k)^2_{L^2(\Omega)} + \frac{M^2}{\lambda^{2\alpha}}.$$

Nous combinons cette estimation avec (3.18) pour conclure

$$\|f\|^2_{L^2(\Omega)} \leq e^{2\lambda T} \sum_{k \leq N} (v(\cdot, T), \varphi_k)^2_{L^2} + \frac{M^2}{\lambda^{2\alpha}}$$

$$\leq e^{2\lambda T} \|v(\cdot, T)\|^2_{L^2(\Omega)} + \frac{M^2}{\lambda^{2\alpha}}. \tag{3.19}$$

Mais d'après la Proposition 3.5, si γ est une partie de Γ d'intérieur non vide et si $\Sigma_\gamma = \gamma \times (0, T)$ alors

$$\|v(\cdot, T)\|_{H^1_0(\Omega)} \leq C \|\partial_\nu v\|_{L^2(\Sigma_\gamma)}. \tag{3.20}$$

Les inégalités (3.19) and (3.20) entrainent alors

$$\|f\|^2_{L^2(\Omega)} \leq e^{2\lambda T} C^2 \|\partial_\nu v\|^2_{L^2(\Sigma_\gamma)} + \frac{M^2}{\lambda^{2\alpha}}$$

$$\leq e^{2\lambda T} C^2 \|\partial_t \partial_\nu u_f\|^2_{L^2(\Sigma_\gamma)} + \frac{M^2}{\lambda^{2\alpha}}$$

$$\leq e^{2\lambda T} C^2 \|\partial_\nu u_f\|^2_{H^1(0,T;L^2(\gamma))} + \frac{M^2}{\lambda^{2\alpha}}.$$

C'est-à-dire

$$\|f\|^2_{L^2(\Omega)} \leq \min_{\lambda \geq \lambda_1} (C^2 e^{2T\lambda} \delta^2 + \frac{M^2}{\lambda^{2\alpha}}), \tag{3.21}$$

où $\delta = \|\partial_\nu u_f\|_{H^1(0,T;L^2(\gamma))}$.

Notons que la fonction $\lambda \to C^2 e^{2T\lambda} \delta^2 + \frac{M^2}{\lambda^{2\alpha}}$ atteint son minimum en λ_* tel que

$$2TC^2 e^{2T\lambda_*} \delta^2 - 2\alpha \frac{M^2}{\lambda_*^{2\alpha+1}} = 0. \tag{3.22}$$

Par suite,

$$e^{(2\alpha+1+2T)\lambda_*} \geq \lambda_*^{2\alpha+1} e^{2T\lambda_*} = \frac{\alpha M^2}{TC^2 \delta^2}$$

et donc

$$\lambda_* \geq \frac{1}{2\alpha + 1 + 2T} \ln(\frac{\alpha M^2}{TC^2\delta^2}). \tag{3.23}$$

Supposons que δ est suffisamment petit de telle sorte que $\lambda_* \geq \max(\lambda_1, 1)$. Alors (3.21) et (3.22) impliquent

$$\|f\|_{L^2(\Omega)}^2 \leq \frac{\alpha M^2}{T\lambda_*^{2\alpha+1}} + \frac{M^2}{\lambda_*^{2\alpha}} \leq (\frac{\alpha M^2}{T} + M^2)\frac{1}{\lambda_*^{2\alpha}}. \tag{3.24}$$

Vu (3.23) et (3.24), nous venons donc de démontrer le théorème suivant :

Théorème 3.6. *Soit γ une partie fermée de Γ d'intérieur non vide. Alors il existe trois constantes ϵ, A et B, qui ne dépendent que de Ω, T, M et γ, telles que*

$$\|f\|_{L^2(\Omega)} \leq \frac{A}{\left(\ln\left(\frac{B}{\|\partial_\nu u_f\|_{H^1(0,T;L^2(\gamma))}}\right)\right)^\alpha},$$

pour $f \in B(M)$, $\|f\|_{L^2(\Omega)} \leq \epsilon$.

Remaque. Le résultat que nous venons d'énoncer s'étend au cas où le terme source est de la forme $\sigma(t)f(x)$, avec $\sigma \in C^1[0,T]$ vérifiant $\sigma(0) \neq 0$. Comme précédemment nous notons u_f la solution du problème aux limites

$$\begin{cases} \partial_t u - \Delta u = \sigma(t)f(x), & \text{dans } Q, \\ u = 0, & \text{sur } \Sigma_0 \cup \Sigma. \end{cases}$$

A l'aide de la formule de Duhamel, nous vérifions sans peine que

$$u_f(x,t) = \int_0^t \sigma(t-s)v(x,s)ds,$$

où v est la solution du problème aux limites

$$\begin{cases} \partial_t v - \Delta v = 0, & \text{dans } Q, \\ v(\cdot, 0) = f, \\ v = 0, & \text{sur } \Sigma = 0. \end{cases}$$

Nous définissons l'opérateur $K : L^2(0,T) \to H^1(0,T)$ par

$$(Kp)(t) = \int_0^t \sigma(t-s)p(s)ds, \; 0 < t < T.$$

et nous posons $Y_0 = \{q \in H^1(0,T), q(0) = 0\}$. Nous laissons alors au lecteur le soin de vérifier que K définit un isomorphisme de $L^2(0,T)$ sur Y_0. De plus, comme

$$\partial_t u_f(x,t) = \sigma(0)v(x,t) + \int_0^t \sigma'(t-s)v(x,s)ds, \; 0 < t < T, \text{ p.p. } x \in \Omega,$$

nous avons

$$v(x,t) = \int_0^t \tau(t,s)\partial_t u_f(x,s)ds, \ 0 < t < T, \ \text{p.p.} \ x \in \Omega,$$

où τ est une fonction continue sur $[0,T]^2$. Nous tirons de cette dernière identité

$$\|\partial_\nu v\|_{L^2(\Sigma_\gamma)} \leq K\|\partial_\nu u_f\|_{H^1(0,T;L^2(\gamma))}, \tag{3.25}$$

pour une certaine constante positive K dépendant de σ, avec γ et Σ_γ comme dans le Théorème 3.6.

D'autre part, d'après l'inégalité juste avant (3.21), nous avons

$$\|f\|_{L^2(\Omega)}^2 \leq e^{2\lambda T}C^2\|\partial_\nu v\|_{L^2(\Sigma_\gamma)}^2 + \frac{M^2}{\lambda^{2\alpha}}. \tag{3.26}$$

Les inégalités (3.25) et (3.26) impliquent

$$\|f\|_{L^2(\Omega)}^2 \leq e^{2\lambda T}C^2\|\partial_\nu u_f\|_{H^1(0,T;L^2(\gamma))} + \frac{M^2}{\lambda^{2\alpha}}.$$

De celle-ci, nous déduisons une estimation similaire à (3.21), qui conduit à la conclusion du Théorème 3.6 lorsque $f(x)$ est remplacée par $\sigma(t)f(x)$.

Ce sous-paragraphe a été élaboré à partir de M. Choulli et M. Yamamoto [CY2]. Le Théorème 3.6 est une généralisation de résultats antérieurs de M. Yamamoto [Ya1] et [Ya2] obtenus dans le cas $\gamma = \Gamma$.

3.2.4 Stabilité de la détermination d'un coefficient

Pour $i = 0, 1$, nous notons par u_i la solution du problème aux limites

$$\begin{cases} \partial_t u_i - \Delta u_i + q_i(x)u_i = 0, \ \text{dans} \ Q, \\ u_i(\cdot,0) = a_i, \\ u_i = g, \ \text{sur} \ \Sigma. \end{cases} \tag{3.27}$$

Quand q_i, a_i et g sont assez régulières et vérifient certaines conditions de compatibilité, nous savons que (3.27) admet une solution classique $u_i \in C^{2,1}(\overline{Q})$ telle que $\partial_t u_i \in C^{2,1}(\overline{Q})$ (voir Théorème 1.40). D'autre part, d'après le Théorème 1.47 (principe du maximum fort), $a_i > 0$ et $g > 0$ entrainent $u_i > 0$.

Dans le reste de ce sous-paragraphe, nous supposons que q_i, a_i et g sont choisies de telle sorte que u_i, $\partial_t u_i \in C^{2,1}(\overline{Q})$ et que $u_0 > 0$.

Comme au dernier sous-paragraphe, γ est une partie fermé de Γ, d'intérieur non vide, et $\Sigma_\gamma = \gamma \times (0,T)$.

Nous démontrons le

Théorème 3.7. *Soit $0 < \theta \leq \frac{T}{2}$. Soit $\delta > 0$ tel que $\delta \geq \max(\|q_0\|_{L^\infty(\Omega)},$ $\|q_1\|_{L^\infty(\Omega)})$. Alors il existe une constante positive C, dépendant de u_0, θ et δ, telle que*

$$\|q_1 - q_0\|_{L^2(\Omega)} \leq C(\|\partial_\nu(u_1 - u_0)\|_{H^1((0,T),L^2(\gamma))} + \|(u_1 - u_0)(\cdot,\theta)\|_{H^2(\Omega)}).$$

Quitte à remplacer T par 2θ, nous pouvons toujours supposer que $\theta = \frac{T}{2}$.

Dans ce qui suit φ est la fonction définie par (4.3). Pour démontrer le Théorème 3.8, nous aurons besoin du lemme suivant.

Lemme 3.8. *Soit $A \in L^\infty(\Omega)^n$. Alors il existe une constante positive C, qui dépend de A et T, telle que*

$$\int_Q e^{2\lambda\varphi}(A \cdot \nabla \int_{\frac{T}{2}}^t u(\cdot,s)ds)^2 \leq C \int_Q e^{2\lambda\varphi}|\nabla u|^2,$$

pour $u \in L^2(0,T;H^1(\Omega))$.

Preuve. Par l'inégalité de Cauchy-Schwarz, nous avons

$$\int_Q e^{2\lambda\varphi}|A \cdot \nabla \int_{\frac{T}{2}}^t u(\cdot,s)ds|^2 \leq C \int_Q e^{2\lambda\varphi}|\int_{\frac{T}{2}}^t |\nabla u(\cdot,s)|^2 ds|, \qquad (3.28)$$

pour une certaine constante C.

Nous posons $f = |\nabla u|^2$ et $r(t,s) = e^{2\lambda(\varphi(x,t)-\varphi(x,s))}$.

Puisque $\varphi < 0$ et

$$\partial_s\varphi(x,s) = \frac{-T - 2s}{s(T - s)}\varphi(x,s),$$

nous vérifions aisément que $\mathrm{sgn}\partial_s r(t,s) = -\mathrm{sgn}(\frac{T}{2} - s)$. Par suite,

$$r(t,s) \leq r(t,t) = 1 \text{ sur } \{(t,s) \in [0,\frac{T}{2}]^2;\ s \geq t\} \cup \{(t,s) \in [\frac{T}{2},T]^2;\ s \leq t\}.$$

Comme

$$\int_Q e^{2\lambda\varphi}|\int_{\frac{T}{2}}^t f(x,s)ds| = \int_\Omega \int_0^{\frac{T}{2}} dxdt \int_t^{\frac{T}{2}} e^{2\lambda\varphi(x,s)}r(t,s)f(x,s)ds$$

$$+ \int_\Omega \int_{\frac{T}{2}}^T dxdt \int_{\frac{T}{2}}^t e^{2\lambda\varphi(x,s)}r(t,s)f(x,s)ds,$$

nous concluons que

$$\int_Q e^{2\lambda\varphi}|\int_{\frac{T}{2}}^t f(x,s)ds| \leq T \int_Q e^{2\lambda\varphi}f.$$

D'où le résultat par (3.28). □

Preuve du Théorème 3.8. Les différentes constantes qui apparaissent dans cette preuve peuvent dépendre de u_0, θ et δ. Nous posons $u = u_1 - u_0$ et $q = q_0 - q_1$. Alors il n'est pas difficile de montrer que u vérifie

$$\begin{cases} \partial_t u - \Delta u + q_1(x)u = qu_0, & \text{dans } Q, \\ u = 0, & \text{sur } \Sigma. \end{cases}$$

Nous écrivons u sous la forme $u = u_0 v$. Après un calcul élémentaire, nous trouvons que v satisfait à

$$\begin{cases} \partial_t v - \Delta v + B \cdot \nabla v - qv = q, & \text{dans } Q, \\ v = 0, & \text{sur } \Sigma, \end{cases}$$

où $B = -2\dfrac{\nabla u_0}{u_0}$. Il s'ensuit que $w = \partial_t v$ vérifie

$$\begin{cases} \partial_t w - \Delta w + B \cdot \nabla w + qw = -\partial_t B \cdot \nabla v, & \text{dans } Q, \\ w = 0, & \text{sur } \Sigma. \end{cases}$$

En utilisant le Lemme 3.8, nous obtenons

$$\int_Q e^{2\lambda\varphi}(\partial_t B \cdot \nabla v)^2 dxdt = \int_Q e^{2\lambda\varphi}(\partial_t B \cdot \nabla \int_{\frac{T}{2}}^t w(\cdot,s)ds + \partial_t B \cdot \nabla v(\cdot,\frac{T}{2}))^2 dxdt$$

$$\leq 2\int_Q e^{2\lambda\varphi}(\partial_t B \cdot \nabla \int_{\frac{T}{2}}^t w(\cdot,s)ds)^2 dxdt$$

$$+ 2\int_Q e^{2\lambda\varphi}(\partial_t B \cdot \nabla v(\cdot,\frac{T}{2}))^2 dxdt$$

$$\leq M\Big[\int_Q e^{2\lambda\varphi}|\nabla w|^2 dxdt + \int_Q e^{2\lambda\varphi}|\nabla v(\cdot,\frac{T}{2})|^2 dxdt\Big],$$

où M est une certaine constante positive.

Ayant cette inégalité en vue, une application du Théorème 3.4 fournit l'existence de deux constantes λ et C telles que

$$\int_Q e^{2\lambda\varphi}\Big[(\lambda g)^{-1}(\Delta w)^2 + (\lambda g)^{-1}(\partial_t w)^2 + (\lambda g)|\nabla w|^2 + (\lambda g)^3 w^2\Big]dxdt$$

$$\leq C\Big(\int_Q e^{2\lambda\varphi}|\nabla v(\cdot,\frac{T}{2})|^2 dxdt + \int_{\Sigma_\gamma} e^{2\lambda\varphi}(\lambda g)(\partial_\nu w)^2)d\sigma dt.$$

Nous en déduisons

$$\int_{Q_0}[(\Delta w)^2 + (\partial_t w)^2 + |\nabla w|^2 + w^2]dxdt \leq K\Big(\int_Q |\nabla v(\cdot,\frac{T}{2})|^2 dxdt$$

$$+ \int_{\Sigma_\gamma}(\partial_\nu w)^2)d\sigma dt, \qquad (3.29)$$

où $Q_0 = \Omega \times (\frac{T}{4}, \frac{3T}{4})$ et K est une certaine constante positive.

Mais $q = \partial_t v - \Delta v + B \cdot \nabla v - qv$, c'est-à-dire

$$q = (\partial_t - \Delta + B \cdot \nabla - q) \int_{\frac{T}{2}}^{t} w(\cdot, s) ds + (\partial_t - \Delta + B \cdot \nabla - q) v(\cdot, \frac{T}{2}).$$

D'où, en posant $Pu = \partial_t u - \Delta u + B \cdot \nabla u - qu$,

$$\int_\Omega q^2 dx = \frac{2}{T} \int_{Q_0} q^2 dx dt = \frac{2}{T} \int_{Q_0} [P \int_{\frac{T}{2}}^{t} w(\cdot, s) ds + Pv(\cdot, \frac{T}{2})]^2 dx dt$$

$$\leq \frac{4}{T} \int_{Q_0} [(P \int_{\frac{T}{2}}^{t} w(\cdot, s) ds)^2 + (Pv(\cdot, \frac{T}{2}))^2] dx dt$$

$$\leq L(\int_{Q_0} [(\Delta w)^2 + (\partial_t w)^2 + |\nabla w|^2 + w^2] dx dt + \|v(\cdot, \frac{T}{2})\|_{H^2(\Omega)}^2,$$

où L est une constante positive. Cette dernière estimation et (3.29) donnent

$$\|q\|_{L^2(\Omega)}^2 \leq C(\int_{\Sigma_\gamma} (\partial_\nu w)^2 d\sigma dt + \|v(\cdot, \frac{T}{2})\|_{H^2(\Omega)}^2),$$

pour une certaine constante positive C. La conclusion s'ensuit en utilisant le fait que

$$\partial_\nu w = -\frac{\partial_t u_0}{u_0^2} \partial_\nu u - \frac{\partial_\nu \partial_t u_0}{u_0^2} u - \frac{1}{u_0} \partial_t \partial_\nu u, \text{ et } v(\cdot, \frac{T}{2}) = \frac{u(\cdot, \frac{T}{2})}{u_0(\cdot, \frac{T}{2})}.$$

$\square$

3.3 Détermination d'une source singulière

Soient Ω un domaine borné régulier de $\mathbb{R}^n$, $n = 2, 3$, (nous pouvons le supposer C^∞ pour simplifier) de fontière Γ et γ une partie fermé de Γ d'intérieur non vide. $T > 0$ étant fixé, nous posons

$$Q = \Omega \times (0, T), \quad \Sigma = \Gamma \times (0, T), \quad \Sigma_\gamma = \gamma \times (0, T).$$

Nous considérons dans un premier temps la détermination d'une source singulière de la forme

$$f = \sum_{i=1}^{m} \lambda_i(t) \delta_{a_i}, \ a_i \in \Omega, \tag{3.30}$$

à partir de la mesure frontière $\partial_\nu u_{|\Sigma_\gamma}$, où u est la solution du problème aux limites

$$\begin{cases} \partial_t u - \Delta u = f, & \text{dans } Q, \\ u(\cdot, 0) = 0, & \text{dans } \Omega, \\ u = 0, & \text{sur } \Sigma. \end{cases} \tag{3.31}$$

Nous savons (voir J.-L. Lions et E. Magenes [LM] par exemple) que, sous l'hypothèse $\lambda_i \in L^2(0, T)$, le problème aux limites (3.31) admet une unique solution $u = u_f \in L^2(Q)$ telle que $\Delta u_f, \partial_t u_f \in L^2(0, T; H^{-2}(\Omega))$ (noter que $f \in L^2(0, T; H^{-2}(\Omega))$ car $n \leq 3$). Par suite, $u \in C([0, T]; H^{-1}(\Omega))$ par les résultats classiques d'interpolation (voir J.-L. Lions et E. Magenes [LM]). En fait, nous avons un peu plus de régularité sur $\tilde{Q} = \tilde{\Omega} \times (0, T)$, avec $\tilde{\Omega} = \Omega \setminus (\cup_i a_i)$, comme le montre le lemme suivant

Lemme 3.9. $u_f \in H^{2,1}(\tilde{Q})$.

Preuve. u_f étant linéaire en f, il nous suffit de considérer le cas $f = \lambda \delta_a$. Soient H est la fonction de Heaviside (c-à-d la fonction caractéristique de $(0, +\infty)$) et

$$w(x, t) = \frac{H(t)}{(4\pi)^{\frac{n}{2}}} \int_0^t \frac{e^{\frac{|x-a|}{4(t-s)}}}{(t-s)^{\frac{n}{2}}} \lambda(s) ds = (H\lambda) *_{(t)} \left(H \frac{e^{\frac{|x-a|}{4t}}}{t^{\frac{n}{2}}} \right).$$

Clairement, w est de classe C^∞ sur $(\mathbb{R}^n \setminus \{a\}) \times [0, +\infty[$ et est la solution du problème aux limites

$$\begin{cases} \partial_t w - \Delta w = f, & \text{dans } \mathbb{R}^n \times (0, +\infty), \\ w(\cdot, 0) = 0, & \text{dans } \mathbb{R}^n. \end{cases}$$

Il s'ensuit que $v = u_f - w$ est la solution du problème aux limites

$$\begin{cases} \partial_t v - \Delta v = 0, & \text{dans } Q, \\ v(\cdot, 0) = 0, & \text{dans } \Omega, \\ v = -w_{|\Sigma}, & \text{sur } \Sigma. \end{cases}$$

Maintenant, puisque $w_{|\Sigma}$ est au moins dans $H^{\frac{3}{2}, \frac{3}{4}}(\Sigma)$ et $w(\cdot, 0) = 0$ sur Γ, nous déduisons du Théorème 1.43 que v est au moins dans $H^{2,1}(Q)$. D'où, $u_f \in H^{2,1}(\tilde{Q})$. $\qquad \square$

L'unicité du problème inverse, mentionné ci-dessus, est une conséquence de la propriété de l'unicité de prolongement.

Proposition 3.10. *Pour $i = 1, 2$, soit $f_i = \sum_{k=1}^{m_i} \lambda_k^i \delta_{a_k^i}$, λ_k^i non identique-ment nulle pour chaque k. Alors $\partial_\nu u_{f_1} = \partial_\nu u_{f_2}$ sur Σ_γ implique $m_1 = m_2 = m$, $\lambda_k^1 = \lambda_k^2$ et $a_k^1 = a_k^2$.*

Preuve. Puisque problème inverse est linéaire par rapport à f, il nous suffit de montrer que $u_f = 0$ sur Σ_γ implique $f = 0$. Comme $u_f \in H^{2,1}(\tilde{Q})$, $(\partial_t - \Delta)u = 0$ dans $\tilde{Q}$ et $u_f = \partial_\nu u_f = 0$ sur Σ_γ, nous déduisons du Corollaire

1.50 (unicité du prolongement) que $u_f = 0$ dans $\tilde{Q}$. Mais comme $u_f \in L^2(Q)$, nous concluons que u_f est identiquement nulle, et donc f l'est aussi. $\qquad\square$

Le reste de ce paragraphe est consacré à l'identification d'une source de la forme

$$F(x,t) = \sum_{i=1}^{m} \lambda_k(t)\chi_{B_k}(x),$$

où B_k est la boule de centre a_k et de rayon $\epsilon > 0$, et χ_{B_k} est la fonction caractéristique de B_k.

Puisque $F \in L^2(Q)$, le problème aux limites

$$\begin{cases} \partial_t u - \Delta u = F, & \text{dans } Q, \\ u(\cdot, 0) = 0, & \text{dans } \Omega, \\ u = 0, & \text{sur } \Sigma. \end{cases} \qquad (3.32)$$

admet une unique solution $u_F \in H^{2,1}(Q)$ (voir le Théorème 1.43).

Nous montrons d'abord un résultat d'unicité du prolongement pour l'équation (3.32).

Lemme 3.11. *Nous supposons que, pour chaque k, $\lambda_k(t) = 0$, pour tout $t \geq T^*$, avec $0 < T^* < T$. Soit $u \in H^{2,1}(Q)$ telle que*

$$\begin{cases} \partial_t u - \Delta u = F = \sum_{i=1}^{m} \lambda_k(t)\chi_{B_k}(x), & \text{dans } Q, \\ u(\cdot, 0) = 0, \\ u = \partial_\nu u = 0, & \text{sur } \Sigma_\gamma. \end{cases}$$

Alors u est identiquement nulle.

Preuve. Comme $\partial_t u - \Delta u = 0$ sur $\tilde{Q} = (\Omega \backslash \cup_k B_k) \times (0, T)$. Nous déduisons que $u = 0$ sur $\tilde{Q}$ par le Corollaire 1.50 (unicité du prolongement). D'autre part, puisque $\partial_t u - \Delta u = 0$ dans $\Omega \times (T^*, T)$, nous avons aussi $u(\cdot, T) = 0$ par l'inégalité d'observabilité (3.15).

Pour $k, j \in \mathbb{N}$, nous considérons la fonction

$$v_{k,j} = e^{-\nu_j(T-t)}w_{k,j}(x),$$

où ν_j est un réel positif et $w_{k,j}$ une solution de l'équation de Helmholtz

$$\nu_j w_{k,j} + \Delta w_{k,j} = 0, \text{ dans } \Omega. \qquad (3.33)$$

Une application de la formule de Green nous donne

$$\sum_{i=1}^{m} \int_{B_i} w_{k,j}(x)dx \int_0^T \tilde{\lambda}_i(t)e^{-\nu_j t}dt = 0,$$

avec $\tilde{\lambda}_k(t) = \lambda(T - t)$. D'autre part, d'après le théorème de la moyenne pour l'équation de Helmholtz, nous avons

$$\int_{B_i} w_{k,j}(x)dx = |B_i| w_{k,j}(a_i) \frac{\sin(\epsilon\sqrt{\nu_j})}{\epsilon\sqrt{\nu_j}}.$$

Il en résulte

$$\sum_{k=1}^{m} |B_k| w_{k,j}(a_i) \frac{\sin(\epsilon\sqrt{\nu_j})}{\epsilon\sqrt{\nu_j}} \int_0^T \tilde{\lambda}_i(t) e^{-\nu_j t} dt = 0.$$

Nous admettons pour le moment que nous pouvons choisir les $w_{k,j}$ telles que la matrice $(w_{k,j}(a_i))_{1\le k,i\le m}$ soit inversible pour chaque j. Dans ce cas la dernière identité implique

$$\frac{\sin(\epsilon\sqrt{\nu_j})}{\epsilon\sqrt{\nu_j}} \int_0^T \tilde{\lambda}_i(t) e^{-\nu_j t} dt = 0. \tag{3.34}$$

Nous choisissons alors ν_j de telle sorte que $\sin(\epsilon\sqrt{\nu_j}) \ne 0$ et

$$\sum_{j\ge 0} \frac{1}{\nu_j} = +\infty. \tag{3.35}$$

De (3.34) nous déduisons d'abord

$$\int_0^T \tilde{\lambda}(t) e^{-\nu_j t} dt = 0.$$

Ensuite, par (3.35) et le théorème de Müntz (voir par exemple [Sc4]), nous concluons que $\tilde{\lambda} = 0$ et donc $\lambda = 0$ aussi.

Nous complétons la preuve par la construction de $w_{k,j}$ telles que la matrice $B_j = (w_{k,j}(a_i))_{1\le k,i\le m}$ soit inversible pour chaque j. Fixons j et soient b_k des points situés dans le complémentaire de $\overline{\Omega}$. Considérons alors l'équation

$$\nu_j w_{k,j} + \Delta w_{k,j} = \delta_{b_k}, \text{ dans } \mathbb{R}^n.$$

Il est bien connu que $w_{k,j}$ est explicitement donnée par

$$w_{k,j}(x) = \begin{cases} \dfrac{e^{i\sqrt{\nu_j}|x-b_k|}}{4\pi|x-b_k|}, & \text{si } n = 3 \\[2ex] \dfrac{1}{4i} H_0^{(1)}(\sqrt{\nu_j}|x-b_k|), & \text{si } n = 2, \end{cases}$$

où $H_0^{(1)}$ est la fonction de Hankel.

Nous affirmons qu'il existe un choix de b_k, distincts, qui assure l'inversibilité de la matrice B_j. En effet, si tel n'était pas le cas nous aurions

$$\Psi(b_1,\ldots,b_m) = \det(B_j) = 0, \ (b_1,\ldots,b_m) \in (\mathbb{R}^n \setminus \overline{\Omega})^m. \tag{3.36}$$

Fixons $b_2,\ldots,b_m, \Psi(b_1,\ldots,b_m)$ définie alors une fonction $\Phi(b_1)$. Clairement, Φ admet une extension analytique, encore notée Φ, dans le domaine $\mathbb{R}^n \setminus \cup_i\{a_i\}$. (3.36) entraine

$$\Phi(b_1) = 0, \ b_1 \in \mathbb{R}^n \setminus \cup_i \{a_i\}. \tag{3.37}$$

Mais, si nous passons à la limite quand b_1 tend vers a_1 nous constatons que tous les termes dans $\Phi(b_1)$ tendent vers une valeur finie, sauf $(B_j)_{1,1}$, qui lui converge, en module, vers l'infini, ce qui contredit (3.37). $\qquad\square$

Ce lemme va nous permettre de démontrer un résultat d'unicité pour le problème inverse qui consiste à la détermination d'une source F de la forme

$$F(x,t) = \sum_{i=1}^{m} \lambda_k(t) \chi_{B_k}(x),$$

à partir de la mesure $\partial_\nu u_{F|\Sigma_\gamma}$.

Proposition 3.12. *Pour $i = 1, 2$, soit $F_i(x,t) = \sum_{i=1}^{m_i} \lambda_k^{(i)}(t) \chi_{B_k^{(i)}}(x)$ telle que pour chaque k, $\lambda_k^{(i)}(t) \geq 0$ et $\lambda_k^{(i)}(t) = 0$ pour $t \geq T^*$, pour un certain T^* vérifiant $0 < T^* < T$. Supposons que $\partial_\nu u_{F_1} = \partial_\nu u_{F_2}$ sur Σ_γ. Alors $m_1 = m_2 = m$, $\lambda_k^{(1)} = \lambda_k^{(2)}$ et $a_k^{(1)} = a_k^{(2)}$, $1 \leq k \leq m$, où $a_k^{(i)}$ est le centre de la boule $B_k^{(i)}$.*

Preuve. Notons d'abord que $u = u_{F_1} - u_{F_2}$ vérifie

$$\begin{cases} \partial_t u - \Delta u = \sum_{i=1}^{m_i} \lambda_k^{(1)}(t) \chi_{B_k^{(1)}}(x) - \sum_{i=1}^{m_i} \lambda_k^{(2)}(t) \chi_{B_k^{(2)}}(x), & \text{dans } Q, \\ u(\cdot, 0) = 0, \\ u = 0, & \text{sur } \Sigma, \\ \partial_\nu u = 0, & \text{sur } \Sigma_\gamma. \end{cases} \tag{3.38}$$

Comme nous l'avons fait dans la preuve précédente, la dernière équation de (3.38) entraine, grâce à l'inégalité d'observabilité (3.15), que $u(\cdot, T) = 0$.

Supposons qu'il existe $a_k^{(2)} \neq a_j^{(1)}$. Nous multiplions alors la première équation de (3.38) par le polynôme harmonique suivant

$$w(x) = \prod_{j=1, j \neq k}^{m_2} (x_1 + ix_2 - a_j^{(2)}) \prod_{j=1}^{m_1} (x_1 + x_2 - a_j^{(1)}),$$

si $n = 2$, et

$$w(x) = \prod_{j=1, j \neq k}^{m_2} (x_1 + ix_2 - Q_j^{(2)}) \prod_{j=1}^{m_1} (x_1 + x_2 - Q_j^{(1)}),$$

si $n = 3$, où le plan (x_1, x_2) est choisi de manière à ce que les projections $(Q_j^{(i)})_j$ des $(a_j^i)_j$ restent distincts. Une simple application de la formule de Green nous donne alors

$$w(a_k^{(2)}) \int_0^T \lambda_k^{(2)}(t) dt = 0,$$

et par suite, $\lambda_k^{(2)} = 0$. Mais ceci contredit le fait que nous avons supposé les $\lambda_k^{(i)}$ toutes non identiquement nulles. Nous concluons que $\{a_k^{(1)},\ k = 1, \ldots m_1\} = \{a_k^{(2)},\ k = 1, \ldots m_2\}$. Donc, après avoir eventuellement changer l'ordre, $m_1 = m_2 = m$ et $a_k^{(1)} = a_k^{(2)}$, $k = 1, \ldots m$. Il en résulte que u satisfait à, où $\lambda_k = \lambda_k^{(1)} - \lambda_k^{(2)}$,

$$\begin{cases} \partial_t u - \Delta u = \sum_{i=1}^m \lambda_k(t)\chi_{B_k^{(1)}}(x), & \text{dans } Q, \\ u(\cdot, 0) = 0, & \\ u = 0, & \text{sur } \Sigma, \\ \partial_\nu u = 0, & \text{sur } \Sigma_\gamma. \end{cases}$$

Nous appliquons alors le dernier lemme pour déduire que $\lambda_k = 0$ pour chaque k, ce qui termine la démonstration. □

Ce sous-paragraphe est préparé à partir de l'article de A. El Badia et T. Ha-Duong [EH].

3.4 Stabilité de la détermination d'une distribution initiale de la chaleur

Soit Ω un domaine borné de classe C^2 de $\mathbb{R}^n$, $n = 2, 3$, et de frontière Γ. Nous considérons l'équation de la chaleur

$$\begin{cases} (\partial_t - \Delta)u = 0, & \text{dans } \Omega \times (0, +\infty), \\ u = 0, & \text{sur } \Gamma \times (0, +\infty), \\ u(\cdot, 0) = f. \end{cases} \qquad (3.39)$$

Pour tout $f \in L^2(\Omega)$, (3.39) admet une unique solution (forte)

$$u = u(f) \in C([0, +\infty); L^2(\Omega)) \cap C^1((0, \infty); L^2(\Omega))$$

telle que $\Delta u \in C((0, +\infty); L^2(\Omega))$ et $u(\cdot, t)_{|\Gamma} = 0$ pour $t > 0$ (voir le Théorème 1.53).

Dans ce paragraphe, nous nous intéressons à la stabilité du problème qui consiste à déterminer f à partir de $\partial_\nu u(f)_{|\Gamma \times (0, +\infty)}$. Notons que l'unicité pour ce problème inverse (linéaire) est une conséquence immédiate du la propriété de l'unicité du prolongement pour l'opérateur $\partial_t - \Delta$. En effet, si

$$\partial_\nu u(f)_{|\Gamma \times (0, +\infty)} = 0$$

alors $u(f)$ est identiquement nulle par le Corollaire 1.50 (unicité du prolongement) et donc $f = u(\cdot, 0)$ est aussi identiquement nulle.

A cause de l'effet régularisant, ce problème est mal posé. Il ne faut pas donc s'attendre à une stabilité de type Lipschitz pour les normes naturelles du problème. Notre objectif dans ce paragraphe est d'établir un résultat de stabilité lipschitzienne avec une norme L^2 pour f et une norme pour $\partial_\nu u(f)_{|\Gamma \times (0, +\infty)}$ construite à partir d'une norme sur un espace de Bergman-Selberg. A cette fin, nous rappelons que, pour $\mu > \frac{1}{2}$, l'espace de Bergman-Selberg $H_\mu(P^+)$, où $P^+ = \{z = p + iq; \ p > 0\}$, est l'espace des fonctions analytiques $f : P^+ \to \mathbb{C}$ avec une norme finie

$$\|f\|_{H_\mu(P^+)} = \left[\frac{1}{\Gamma(2\nu + 1)\pi} \int \int_{P^+} |f(z)|^2 (2p)^{2\mu - 2} dp dq \right]^{\frac{1}{2}}.$$

Proposition 3.13. *[Sa] Pour $f \in H_\mu(P^+)$, nous avons*

$$\|f\|_{H_\mu(P^+)} = \left[\sum_{k \geq 0} \frac{1}{k! \Gamma(k + 2\mu + 1)} \int_0^{+\infty} |\partial_p^k (pf'(p))|^2 p^{2k + 2\mu - 1} dp \right]^{\frac{1}{2}}. \quad (3.40)$$

Inversement, toute f de classe C^∞ sur $\{p; \ p > 0\}$ ayant la quantité de droite dans (3.40) finie admet une extension analytique, encore notée f, sur P^+ qui appartient à $H_\mu(P^+)$ et vérifie $\lim_{p \to +\infty} f(p) = 0$.

Par abus de langage, nous noterons encore $f \in H_\mu(P^+)$ quand f vérifie les hypothèses de la seconde partie de la proposition. En d'autres termes, nous confondons f, qui est définie sur $(0, +\infty)$, avec son extension analytique sur P^+.

Si γ est une partie ouverte de Γ, nous considérons $B_\mu(\gamma \times (0, +\infty))$, l'espace de Banach des fonctions $g : \gamma \times (0, +\infty) \to \mathbb{C}$ mesurables telles que

$$p \in (0, +\infty) \to p^{\frac{3}{2}} g(x, \frac{1}{4p}) \in H_\mu(P^+), \text{ p.p. } x \in \gamma$$

et

$$\|g\|_{B_\mu(\gamma \times (0,+\infty))} = \left[\int_\gamma \|p^{\frac{3}{2}} g(x, \frac{1}{4p})\|_{H_\mu(P^+)} d\sigma(x) \right]^{\frac{1}{2}} < \infty.$$

Le résultat de stabilité que nous allons démontrer dans ce paragraphe est le suivant :

Théorème 3.14. *Fixons $x_0 \in \mathbb{R}^n$ et $\mu \in (1, \frac{5}{4})$ arbitraires et posons*

$$\gamma = \{x \in \Gamma;\ (x - x_0) \cdot \nu(x) > 0\}.$$

Alors il existe une constante positive C, ne dépendant que de Ω, x_0 et μ, telle que

$$C^{-1}\|f\|_{L^2(\Omega)} \leq \|\partial_\nu u(f)\|_{B_\mu(\gamma \times (0,+\infty))} \leq C\|f\|_{H^2(\Omega)}, \ f \in H^2(\Omega) \cap H_0^1(\Omega).$$

Notons tout de suite que γ est exatement la partie "minimale" du bord qui permet d'avoir une inégalité d'observabilité pour l'équation des ondes. Celle-ci intervient de manière essentielle dans notre preuve. De manière précise, grâce à la transformation de Reznitskaya, nous avons

$$u(f)(x,t) = \frac{1}{2\sqrt{\pi t^3}} \int_0^{+\infty} \eta e^{-\frac{\eta^2}{4t}} w(f)(x, \eta) d\eta, \ (x,t) \in \Omega \times (0, +\infty), \quad (3.41)$$

où $w(f)$ est la solution de l'équation des ondes

$$\begin{cases} (\partial_t^2 - \Delta)w = 0, & \text{dans } \Omega \times (0, +\infty), \\ w = 0, & \text{sur } \Gamma(0, +\infty), \\ w(\cdot, 0) = 0, \ \partial_t w(\cdot, 0) = f. \end{cases} \quad (3.42)$$

Rappelons que d'après les résultats classiques de régularité de l'équation des ondes (voir par exemple V. Komornik [Ko] ou J.-L. Lions et E. Magenes [LM]), si $f \in H^2(\Omega) \cap H_0^1(\Omega)$ alors (3.42) admet une unique solution

$$w(f) \in C([0, +\infty); H^3(\Omega) \cap H_0^1(\Omega)) \cap C^1([0, +\infty); H^2(\Omega) \cap H_0^1(\Omega))$$
$$\cap C^2([0, +\infty; H_0^1(\Omega))$$

et

$$\|w(f)(\cdot, t)\|_{H^3(\Omega)}, \ \|\partial_t w(f)(\cdot, t)\|_{H^2(\Omega)} \leq \|f\|_{H^2(\Omega)}. \quad (3.43)$$

Dans tout le reste de ce paragraphe nous fixons arbitrairement $f \in H^2(\Omega) \cap H_0^1(\Omega)$. Les quantités μ, x_0 et γ sont comme le Théorème 3.14. C sera une constante générique, ne dépendant que de Ω, μ et x_0.

Lemme 3.15.

$$\int_0^{+\infty} \int_\gamma (\partial_\nu w(f)(x,t))^2 t^{3-4\mu} d\sigma(x) dt \leq C\|f\|_{H^2(\Omega)}^2.$$

Preuve. Soit

$$W(t) = \int_\gamma (\partial_\nu w(f)(x,t))^2 d\sigma(x) = \|\partial_\nu w(\cdot,t)\|_{L^2(\Gamma)}^2,\ t > 0.$$

Par (3.43) et la continuité de la trace $v \in H^2(\Omega) \to \partial_\nu v_{|\gamma} \in L^2(\gamma)$, nous avons $W \in C([0,+\infty); L^2(\gamma))$,

$$W(t) \leq C\|f\|_{H^2(\Omega)}^2 \tag{3.44}$$

et

$$W'(t) = 2 \int_\gamma \partial_\nu w(f)(x,t) \partial_t \partial_\nu w(f)(x,t) d\sigma(x).$$

Cette identité et l'inégalité de Cauchy-Schwarz impliquent

$$|W'(t)| \leq 2\|\partial_\nu w(f)(\cdot,t)\|_{L^2(\gamma)} \|\partial_t \partial_\nu w(f)(\cdot,t)\|_{L^2(\gamma)}.$$

Nous utilisons de nouveau la continuité de la trace $v \in H^2(\Omega) \to \partial_\nu v_{|\gamma} \in L^2(\gamma)$ pour avoir

$$|W'(t)| \leq C\|f\|_{H^2(\Omega)}^2,\ t > 0.$$

Comme $W(0) = 0$, le théorème des accroissements finis entraine alors

$$W(t) \leq t \sup_{0 \leq s \leq t} |W'(s)| \leq Ct\|f\|_{H^2(\Omega)}^2. \tag{3.45}$$

Il s'ensuit

$$\int_0^{+\infty} W(t) t^{3-4\mu} dt = \int_0^1 W(t) t^{3-4\mu} dt + \int_1^{+\infty} W(t) t^{3-4\mu} dt$$

$$\leq C\|f\|_{H^2(\Omega)}^2 \left(\int_0^1 t^{4-4\mu} dt + \int_1^{+\infty} t^{3-4\mu} dt \right)$$

$$\leq C\|f\|_{H^2(\Omega)}^2 \left(\frac{1}{5-4\mu} + \frac{1}{4\mu-4} \right)$$

$$\leq C\|f\|_{H^2(\Omega)}^2,$$

où nous avons utilisé (3.44) et (3.45). □

Comme nous l'avons dit plus haut, nous utiliserons une inégalité d'observabilité pour l'équation des ondes :

Proposition 3.16. (*L. F. Ho [Ho], V. Komornik [Ko] ou J. L. Lions [Lio]*) *Sous l'hypothèse*

$$T > 2 \sup_{x \in \Omega} |x - x_0|,$$

$$\|f\|_{L^2(\Omega)} \leq C\|\partial_\nu w(f)\|_{L^2(\Gamma \times (0,T))}. \tag{3.46}$$

Preuve du Théorème 3.14. Puisque $n \leq 3$, $H^3(\Omega)$ s'injecte continûment dans $C^1(\overline{\Omega})$. Par suite (3.43) implique

$$|\partial_\nu w(f)(x,t)| \leq C\|f\|_{H^2(\Omega)}, \ (x,t) \in \gamma \times (0,+\infty).$$

Nous pouvons donc intervertir dans (3.41) $\int_0^\infty \ldots d\eta$ et ∂_ν, ce qui nous donne

$$2\sqrt{\pi t^3}\partial_\nu u(f)(x,t) = \int_0^{+\infty} \eta e^{-\frac{\eta^2}{4t}}\partial_\nu w(f)(x,\eta)d\eta, \ (x,t) \in \gamma \times (0,+\infty).$$

Nous prenons $t = \frac{1}{p}$ et nous faisons le changement de variable $s = \eta^2$ dans le membre de droite pour obtenir

$$\frac{\sqrt{\pi}}{2}\frac{1}{p^{\frac{3}{2}}}\partial_\nu u(f)(x,\frac{1}{4p}) = \int_0^{+\infty} e^{-sp}\partial_\nu w(f)(x,t), \ (x,t) \in \gamma \times (0,+\infty). \quad (3.47)$$

Rappelons que la transformée de Laplace d'une fonction $g \in L^1_{loc}(0,+\infty)$, notée $\mathcal{L}g$, est donnée par :

$$\mathcal{L}g(p) = \int_0^{+\infty} e^{-sp}g(s)ds, \ p > 0.$$

Nous pouvons alors réécrire (3.47) sous la forme

$$\frac{\sqrt{\pi}}{2}\frac{1}{p^{\frac{3}{2}}}\partial_\nu u(f)(x,\frac{1}{4p}) = v(x,p) = (\mathcal{L}\psi(x,\cdot))(p), \ (x,p) \in \gamma \times (0,+\infty). \quad (3.48)$$

où nous avons posé

$$\psi(\cdot,s) = \partial_\nu w(f)(\cdot,\sqrt{s}), \ s > 0.$$

D'après une inégalité isométrique pour la transformée de Laplace (voir D.-W. Byun et S. Saitoh [BS])

$$\int_0^{+\infty} \psi(x,t)^2 t^{1-2\mu}dt = \|w(x,\cdot)\|_{H_\mu(P^+)}, \ x \in \gamma, \quad (3.49)$$

dès que l'un des deux membres de cette inégalité est fini. C'est le cas du membre de droite car

$$\int_0^{+\infty} \psi(x,t)^2 t^{1-2\mu}dt = 2\int_0^{+\infty} [\partial_\nu w(f)(x,t)]^2 t^{3-4\mu}dt$$

et

$$\int_0^{+\infty} [\partial_\nu w(f)(x,t)]^2 t^{3-4\mu}dt < \infty, \ \text{p.p. } x \in \gamma \ \text{ par le Lemme 3.15.}$$

Nous concluons alors

$$\int_0^{+\infty} [\partial_\nu w(f)(x,t)]^2 s^{3-4\mu} ds = \frac{1}{2} \|w(x,\cdot)\|_{H_\mu(P^+)}, \text{ p.p. } x \in \gamma,$$

ce qui est équivaut à

$$\int_\gamma \int_0^{+\infty} [\partial_\nu w(f)(x,t)]^2 t^{3-4\mu} dt = \frac{\pi}{8} \int_\Gamma \|p^{\frac{3}{2}} \partial_\nu u(f)(x,\tfrac{1}{4p})\|_{H_\mu(P^+)}^2 d\sigma(x) \tag{3.50}$$

$$= \frac{\pi}{8} \|\partial_\nu u(f)\|_{B_\mu(\gamma \times (0,+\infty))}^2.$$

Cette identité combinée avec l'inégalité du Lemme 3.15 implique

$$\|\partial_\nu u(f)\|_{B_\mu(\gamma \times (0,+\infty))} \le C \|f\|_{H^2(\Omega)}. \tag{3.51}$$

D'autre part, Si $T < 2 \sup_{x \in \Omega} |x - x_0|$ alors, d'après la Proposition 3.16,

$$\|f\|_{L^2(\Omega)} \le C \|\partial_\nu w(f)\|_{L^2(\Gamma \times (0,T))}. \tag{3.52}$$

Mais

$$\int_\gamma \int_0^T [\partial_\nu w(f)(x,t)]^2 dt \le T^{4\mu-3} \int_\gamma \int_0^T [\partial_\nu w(f)(x,t)]^2 t^{3-4\mu} dt$$

$$\le T^{4\mu-3} \int_\gamma \int_0^{+\infty} [\partial_\nu w(f)(x,t)]^2 t^{3-4\mu} dt. \tag{3.53}$$

Nous utilisons maintenant (3.52) et (3.53) pour avoir

$$\|f\|_{L^2(\Omega)} \le C \|\partial_\nu u(f)\|_{B_\mu(\gamma \times (0,+\infty))}. \tag{3.54}$$

La preuve est donc complète puisque (3.51) et (3.54) constituent les deux inégalités que nous voulions démontrer. $\quad\square$

Le Théorème 3.14 est dû à S. Saitoh et M. Yamamoto [SaY].

3.5 Une conséquence de la version n-dimensionnelle du théorème de Borg-Levinson

Soit Ω un domaine borné de $\mathbb{R}^n$ de classe $C^{1,1}$ et de frontière Γ. Nous considérons le problème aux limites

$$\begin{cases} \partial_t u - \Delta u + q(x)u = 0, & \text{dans } Q = \Omega \times (0,T), \\ u = f, & \text{sur } \Sigma = \Gamma \times (0,T), \\ u(\cdot,0) = 0. \end{cases} \tag{3.55}$$

Si $f \in C^{1,\alpha}([0,T]; H^{\frac{3}{2}}(\Gamma))$, avec $0 < \alpha \le 1$ donné, et si R est l'opérateur de relèvement donné dans le Théorème 1.17, alors nous vérifions sans peine que $v(\cdot,t) = Rf(t)$ est dans $C^{1,\alpha}([0,T]; H^2(\Omega))$. Par suite, $w = u - v$ est la solution du problème aux limites suivant

$$\begin{cases} \partial_t w - \Delta w + q(x)w = F = -(\partial_t v - \Delta v + q(x)v), & \text{dans } Q, \\ w = 0, & \text{sur } \Sigma, \\ w(\cdot, 0) = 0. \end{cases} \quad (3.56)$$

Nous avons $F = F_1 + F_2$, avec $F_1 = -\partial_t v \in C^{0,\alpha}([0, T]; H^2(\Omega))$, $F_2 = \Delta v - q(x)v \in C^{1,\alpha}([0, T]; L^2(\Omega))$. Donc, d'après le Théorème 1.53, (3.56) admet une unique solution $w \in C^1([0, T]; L^2(\Omega))$ telle que $\Delta w \in C([0, T]; L^2(\Omega))$ (et donc $u \in C([0, T]; H^2(\Omega))$ d'après la régularité et les estimations à priori H^2 pour les problèmes elliptiques). Il en résulte que (3.55) admet une unique solution $u = u_{q,f} \in C^1([0, T]; L^2(\Omega)) \cap C([0, T]; H^2(\Omega))$ et l'opérateur

$$\Upsilon_q : C^{1,\alpha}([0, T]; H^{\frac{3}{2}}(\Gamma)) \to H^{\frac{1}{2}}(\Gamma) : f \to \partial_\nu u_{q,f}(\cdot, t_0)$$

est borné, où $0 < t_0 < T$ est donné.

Dans ce paragraphe, nous démontrons

Théorème 3.17. *L'application $q \in L^\infty(\Omega) \to \Upsilon_q$ est injective.*

Nous aurons besoin de quelques résultats préliminaires. Pour $q \in L^\infty(\Omega)$, nous notons par $(\lambda_{n,q})$ la suite des valeurs propres, comptées avec leur multiplicité, de l'opérateur $A_q = -\Delta + q$ avec $D(A_q) = H_0^1(\Omega) \cap H^2(\Omega)$. Soit $(\varphi_{n,q})$ une base de fonctions propres, $\varphi_{n,q}$ associée à $\lambda_{n,q}$. Si $0 < \delta < t_0$, nous posons

$$X_0 = \{f \in C^{1,\alpha}([0, T]; H^{\frac{3}{2}}(\Gamma)); \ f(t, \cdot) = 0 \text{ pour } t \in [t_0 - \delta, t_0]\}.$$

Lemme 3.18. *i) Soit*

$$\Psi_q(\sigma, \sigma', t) = \sum_{k \geq 1} \partial_\nu \varphi_{k,q}(\sigma) \partial_\nu \varphi_{k,q}(\sigma') e^{-\lambda_{n,q}t}, \ (\sigma, \sigma', t) \in \Gamma \times \Gamma \times (0, T].$$

Alors la série $\Psi(\cdot, \cdot, t)$ converge dans $H^{\frac{1}{2}}(\Gamma) \times H^{\frac{1}{2}}(\Gamma)$, uniformément sur tout compact de $(0, T]$.

ii) Pour tout $f \in X_0$,

$$\Upsilon_q(f)(\sigma) = -\int_0^{t_0 - \delta} \int_\Gamma \Psi_q(\sigma, \sigma', t_0 - \tau) f(\sigma', \tau) d\sigma' d\tau.$$

Preuve. i) Nous avons vu au sous-paragraphe 2.2.1 que

$$\|\partial_\nu \varphi_{k,q}\|_{H^{\frac{1}{2}}(\Gamma)} \leq C\lambda_{k,q},$$

où $C = C(\Omega, q)$ est une constante. Par suite, si I est un compact de $(0, T]$ et $\epsilon = \min I$ alors

$$\|\Psi_q(\cdot, \cdot, t)\|_{H^{\frac{1}{2}}(\Gamma) \times H^{\frac{1}{2}}(\Gamma)} \leq C \sum_{k \geq 1} \lambda_{k,q}^2 e^{-\epsilon \lambda_{k,q}}, t \in I.$$

D'où le résultat puisque la dernière série converge.[3]

• ii) Nous décomposons $u_{q,f}$, $f \in X_0$ dans la base $(\varphi_{n,q})$:

$$u_{q,f}(t) = \sum_{k \geq 1} \rho_k(t)\varphi_{k,q}.$$

Comme $\rho_k(t) = \int_\Omega u_{q,f}(\cdot,t)\varphi_{k,q}dx$,

$$\lambda_{k,q}\rho_k(t) = \lambda_{k,q}\int_\Omega u_{q,f}(\cdot,t)\varphi_{k,q}dx = \int_\Omega(-\Delta + q)\varphi_{k,q}u_{q,f}(\cdot,t)dx.$$

Une simple application de la formule de Green nous permet de conclure que ρ_k est la solution de l'équation différentielle

$$\rho'(t) + \lambda_{k,q}\rho(t) = -\int_\Gamma \partial_\nu\varphi_{k,q}(\sigma')f(t,\sigma')d\sigma'$$

qui vérifie $\rho(0) = 0$. A l'aide de la formule de Duhamel, nous obtenons

$$\rho_k(t) = -\int_0^t \int_\Gamma \partial_\nu\varphi_{k,q}(\sigma')e^{-\lambda_{k,q}(t-\tau)}f(\sigma',\tau)d\sigma'd\tau.$$

Il en résulte

$$u_{q,f}(x,t_0) = \int_0^{t_0-\delta}\int_\Gamma \Phi_q(x,\sigma',\tau)f(\sigma',\tau)d\sigma'd\tau,$$

avec

$$\Phi_q(x,\sigma',t) = \sum_{k \geq 1}\varphi_{k,q}(x)\partial_\nu\varphi_{k,q}(\sigma')e^{-\lambda_{k,q}t}, \quad (x,\sigma',t) \in \Omega \times \Gamma \times (0,T].$$

Clairement, le même argument que ci-dessus montre que $\Phi_q(\cdot,\cdot,t)$ converge dans $H^2(\Omega) \times H^{\frac{1}{2}}(\Gamma)$ uniformément sur tout compact de $(0,T]$. Le résultat s'ensuit alors en notant que $\partial_{\nu(\sigma)}\Phi_q = \Psi_q$. □

Dans la suite, nous aurons besoin de distinguer les valeurs propres de A_q. Pour cela, nous continuerons de noter par $(\lambda_{n,q})$ la suite des valeurs propres distinctes de A_q. Nous noterons par $(\varphi_{n,q}^i)_{1 \leq i \leq m_{n,q}}$ une base du sous-espace propre associée à $\lambda_{n,q}$, où $m_{n,q}$ est la multiplicité de $\lambda_{n,q}$.

Lemme 3.19. *Pour chaque k, $\partial_\nu\varphi k, q^1, \ldots, \partial_\nu\varphi_{n,q}^{m_{k,q}}$ sont linéairement indépendants dans $L^2(\Gamma)$.*

Preuve. Soient $c_1, \ldots, c_{m_{k,q}}$ des réels tels que

$$\sum_{i=1}^{m_{k,q}} c_i\partial_\nu\varphi_{k,q}^i = 0 \text{ sur } \Gamma.$$

---

[3] Noter que $\lambda_{k,q} \sim k^{\frac{2}{n}}$ par (2.55).

Posons $\varphi = \sum_{i=1}^{m_{k,q}} c_i \varphi_{k,q}^i$. Nous vérifions que φ est telle que

$$\begin{cases} -\Delta\varphi + (q(x) - \lambda_{n,q})\varphi = 0, & \text{dans } \Omega, \\ \varphi = \partial_\nu\varphi = 0, & \text{sur } \Gamma. \end{cases}$$

Par suite, φ est identiquement nulle par le Corollaire 1.50 (unicité du prolongement). C'est-à-dire

$$\sum_{i=1}^{m_{k,q}} c_i \varphi_{k,q}^i = 0, \text{ dans } \Omega.$$

Mais $\varphi_{k,q}^1, \ldots, \varphi_{k,q}^{m_{k,q}}$ sont linéairement indépendants dans $L^2(\Omega)$. D'où $c_1 = \ldots = c_{m_{k,q}} = 0$. $\qquad\square$

Avant de débuter la preuve du Théorème 3.17, nous énonçons un lemme algébrique et un lemme sur d'unicité pour les séries de Dirichlet vectorielles.

Lemme 3.20. *Soient l, m deux entiers positifs non nuls, X un ensemble non vide, $f_i : X \to \mathbb{R}$, $1 \leq i \leq l$, et $g_j : X \to \mathbb{R}$, $1 \leq j \leq m$, des fonctions non identiquement nulles telles que*

$$\sum_{i=1}^l f_i(x)f_i(y) = \sum_{j=1}^m g_j(x)g_j(y), \; x, y \in X, \tag{3.57}$$

et $f_1, \ldots f_l$ (resp. $g_1, \ldots, g_m$) sont linéairement indépendantes. Alors $l = m$ et, notant

$$F(x) = (f_1(x), \ldots, f_m(x))^t, \; G(x) = (g_1(x), \ldots g_m(x))^t,$$

il existe M une matrice $m \times m$ orthogonale telle que $F(x) = MG(x)$, pour tout $x \in X$.

Nous donnons le preuve de ce lemme un peu plus loin.

Lemme 3.21. *Soit X un Banach. Sous les hypothèses suivantes :*

i) Pour chaque $k \geq 1$, $x_k, y_k \in X$, $x_k \neq 0$ et $y_k \neq 0$.

ii) $(\lambda_k)_{k\geq 1}$ et $(\mu_k)_{k\geq 1}$ sont deux suites positives strictement croissantes qui convergent vers $+\infty$.

iiI) Il existe $\sigma > 0$ telle que $\sum_{k\geq 1} e^{-\lambda_k t}\|x_k\|_X$ et $\sum_{k\geq 1} e^{-\mu_k t}\|y_k\|_X$ convergent pour $t > \sigma$.

Si

$$\sum_{k\geq 1} e^{-\lambda_k t}x_k = \sum_{k\geq 1} e^{-\mu_k t}y_k, \; t > \sigma.$$

Alors $\lambda_k = \mu_k$ et $x_k = y_k$, pour $k \geq 1$.

Preuve. Elle résulte tout simplement de l'unicité des séries de Dirichlet scalaires (voir D. V. Widder [Wi]) appliquée aux séries $\sum_{k \geq 1} e^{-\lambda_k t} \langle x', x_k \rangle$ et $\sum_{k \geq 1} e^{-\mu_k t} \langle x', x_k \rangle$, $t > \sigma$, avec $x' \in X'$ arbitraire.   □

Preuve du Théorème 3.17. Soient q_1, $q_2 \in L^\infty(\Omega)$. D'après le Lemme 3.18, $\Upsilon_{q_1} = \Upsilon_{q_2}$ entraine

$$\int_0^{t_0 - \delta} \int_\Gamma \Psi_{q_1}(\sigma, \sigma', t_0 - \tau) f(\sigma', \tau) d\sigma' d\tau = -\int_0^{t_0 - \delta} \int_\Gamma \Psi_{q_2}(\sigma, \sigma', t_0 - \tau) f(\sigma', \tau) d\sigma' d\tau,$$

pour $f \in X_0$, où, pour $i = 1, 2$,

$$\Psi_{q_i}(\sigma, \sigma', t) = \sum_{k \geq 1} \left(\sum_{l=1}^{m_{k,q_i}} \partial_\nu \varphi_{k,q_i}^l(\sigma) \partial_\nu \varphi_{k,q_i}^l(\sigma') \right) e^{-\lambda_{k,q_i} t}, (\sigma, \sigma', t) \in \Gamma \times \Gamma \times (0, T].$$

Il en résulte $\Psi_{q_1} = \Psi_{q_2}$ et donc, d'après l'unicité des séries de Dirichlet vectorielles (Lemme 3.21), nous concluons

$$\lambda_{k,q_1} = \lambda_{k,q_2}, \ k \geq 1 \tag{3.58}$$

et

$$\sum_{l=1}^{m_{k,q_1}} \partial_\nu \varphi_{k,q_1}^l(\sigma) \partial_\nu \varphi_{k,q_1}^l(\sigma') = \sum_{l=1}^{m_{k,q_2}} \partial_\nu \varphi_{k,q_2}^l(\sigma) \partial_\nu \varphi_{k,q_2}^l(\sigma'), \ (\sigma, \sigma') \in \Gamma \times \Gamma, k \geq 1. \tag{3.59}$$

Puisque, par le Lemme 3.19, les $\partial_\nu \varphi_{k,q_i}^l$, $1 \leq l \leq m_{k,q_i}$ sont linéairement indépendantes, nous pouvons appliquer le lemme algébrique, énoncé ci-dessus, pour conclure que $m_{k,q_1} = m_{k,q_2} = m$ et il existe une matrice $m \times m$ orthogonale M telle que

$$F_1(\sigma) = M F_2(\sigma), \ \sigma \in \Gamma, \tag{3.60}$$

avec $F_i = (\partial_\nu \varphi_{k,q_i}^1, \ldots, \partial_\nu \varphi_{k,q_i}^m)^t$, $i = 1, 2$. Définissons

$$(\psi_{k,q_2}^1, \ldots, \psi_{k,q_2}^m)^t = M^{-1}(\varphi_{k,q_2}^1, \ldots, \varphi_{k,q_2}^m)^t.$$

$(\psi_{k,q_2}^1, \ldots, \psi_{k,q_2}^m)$ définie alors une nouvelle base de l'espace propre associé à λ_{k,q_2}. En effet,

$$\int_\Omega \psi_{k,q_2}^r \psi_{k,q_2}^s = \sum_{\alpha=1}^m \sum_{\beta=1}^m M_{r\alpha}^t M_{s\beta} \int_\Omega \varphi_{k,q_2}^\alpha \varphi_{k,q_2}^\beta$$

$$= \sum_{\alpha=1}^m \sum_{\beta=1}^m M_{\alpha r} M_{s\beta} \delta_{\alpha,\beta} = \sum_{\alpha=1}^m \sum_{\beta=1}^m M_{\alpha r}^t M_{s\alpha}$$

$$= (M M^t)_{sr} = \delta_{sr}.$$

car, M étant orthogonale, $M M^t = I$. (3.60) s'écrit maintenant sous la forme

$$\partial_\nu \varphi_{k,q_1}^l = \partial_\nu \psi_{k,q_2}^l, \ 1 \leq l \leq m = m(k), k \geq 1. \tag{3.61}$$

Vu le Théorème 2.12, (3.58) et (3.61) entrainent $q_1 = q_2$, ce qui termine la preuve du théorème. $\square$

Preuve du Lemme 3.20. Soit V (resp. W) l'espace vectoriel engendré par $\{f_1, \ldots, f_l\}$ (resp. $\{g_1, \ldots, g_m\}$). f_1 étant non identiquement nulle, il existe $x_1 \in X$ tel que $f(x_1) \neq 0$ et, comme f_1, f_2 sont linéairement indépendantes, il existe $x_2 \in X$ pour lequel

$$\mathrm{d\acute{e}t} \begin{pmatrix} f_1(x_1) & f_2(x_1) \\ f_1(x_2) & f_2(x_2) \end{pmatrix} \neq 0.$$

Par induction, nous montrons qu'il existe $x_1, \ldots x_l$ des points de X tels que la matrice $l \times l$

$$P = \begin{pmatrix} f_1(x_1) & f_2(x_1) & \ldots & f_l(x_1) \\ f_1(x_2) & f_2(x_2) & \ldots & f_l(x_2) \\ \vdots & \vdots & \vdots & \vdots \\ f_1(x_l) & f_2(x_l) & \ldots & f_l(x_l) \end{pmatrix}$$

soit inversible. En prenant $x = x_j$ dans (3.57), nous trouvons $PF(y) = QG(y)$, $y \in X$, où Q est la matrice $l \times m$ donnée par

$$Q = \begin{pmatrix} g_1(x_1) & g_2(x_1) & \ldots & g_m(x_1) \\ g_1(x_2) & g_2(x_2) & \ldots & g_m(x_2) \\ \vdots & \vdots & \vdots & \vdots \\ g_1(x_l) & g_2(x_l) & \ldots & g_m(x_l) \end{pmatrix}.$$

C'est-à-dire, nous avons $F(y) = MG(y)$, pour tout $y \in X$, avec $M = P^{-1}Q$. Il résulte que $V \subseteq W$. De la même manière, puisque F et G sont interchangeables, nous montrons que nous avons aussi $W \subseteq V$. Par suite, $i = m$ car $\{f_1, \ldots, f_l\}$ (resp. $\{g_1, \ldots, g_m\}$) sont linéairement indépendantes.

Il reste à montrer que M est une matrice orthogonale. De (3.57), nous tirons

$$(M^t M - I)G(x) \cdot G(y) = 0, \ x, y \in X.$$

D'où $M^t M = I$ car $\{g_1, \ldots, g_m\}$ sont linéairement indépendantes. $\square$

Ce paragraphe a été préparé à partir de l'article de B. Canuto et O. Kavian [CK1].

3.6 Détermination d'un coefficient dépendant du temps : méthode fondée sur les solutions "optique géométrique"

Les preuves de certains résultats que nous donnons ici sont similaires à celles du paragraphe 2.1. Cependant, pour le confort du lecteur et afin d'avoir une lecture indépendante de celle du paragraphe 2.1, nous détaillerons toutes les démonstations.

Dans ce paragraphe, nous supposons $n \geq 2$.

3.6.1 Solutions "optique géométrique" et densité des produits de solutions

Nous utiliserons les mêmes notations qu'au paragraphe 2.1 du Chapitre 2 : $D_j = -i\partial_j$ et, pour $\alpha = (\alpha_1 \ldots, \alpha_n) \in \mathbb{N}^n$,

$$D^\alpha = D_1^{\alpha_1} \ldots D_n^{\alpha_n}.$$

Nous considérons l'opérateur différentiel linéaire à coefficients constants

$$P(D) = \sum_{|\alpha| \le m} a_\alpha D^\alpha,$$

où m et un entier et $a_\alpha \in \mathbb{C}$. Si $k_1, \ldots k_n$ sont des entiers positifs, on pose $|\alpha : k| = \sum \frac{\alpha_i}{k_i}$. Si $(k_i)_{1 \le i \le n}$ est telle que

$$P(D) = \sum_{|\alpha:k| \le 1} a_\alpha D^\alpha,$$

nous notons

$$P^\circ(D) = \sum_{|\alpha:k|=1} a_\alpha D^\alpha.$$

Nous dirons que $P(D)$ est semi-elliptique si $P^\circ(\xi) \ne 0$ pour tout $0 \ne \xi \in \mathbb{R}^n$.

Soit $P_a^\pm = \pm\partial_t - ia \cdot \nabla_x - \Delta_x$, où $a \in \mathbb{C}^n$. Le symbole de $P_a^\pm$ est alors donné par

$$P_a^\pm(\xi, \tau) = \pm i\tau + a \cdot \xi + \xi \cdot \xi, \quad (\tau, \xi) \in \mathbb{R}^n \times \mathbb{R}.$$

Clairement $(P_a^\pm)^\circ(\xi, \tau) = \pm i\tau + \xi \cdot \xi$ et donc $P_a^\pm$ est semi-elliptique.

Nous rappelons que $\tilde{P}$ est défini par

$$\tilde{P}(\xi) = \left(\sum_\alpha |D^\alpha P(\xi)|^2\right)^{\frac{1}{2}}.$$

Théorème 3.22. *[Hor2] Soit X un ouvert borné de $\mathbb{R}^{n+1}$ et supposons que $P(D)$ est semi-elliptique. Soit $u \in \mathcal{D}'(X)$ vérifiant $P(D)u \in L^2(X)$. Alors il existe $v \in \mathcal{S}'$ telle que $\tilde{P}(\xi)\mathcal{F}v \in L^2(\mathbb{R}^{n+1})$ et $u = v_{|X}$.*

Si $P_a^\pm$ est comme ci-dessus, alors

$$[\tilde{P}_a^\pm(\xi, \tau)]^2 \ge M[1 + |\xi|^2 + (1 + \tau^2)^{\frac{1}{2}}],$$

pour une certaine constante M. Rappelons d'autre part que l'espace $H^{2,1}(\mathbb{R}_x^n \times \mathbb{R}_t)$ peut être défini par

$$H^{2,1}(\mathbb{R}_x^n \times \mathbb{R}_t) = \{u; \, [1 + |\xi|^2 + (1 + |\tau|^2)^{\frac{1}{2}}]\mathcal{F}u \in L^2(\mathbb{R}_x^n \times \mathbb{R}_t)\}.$$

Si $Q = \Omega \times (0, T)$, où Ω est un domaine de classe C^2 de $\mathbb{R}^n$, il est démontré dans J.-L. Lions et E. Magenes [LM] que

$$H^{2,1}(Q) = \{u_{|Q}; \, u \in H^{2,1}(\mathbb{R}_x^n \times \mathbb{R}_t)\}.$$

Comme conséquence du dernier théorème, nous avons

Corollaire 3.23. *Si* $u \in L^2(Q)$ *vérifie* $P_a^{\pm} u \in L^2(Q)$, *alors* $u \in H^{2,1}(Q)$.

Dans toute la suite X désignera un ouvert borné de $\mathbb{R}^{n+1}$, $n \geq 2$.

Pour $q \in L^{\infty}(X)$ nous posons

$$S_q^{\pm} = \{u \in H^{2,1}(X);\ \pm u_t - \Delta u + qu = 0 \text{ dans } X\}.$$

Proposition 3.24. *Soit* $q \in L^{\infty}(X)$, $\|q\|_{L^{\infty}(X)} \leq M$. *Alors il existe une constante* C, *qui ne dépend que de* Q, n *et* M *pour laquelle : pour tout* $(\xi, \tau) \in \mathbb{C}^n \times \mathbb{C}$ *tel que* $\mp i\tau + \xi \cdot \xi = 0$ *et* $|\Im\xi| > C$, *il existe* $w_{\xi}^{\pm} \in H^{2,1}(X)$ *vérifiant*

$$\|w_{\xi}^{\pm}\|_{L^2(X)} \leq \frac{C}{|\Im\xi| - C} \tag{3.62}$$

et

$$u^{\pm} = e^{-i(\xi \cdot x + \tau t)}(1 + w_{\xi}^{\pm}) \in S_q^{\pm}.$$

Preuve. Soient Ω un un ouvert borné de $\mathbb{R}^n$ de classe C^2 et $T > 0$ tels que $X \subset Q = \Omega \times (0, T)$. Clairement, il nous suffit de démontrer la proposition avec Q à la place de X.

Notons d'abord que $w_{\xi}^{\pm}$ doit satisfaire à l'équation

$$\pm w_t + 2i\xi \cdot \nabla w - \Delta w = -q(1 + w) \text{ dans } Q. \tag{3.63}$$

Soit $P_{\xi}^{\pm}(\eta, \mu) = \mp i\mu + 2\xi \cdot \eta + \eta \cdot \eta$. Par le Théorème 2.3, il existe $E_{\xi}^{\pm} \in B(L^2(Q))$ tel que

$$(\pm \partial_t + 2i\xi \cdot \nabla + \Delta)E_{\xi}^{\pm} f = f,$$

pour $f \in L^2(Q)$, et

$$\|E_{\xi}^{\pm}\|_{\mathcal{L}(L^2(Q))} \leq K \sup_{(\eta,\mu)\in\mathbb{R}^n\times\mathbb{R}} \frac{1}{\tilde{P}_{\xi}^{\pm}(\eta,\mu)}$$

$$\leq K \sup_{(\eta,\mu)\in\mathbb{R}^n\times\mathbb{R}} \frac{1}{|\nabla_{\eta} P_{\xi}^{\pm}(\eta,\mu)|} \leq \frac{K}{|\Im\xi|}, \tag{3.64}$$

où la constante K ne dépend que de n et Q.

Nous introduisons l'application

$$F_{\xi}^{\pm} : L^2(Q) \to L^2(Q)$$

$$f \to E_{\xi}^{\pm}[-q(1 + f)].$$

Nous avons

$$\|F_{\xi}^{\pm} f - F_{\xi}^{\pm} g\|_{L^2(Q)} \leq \frac{K\|q\|_{L^{\infty}(Q)}}{|\Im\xi|}\|f - g\|_{L^2(Q)}$$

$$\leq \frac{KM}{|\Im\xi|}\|f - g\|_{L^2(Q)},\ f, g \in L^2(Q),$$

par (3.64). Par suite, $F_\xi^\pm$ possède un unique point fixe $w_\xi^\pm \in L^2(Q)$ dès que $|\text{Im}(\xi)| > C = KM$. Comme $P_\xi^\pm(D)w_\xi^\pm = -q(1 + w_\xi^\pm) \in L^2(Q)$, $w_\xi^\pm$ est dans $H^{2,1}(Q)$ par le Corollaire 3.23. Nous complétons la preuve en remarquant que

$$\|w_\xi^\pm\|_{L^2(Q)} \leq \|F_\xi^\pm w_\xi^\pm - F_\xi^\pm 0\|_{L^2(Q)} + \|F_\xi^\pm 0\|_{L^2(Q)}$$
$$\leq \frac{C}{|\Im\xi|}(\|w_\xi^\pm\|_{L^2(Q)} + 1),$$

ce qui donne (3.62). $\square$

Comme conséquence de l'existence de solutions "optique géométrique", nous avons

Théorème 3.25. *Soient p, $q \in L^\infty(X)$. Alors*

$$F = vect\{uv, \ u \in S_p^+, \ v \in S_q^-\}$$

est dense dans $L^1(X)$.

Nous utliserons le

Lemme 3.26. *Soit $(k, l) \in \mathbb{R}^n \times \mathbb{R}$, $k \neq 0$. Nous pouvons trouver une constante positive R_0 telle que si $R \geq R_0$ alors il existe $(\xi_\pm, \tau_\pm) \in \mathbb{C}^n \times \mathbb{C}$ vérifiant*

$$|\Im\xi_\pm| \geq R, \quad \mp i\tau_\pm + \xi_\pm \cdot \xi_\pm = 0, \quad (\xi_+, \tau_+) + (\xi_-, \tau_-) = (k, l). \quad (3.65)$$

Preuve. Soit $0 \neq k^\perp \in \mathbb{R}^n$ un vecteur orthogonal à k. Posons

$$\begin{cases} \xi_- = \frac{k}{2} + k^\perp + i(\frac{lk}{2|k|} + k^\perp) \\ \tau_- = \frac{l}{2} + 2|k^\perp|^2 + i\frac{l^2 - |k|^2}{4} \\ (\xi_+, \tau_+) = -(\xi_-, \tau_-) + (k, l). \end{cases} \quad (3.66)$$

Nous vérifions sans peine que $(\xi_\pm, \tau_\pm)$, donné par (3.66), vérifient la seconde et la troisième inégalités de (3.65). La première condition de (3.65) est aussi satisfaite si nous choisissons $|k^\perp|$ assez grand. $\square$

Preuve du Théorème 3.25. Nous raisonnons par l'absurde. Si F n'était pas dense dans $L^1(X)$ alors il existerait, par le théorème de séparation de Hahn-Banach, $f \in L^\infty(X)$ non identiquement nulle telle que

$$\int_X fg\,dx\,dt = 0 \text{ pour } g \in F. \quad (3.67)$$

Fixons $(k, l) \in \mathbb{R}^n \times \mathbb{R}$, $k \neq 0$ arbitraire. D'après le Lemme 3.26, pour R assez large, il existe $(\xi_\pm, \tau_\pm) \in \mathbb{C}^n \times \mathbb{C}$ tel que

$$|\Im\xi_\pm| \geq R, \quad \mp i\tau_\pm + \xi_\pm \cdot \xi_\pm = 0, \quad (\xi_+, \tau_+) + (\xi_-, \tau_-) = (k, l).$$

Nous appliquons alors la Proposition 3.24 pour déduire qu'il existe $w_\xi^\pm \in H^{2,1}(Q)$ vérifiant

$$\|w_\xi^\pm\|_{L^2(Q)} \le \frac{C}{R-C},$$

pour une certaine constante positive C, indépendante de R, et telle que

$$u_+ = e^{-i(\xi_+ \cdot x + \tau_+ t)}(1 + w_\xi^+) \in S_p^+,$$

et

$$u_- = e^{-i(\xi_- \cdot x + \tau_- t)}(1 + w_\xi^-) \in S_q^-.$$

Puisque $u_+ u_- \in F$, (3.67) implique

$$\int_X e^{-i(k \cdot x + lt)} f + \int_X z = 0, \qquad (3.68)$$

avec $z = e^{-i(k \cdot x + lt)}(w_\xi^+ + w_\xi^- + w_\xi^+ w_\xi^-)f$. Mais $w_\xi^\pm$ tend vers zéro dans $L^2(X)$ quand R tend vers $+\infty$. Nous passons donc à la limite dans (3.68), quand R tend vers $+\infty$, pour conclure

$$\int_Q e^{-i(k \cdot x + lt)} f = 0$$

et donc $\mathcal{F}f = 0$ ($\mathcal{F}f$ étant la transformée de Fourier de f). Par suite, f est identiquement nulle. D'où la contradiction. $\qquad\square$

3.6.2 Un résultat d'unicité

Soient Ω un domaine borné de $\mathbb{R}^n$ de classe C^2 et de frontière Γ,

$$Q = \Omega \times (0,T), \ \Sigma_0 = \Omega \times \{0\} \text{ et } \Sigma = \Gamma \times (0,T).$$

Nous introduisons l'espace

$$_0H^{\frac{3}{2},\frac{3}{4}}(\Sigma) = \{\psi \in H^{\frac{3}{2},\frac{3}{4}}(\Sigma); \ \psi(\cdot,0) = 0 \text{ sur } \Gamma\}.$$

Rappelons (voir le Théorème 1.43) que si $q \in L^\infty(Q)$, $\varphi \in {}_0H^{\frac{3}{2},\frac{3}{4}}(\Sigma)$ le problème aux limites

$$\begin{cases} \partial_t u - \Delta u + qu = 0, & \text{dans } Q, \\ u = 0, & \text{sur } \Sigma_0, \\ u = \varphi, & \text{sur } \Sigma, \end{cases} \qquad (3.69)$$

admet une unique solution $u_{q,\varphi}$ dans $H^{2,1}(Q)$ telle que

$$\|u_{q,\varphi}\|_{H^{2,1}(Q)} \le C\|\varphi\|_{H^{\frac{3}{2},\frac{3}{4}}(\Sigma)}, \qquad (3.70)$$

pour une certaine constante positive C indépendante de φ.

Soit Γ' un fermé d'intérieur non vide de Γ et notons $\Sigma' = \Gamma' \times (0,T)$. La continuité de l'opérateur de trace

$$w \in H^{2,1}(Q) \to \partial_\nu w|_{\Sigma'} \in H^{\frac{1}{2},\frac{1}{4}}(\Sigma')$$

et (3.70) nous permettent alors d'affirmer que l'opérateur

$$\Lambda_q : {}_0 H^{\frac{3}{2},\frac{3}{4}}(\Sigma) \to H^{\frac{1}{2},\frac{1}{4}}(\Sigma')$$
$$\varphi \to \partial_\nu u_{q,\varphi}|_{\Sigma'}$$

est borné.

Nous nous proposons de démontrer le résultat d'unicité suivant, où $D_0 = \{\varphi \in {}_0 H^{\frac{3}{2},\frac{3}{4}}(\Sigma),\ \varphi = 0$ en dehors de $\Sigma'\}$,

Théorème 3.27. *L'application* $q \in L^\infty(Q) \to \Lambda_{q|D_0}$ *est injective.*

Pour $q \in L^\infty(Q)$, notons

$$S_q^0 = \{u,\ u = u_{q,\varphi} \text{ pour un certain } \varphi \in D_0\},$$
$$S_q^T = \{v,\ v(.,t) = u(.,T-t) \text{ pour un certain } u \in S_q^0\}.$$

Le Théorème 3.27 résultera du résultat de densité suivant

Proposition 3.28. *Soient* $p,\ q \in L^\infty(Q)$. *Alors*

$$F_{p,q} = vect\{uv,\ u \in S_p^0,\ v \in S_q^T\}$$

est dense dans $L^1(Q)$.

Le preuve de cette proposition utilise le

Lemme 3.29. *Soient* $q \in L^\infty(Q)$, $\omega \subset Q$ *un ouvert tel que* $\overline{\omega} \subset Q$ *et* $f \in L^2(\omega)$. *Si*

$$\int_Q fu\,dxdt = 0,\ u \in S_q^0\ (resp.\ S_q^T)^4 \tag{3.71}$$

alors

$$\int_Q fu\,dxdt = 0,\ u \in S_q^+\ (resp.\ S_q^-), \tag{3.72}$$

où $S_q^\pm = \{u \in H^{2,1}(Q),\ \pm u_t - \Delta u + qu = 0\ dans\ Q\}$.

Preuve. Soit $w \in H^{2,1}(Q)$ l'unique solution du problème aux limites

$$\begin{cases} -\partial_t w - \Delta w + qw = f, & \text{dans } Q, \\ w = 0, & \text{sur } \Sigma_T, \\ w = 0, & \text{sur } \Sigma. \end{cases}$$

---

[4] Nous identifions f avec sont prolongement par 0 en dehors de ω.

Nous appliquons la formule de Green à w et $u = u_{q,\varphi}$, avec $\varphi \in D_0$, pour avoir

$$0 = \int_Q f u \, dx dt + \int_\Sigma \varphi \partial_\nu w \, d\sigma dt.$$

Par suite, (3.71) implique

$$0 = \int_\Sigma \varphi \partial_\nu w \, d\sigma dt \quad \varphi \in D_0.$$

Il en résulte $\partial_\nu w_{|\Sigma'} = 0$. Soit T_0 tel que $Q_0 = \Omega \times (0, T_0) \subset Q \setminus \omega$. Puisque $-\partial_t w - \Delta w + q w = 0$ dans Q_0, $w = 0$ dans Q_0 par le Corollaire 1.50 (unicité du prolongement). En particulier, $w = 0$ sur Σ_0. Par conséquent, (3.72) se déduit facilement d'une nouvelle application de la formule de Green, appliquée à w et $u \in S_q^+$. Pour terminer, nous notons que le même argument est valable si nous remplaçons S_q^0 et S_q^+ par S_q^T et S_q^-. □

Preuve de la Proposition 3.28. Il suffit de démontrer que $F_{p,q}$ est dense dans $L^1(\omega)$ pour tout ouvert ω, $\overline{\omega} \subset Q$. Si $F_{p,q}$ n'était pas dense dans $L^1(\omega)$ pour un certain ω, $\overline{\omega} \subset Q$, alors, d'après le théorème de séparation de Hahn-Banach (voir par exemple L. Schwartz [Sc2]), il existerait $f \in L^\infty(\omega)$ non identiquement nulle telle que

$$\int_\omega f z \, dx dt = 0, \ z \in F_{p,q}.$$

Ceci et le Lemme 3.29 entraineraient

$$\int_\omega f z \, dx dt = 0, \ z \in \mathrm{vect}\{u v, \ u \in S_p^+, \ v \in S_q^-\}.$$

Mais ce dernier espace est dense dans $L^1(\omega)$ par le Théorème 3.25. D'où f serait identiquement nulle, ce qui aboutirait à une contradiction. □

Le Théorème 3.27 est une conséquence de cette dernière proposition et du

Lemme 3.30. *Soient p, $q \in L^\infty(Q)$. Si $\Lambda_{p|D_0} = \Lambda_{q|D_0}$ alors*

$$\int_Q (p - q) z \, dx dt = 0, \ z \in F_{p,q}. \tag{3.73}$$

Preuve. Soient $u_1 = u_{p,\varphi}$, $u_2 = u_{q,\varphi}$ et $w = u_2 - u_1$, où φ est un élément arbitraire de D_0. Un simple calcul nous montre que w vérifie

$$\begin{cases} \partial_t w - \Delta w + q w = (p - q) u_1, & \text{dans } Q, \\ w = 0, & \text{sur } \Sigma_0 \cup \Sigma, \\ \partial_\nu w_{|\Sigma'} = 0. \end{cases}$$

Notons que la derière identité résulte de $\partial_\nu u_{1|\Sigma'} = \partial_\nu u_{2|\Sigma'}$ qui est une conséquence de $\Lambda_{p|D_0} = \Lambda_{q|D_0}$. (3.73) peut se démontrer maintenant aisément en appliquant la formule de Green à $v \in S_q^T$ et w. □

3.6.3 Un résultat de stabilité

Comme au sous-paragraphe précédent, Ω est un domaine borné de $\mathbb{R}^n$ de classe C^2 et de frontière Γ,

$$Q = \Omega \times (0, T), \ \Sigma_0 = \Omega \times \{0\} \text{ et } \Sigma = \Gamma \times (0, T).$$

Considérons $\mathcal{X} = \{(u_0, g) \in H^1(\Omega) \times H^{\frac{3}{2}, \frac{3}{4}}(\Sigma); \ u_{0|\Gamma} = g(\cdot, 0)\}$, qui est un sous-espace fermé de $H^1(\Omega) \times H^{\frac{3}{2}, \frac{3}{4}}(\Sigma)$ par le Théorème 1.42. Nous munissons $\mathcal{X}$ de sa norme naturelle

$$\|f\|_{\mathcal{X}} = \|u_0\|_{H^1(\Omega)} + \|g\|_{H^{\frac{3}{2}, \frac{3}{4}}(\Sigma)}, \text{ pour } f = (u_0, g) \in \mathcal{X},$$

qui en fait un espace de Banach.

Rappelons (voir le Théorème 1.43) que si $q \in L^\infty(Q)$ et $f = (u_0, g) \in \mathcal{X}$ alors le problème aux limites

$$\begin{cases} \partial_t u - \Delta u + qu = 0, & \text{dans } Q, \\ u = u_0, & \text{sur } \Sigma_0, \\ u = g, & \text{sur } \Sigma, \end{cases}$$

admet une unique solution $u = u(q, f) \in H^{2,1}(Q)$ et

$$\|u(q, f)\|_{H^{2,1}(Q)} \leq C\|f\|_{\mathcal{X}},$$

pour une certaine constante C dépendant de M, $M \geq \|q\|_{L^\infty(Q)}$. En notant que $u(q, f)(\cdot, T - \cdot)$ est aussi dans $H^{2,1}(Q)$, la dernière estimation et la continuité de l'opérateur de trace

$$w \in H^{2,1}(Q) \to (w_{|\Sigma_T}, \partial_\nu w) \in H^1(\Omega) \times H^{\frac{1}{2}, \frac{1}{4}}(\Sigma),$$

avec $\Sigma_T = \Omega \times \{T\}$, nous permettent de conclure

$$\|u(q, f)_{|\Sigma_T}\|_{H^1(\Omega)} + \|\partial_\nu u(q, f)_{|\Sigma}\|_{H^{\frac{1}{2}, \frac{1}{4}}(\Sigma)} \leq C\|f\|_{\mathcal{X}}, \qquad (3.74)$$

où $C = C(M)$ est une constante positive. En d'autres termes, l'opérateur linéaire

$$\Lambda_q = (\Lambda_q^1, \Lambda_q^2) : \mathcal{X} \to H^1(\Omega) \times H^{\frac{1}{2}, \frac{1}{4}}(\Sigma)$$
$$f \to (u(q, f)_{|\Sigma_T}, \partial_\nu u(q, f)_{|\Sigma})$$

est borné. De plus, vu (3.74), l'application $q \to \Lambda_q$ envoie les bornés de $L^\infty(Q)$ sur les bornés de $\mathcal{L}(\mathcal{X}; H^1(\Omega) \times H^{\frac{1}{2}, \frac{1}{4}}(\Sigma))$.

Notre objectif dans ce paragraphe est de démontrer le

Théorème 3.31. *Pour $i = 1, 2$ soit $q_i \in L^\infty(Q)$ telles que $q_1 - q_2 \in H_0^1(Q)$*
et

$$\|q_i\|_{H^1(Q)}, \|q_i\|_{L^\infty(Q)} \leq M.$$

Alors

$$\|q_1 - q_2\|_{L^2(Q)} \leq C \left[\log \frac{1}{\delta \|\Lambda_{q_1} - \Lambda_{q_2}\|} \right]^{-\frac{1}{n+3}},$$

si $\|\Lambda_{q_1} - \Lambda_{q_2}\|$ est suffisamment petit, où C et δ sont deux constantes posi-
tives dépendantes de M, et $\|\Lambda_{q_1} - \Lambda_{q_2}\|$ désigne la norme de $\Lambda_{q_1} - \Lambda_{q_2}$ dans
$\mathcal{L}(\mathcal{X}; H^1(\Omega) \times H^{\frac{1}{2},\frac{1}{4}}(\Sigma))$.

Preuve. Posons

$$S_{q_i}^\pm = \{u \in H^{2,1}(Q); \quad \pm u_t - \Delta u + q_i u = 0 \quad \text{dans} \quad Q\}.$$

Soient $u^+ \in S_{q_1}^+$, $f = (u_0, g) = (u^+{}_{|\Sigma_0}, u^+{}_{|\Sigma})$ et notons par v^+ la solution du
problème aux limites

$$\begin{cases} \partial_t u - \Delta u + q_2 u = 0, & \text{dans } Q, \\ u = u_0, & \text{sur } \Sigma_0, \\ u = g, & \text{sur } \Sigma. \end{cases}$$

Nous appliquons alors la formule de Green à $w = u^+ - v^+$ et $v^- \in S_{q_2}^-$ pour
avoir

$$\int_Q (q_2 - q_1) u^+ v^- dx dt = \int_Q (w_t - \Delta w + q_2 w) v^- dx dt = \int_{\Sigma_T} w v^- dx - \int_\Sigma \partial_n w v^- d\sigma.$$

Mais $w_{|\Sigma_T} = u^+{}_{|\Sigma_T} - v^+{}_{|\Sigma_T} = \Lambda_{q_1}^1(f) - \Lambda_{q_2}^1(f)$ et $\partial_\nu w_{|\Sigma} = \Lambda_{q_1}^2(f) - \Lambda_{q_2}^2(f)$.
D'où

$$\int_Q (q_2 - q_1) u^+ v^- dx dt = \int_{\Sigma_T} [\Lambda_{q_1}^1(f) - \Lambda_{q_2}^1(f)] v^- dx - \int_\Sigma [\Lambda_{q_1}^2(f) - \Lambda_{q_2}^2(f)] v^- d\sigma.$$

$$(3.75)$$

Pour poursuivre la preuve, nous utiliserons le lemme suivant, dont la
preuve sera donnée un peu plus loin,

Lemme 3.32. *Pour $i = 1, 2$, soit $q_i \in L^\infty(Q)$, $\|q_i\|_{L^\infty(Q)} \leq M$. Alors il existe*
$r_0 > 0$ pour lequel : pour tous $\zeta \in \mathbb{R}^{n+1}$ et $r \geq r_0$, nous trouvons $u^+ \in S_{q_1}^+$ et
$v^- \in S_{q_2}^-$ qui vérifient

(i) $u^+ = e^{-i\zeta_+ \cdot (x,t)}(1 + w_{\zeta_+})$, $v^- = e^{-i\zeta_- \cdot (x,t)}(1 + w_{\zeta_-})$, avec $\zeta_+, \zeta_- \in \mathbb{C}^{n+1}$
et $\zeta_+ + \zeta_- = \zeta$.

(ii) $\|w_{\zeta_+}\|_{L^2(Q)}, \|w_{\zeta_-}\|_{L^2(Q)} \leq \frac{C}{r}$.

(iii) $\|u^+\|_{H^{2,1}(Q)}, \|v^-\|_{H^{2,1}(Q)} \leq C e^{\delta(r + |\zeta|^2)}$.

Les constantes C et δ ne dépendent que de M et Q.

Soit r_0 comme dans le lemme ci-dessus. Soient $\zeta \in \mathbb{R}^{n+1}$, $r \geq r_0$ et u^+, v^- satisfaisant à (i)-(iii) du Lemme 3.32. Alors (3.75) implique

$$\int_Q (q_2 - q_1)e^{-i\zeta \cdot (x,t)}dxdt = -\int_Q (q_2 - q_1)(w_{\zeta_+} + w_{\zeta_-} + w_{\zeta_+} w_{\zeta_-})dxdt +$$
$$+ \int_{\Sigma_T} [\Lambda^1_{q_1}(f) - \Lambda^1_{q_2}(f)]v^- dx - \int_\Sigma [\Lambda^2_{q_1}(f) - \Lambda^2_{q_2}(f)]v^- d\sigma, \quad (3.76)$$

où $f = (u^+_{|\Sigma_T}, u^+_{|\Sigma})$.

Soit q égale à $q_1 - q_2$, prolongée par 0 en dehors de Q. $\mathcal{F}q$ étant la transformée de Fourier de q, de (3.76) nous déduisons

$$|\mathcal{F}q(\zeta)| \leq \frac{C}{r} + \|\Lambda^1_{q_1}(f) - \Lambda^1_{q_2}(f)\|_{H^1(\Omega)}\|v^-\|_{H^1(\Omega)}$$
$$+ \|\Lambda^2_{q_1}(f) - \Lambda^2_{q_2}(f)\|_{H^{\frac{1}{2},\frac{1}{4}}(\Sigma)}\|v-\|_{H^{\frac{3}{2},\frac{3}{4}}(\Sigma)},$$

où nous avons supposé que $r_0 \geq 1$.

Nous utilisons

$$\|f\|_\mathcal{X} \leq c\|u^+\|_{H^{2,1}(Q)}, \quad \|v^-_{|\Sigma_T}\|_{H^1(\Omega)} + \|v^-_{|\Sigma}\| \leq c\|v^-\|_{H^{2,1}(Q)}$$

(pour une certaine constante c) et le Lemme 3.32 (iii) pour conclure

$$|\mathcal{F}q(\zeta)| \leq C\left(\frac{1}{r} + \|\Lambda_{q_1} - \Lambda_{q_2}\|e^{\delta(r+|\zeta|^2)}\right),$$

pour $r \geq r_0$, où les constantes C et δ sont indépendantes de r et ζ.

Posons $\gamma = \|\Lambda_{q_1} - \Lambda_{q_2}\|$ et $\rho_0 = [\frac{1}{2\delta} \log \frac{1}{\gamma}]^{\frac{1}{2}}$ (γ est supposée suffisamment petit). De la dernière inégalité nous tirons

$$|\mathcal{F}q(\zeta)| \leq C\left(\frac{1}{r} + \gamma^{\frac{1}{2}}e^{\delta r}\right), \quad \text{si} \quad r \geq r_0 \quad \text{et} \quad |\zeta| \leq \rho_0. \quad (3.77)$$

Supposons que $\delta\gamma^{\frac{1}{2}} \leq e^{\frac{-\delta r_0}{r_0^2}}$. Alors, comme $e^{\frac{-\delta r}{r^2}}$ est décroissante, il existe $r_1 \geq r_0$ tel que $\delta\gamma^{\frac{1}{2}} = e^{\frac{-\delta r_1}{r_1^2}}$. Par conséquent, (3.77) implique

$$|\mathcal{F}q(\zeta)| \leq C\left(\frac{1}{r_1} + \frac{1}{\delta r_1^2}\right) \leq C\left(1 + \frac{1}{\delta}\right)\frac{1}{r_1}, \quad \text{si} \quad |\zeta| \leq \rho_0. \quad (3.78)$$

Or $e^{(\sqrt{2}+\delta)r_1} \geq r_1^2 e^{\delta r_1} = \frac{1}{\delta\gamma^{\frac{1}{2}}}$. Ceci et (3.78) donnent

$$|\mathcal{F}q(\zeta)| \leq C[\log \frac{1}{\delta^2\gamma}]^{-1}, \quad \text{si} \quad |\zeta| \leq \rho_0. \quad (3.79)$$

D'autre part, puisque $q \in H^1(\mathbb{R}^{n+1})$, $(1 + |\zeta|^2)^{\frac{1}{2}}\mathcal{F}q \in L^2(\mathbb{R}^{n+1})$ et donc

$$\int_{|\zeta|\geq\rho} \mathcal{F}q(\zeta)^2 \leq \frac{1}{\rho^2}\int_{|\zeta|\geq\rho}|\zeta|^2\mathcal{F}q(\zeta)^2 \leq \frac{1}{\rho^2}\|q\|_{H^1(\mathbb{R}^{n+1})} \leq \frac{4M^2}{\rho^2}.$$

En tenant compte de (3.79), nous obtenons l'estimation

$$\|q\|_{L^2(\mathbb{R}^{n+1})}^2 = \|\mathcal{F}q\|_{L^2(\mathbb{R}^{n+1})}^2 \leq C(\rho^{n+1}[\log\frac{1}{\delta^2\gamma}]^{-1} + \frac{1}{\rho^2}), \tag{3.80}$$

pour $\rho \leq \rho_0$.

Maintenant la fonction $\rho^{n+1}[\log\frac{1}{\delta^2\gamma}]^{-1} + \frac{1}{\rho^2}$ atteint son minimum en

$$\rho_1 = \Big[\frac{2}{n+1}\log\frac{1}{\delta^2\gamma}\Big]^{\frac{1}{n+3}}.$$

Nous avons $\rho_1 \leq \rho_0$ si $[\frac{2}{n+1}\log\frac{1}{\delta^2\gamma}]^{\frac{1}{n+3}} \leq [\frac{1}{2\delta}\log\frac{1}{\gamma}]^{\frac{1}{2}}$. Bien entendu cette estimation est vraie dès que γ est suffisamment petit. Nous prenons alors $\rho = \rho_1$ dans (3.80) pour avoir

$$\|q\|_{L^2(\mathbb{R}^{n+1})}^2 \leq C\Big[\log\frac{1}{\delta^2\gamma}\Big]^{-\frac{2}{n+3}},$$

ce qui termine la preuve. $\qquad\square$

Preuve du Lemme 3.32. D'après la Proposition 3.24, il existe r_0, qui dépend de M, tel que pour tout $(\xi,\tau) \in \mathbb{C}^n \times \mathbb{C}$ vérifiant $\mp i\tau + \xi\cdot\xi = 0$ et $|\Im\xi| \geq r_0$ correspond $w_\xi \in H^{2,1}(Q)$ avec les propriétés

$$\|w_\xi\|_{L^2(Q)} \leq \frac{C}{|\Im\xi|} \quad \text{et} \quad u = e^{-i(\xi,\tau)\cdot(x,t)}(1+w_\xi) \in S_q^\pm, \tag{3.81}$$

avec $q = q_1$ ou q_2.

Soient $P = P_\xi^\pm$ et $E = E_\xi^\pm$, où $P_\xi^\pm$ et $E_\xi^\pm$ sont les mêmes que dans la preuve de la Proposition 3.24. Il n'est difficile de voir que $\frac{|\eta|}{\bar{P}(\eta,\mu)}$, $\frac{|\mu|}{\bar{P}(\eta,\mu)}$ et $\frac{|\eta|^2}{(1+|\Re\xi|^2)\bar{P}(\eta,\mu)}$ sont bornées. Ceci, le Théorème 2.3 (ii) et le fait que $w_\xi = E(-q(1+w_\xi))$ entrainent

$$\|w_\xi\|_{H^{2,1}(Q)} \leq C(1+|\Re\xi|^2).$$

Donc

$$\|u\|_{H^{2,1}(Q)} \leq C(|\tau| + |\xi| + |\xi|^2)e^{\delta(|\Im\xi|+|\Im\tau|)}. \tag{3.82}$$

Si $\zeta = (k,l) \in \mathbb{R}^n \times \mathbb{R}$, soient $\zeta_+ = (\xi_+,\tau_+)$ et $\zeta_- = (\xi_-,\tau_-)$ comme dans (3.66). La conclusion résulte alors aisément de (3.81) et (3.82) en prenant $r = |k^\perp|$ dans (3.66). $\qquad\square$

3.7 Stabilité de la détermination d'un terme semilinéaire

Dans ce paragraphe, nous établissons un résultat de stabilité pour le problème que nous avons étudié au sous-paragraphe 3.1.2 et pour lequel nous avons démontré un résultat d'unicité.

Soit Ω un domaine borné de $\mathbb{R}^n$, de frontière Γ, et notons

$$Q = \overline{\Omega} \times [0,T], \ \Sigma_0 = \Omega \times \{0\}, \text{ et } \Sigma = \Gamma \times [0,T].$$

Même si ce n'est pas toujours nécessaire, nous supposons, pour simplifier, que Ω est de classe C^∞. Nous considérons le problème aux limites

$$\begin{cases} \Delta u - \partial_t u = f(u), & \text{dans } Q, \\ u = 0, & \text{dans } \Sigma_0, \\ u = \varphi, & \text{sur } \Sigma. \end{cases} \tag{3.83}$$

Nous supposons que $\varphi \in C^{2+\alpha,1+\frac{\alpha}{2}}(\Sigma)$ pour un certain α, $0 < \alpha < 1$, et vérifie

$$\varphi \geq 0, \quad \varphi(\cdot,0) = 0, \quad \varphi \not\equiv 0.$$

Posons

$$M = \max_\Sigma \varphi.$$

Nous pouvons montrer (voir par exemple O. A. Ladyzhenskaja, V. A. Solonnikov and N. N. Ural'tzeva [LSU]) que si $f \in C^1(\mathbb{R})$ est positive, croissante et $f(0) = 0$ alors le problème aux limites (3.83) admet une unique solution $u = u_f \in C^{2+\alpha,1+\frac{\alpha}{2}}(Q)$. Notons alors par $\mathcal{F}$ l'ensemble des fonctions $f \in C^1(\mathbb{R})$ satisfaisant $f(0) = 0$, $f \geq 0$ et pour lesquelles le problème aux limites (3.83) admet une unique solution $u_f \in C^{2+\alpha,1+\frac{\alpha}{2}}(Q)$.

Nous noterons la constante de Lipschitz d'une fonction h, définie sur $[0,M]$, par $L(h)$. C'est-à-dire

$$L(h) = \inf\{C \in \mathbb{R}_+; \ |h(t) - h(s)| \leq C|t-s|, \ t,s \in [0,M]\}.$$

Soit

$$\mathcal{F}_0 = \{h \in \mathcal{F}; \ h' \text{ est lipschitzienne sur } [0,M]\}$$

et, pour $R > 0$, notons

$$\mathcal{F}_R = \{h \in \mathcal{F}_0; \ \|h\|_{C^1[0,M]} + L(h') \leq R\}.$$

Soit K une constante donnée et posons $D = \{z \in \mathbb{C}; \ \Re z > 0, \ |\Im z| < K\}$. De manière usuelle $\mathcal{A}(D)$ désigne l'espace des fonctions analytiques sur D. Si $R > 0$, nous définissons l'ensemble

$$\tilde{\mathcal{F}}_R = \{h \in \mathcal{F}_0; \ h = H_{|\mathbb{R}_+} \text{ pour un certain } H \in \mathcal{A}(D) \cap C(\overline{D}),$$
$$\|H\|_{C^1[0,M]} + L(H') + \|H\|_{C(\overline{D})} \leq R\}.$$

Nous nous proposons dans ce paragraphe de démontrer les deux théorèmes suivants :

Théorème 3.33. *Fixons $N \geq 1$ un entier et $R > 0$ une constante. Il existe deux constantes positives C et δ telles que si f, $g \in \mathcal{F}_R$, $f - g$ change de signe au plus N fois sur $[0, M]$ et $\|f - g\|_{C^1[0,M]} \leq \delta$, alors*

$$\|f - g\|_{L^\infty(0,M)} \leq C \|\partial_\nu u_f - \partial_\nu u_g\|_{L^\infty(\Sigma)}^{\frac{1}{(n+2)^N}}.$$

Théorème 3.34. *Fixons $0 < m \leq M$ tel que $2m < K$ et $R > 0$ une constante. Alors pour tout $\epsilon \in (0, \frac{1}{3})$, il existe deux constantes positives C_ϵ et $\delta > 0$ telles que*

$$\|f - g\|_{L^\infty(0,M)} \leq C_\epsilon \|\partial_\nu u_f - \partial_\nu u_g\|_{L^\infty(\Sigma)}^{\theta_\epsilon},$$

pour f, $g \in \tilde{\mathcal{F}}_R$, $f - g$ a un signe constant sur $[0, m]$ et $\|f - g\|_{C^1[0,M]} \leq \delta$. Ici

$$\theta_\epsilon = \frac{1}{n+2} (\frac{1}{3} - \epsilon) exp(\sqrt{3}\pi(\frac{1}{2} - k)),$$

où k est le plus petit entier tel que $km \geq M$.

La preuve du Théorème 3.33 utilise une minoration gaussienne de la solution fondamentale d'un opérateur parabolique de la forme

$$Pu = \Delta u - \partial_t u + c(x,t)u.$$

Ces minorations étant intéressantes en elles mêmes, nous les démontrerons au prochain sous-paragraphe. Un second sous-paragraphe sera, quant à lui, consacré à la preuve des Théorèmes 3.33 et 3.34.

3.7.1 Minoration gaussienne pour la solution fondamentale

Le point clé consiste à établir une minoration gaussienne pour le noyau de la chaleur associé au laplacien Neumann. Rappelons que le laplacien Neumann sur Ω, noté Δ_N, est (moins) l'opérateur associé à la forme bilinéaire

$$a(u,v) = \int_\Omega \nabla u \cdot \nabla v dx, \ D(a) = H^1(\Omega).$$

Il est bien connu que Δ_N est le générateur dans $L^2(\Omega)$ d'un semi-groupe analytique $(e^{t\Delta_N})_{t \geq 0}$. De plus, il existe $0 \leq p(t,x,y) \in C^\infty((0,+\infty) \times \mathbb{R}^n \times \mathbb{R}^n)$, appelée noyau de la chaleur de Δ_N, telle que

$$e^{t\Delta_N} f(x) = \int_\Omega p(t,x,y) f(y) dy, \ \text{p.p.} \ x \in \Omega, \tag{3.84}$$

pour $f \in L^2(\Omega)$.

Nous utiliserons la majoration gaussienne suivante : pour tout $\epsilon > 0$,

$$p(t, x, y) \leq C_\epsilon e^{\epsilon t} t^{-\frac{n}{2}} e^{-c\frac{|x-y|^2}{t}}, \ t > 0. \tag{3.85}$$

où c et C_ϵ sont deux constantes positives, avec C_ϵ dépendant de ϵ. (Le lecteur trouvera une démonstration de cette inégalité dans E. B. Davies [Da] ou E. Ouhabaz [Ou].)

Proposition 3.35. *Il existe une constante positive C telle que*

$$p(t, x, x), \geq C t^{-\frac{n}{2}}, \ t > 0 \ et \ x \in \Omega. \tag{3.86}$$

Preuve. Fixons $x \in \Omega$. Nous considérons séparément les cas (a) $0 < t \leq 1$ et (b) $t \geq 1$. Soit $B(x, \sqrt{t})$ la boule de centre x et de rayon $\sqrt{t}$. Pour le cas (a), nous avons d'après la majoration gaussienne (3.85),

$$\int_{\Omega \setminus B(x, \alpha\sqrt{t})} p(t, x, y) dy \leq \int_{\Omega \setminus B(x, \alpha\sqrt{t})} C e^{\epsilon t} t^{-\frac{n}{2}} e^{-c\frac{|x-y|^2}{t}} dy$$

$$\leq C e e^{-\frac{c}{2}\alpha^2} \int_{\Omega \setminus B(x, \alpha\sqrt{t})} t^{-\frac{n}{2}} e^{-\frac{c}{2}\frac{|x-y|^2}{t}} dy$$

$$\leq C' e^{-\frac{c}{2}\alpha^2},$$

pour certaines constantes postives C et C'. Donc, il existe $\alpha_0 > 0$, indépendante de t et x, pour laquelle

$$\int_{\Omega \setminus B(x, \alpha\sqrt{t})} p(t, x, y) dy \leq \frac{1}{2}, \ \text{pour tout } \alpha \geq \alpha_0. \tag{3.87}$$

La propriété de semi-groupe $e^{(t+s)\Delta_N} = e^{t\Delta_N} e^{s\Delta_N}$ et la propriété de symétrie $p(t, x, y) = p(t, y, x)$ impliquent

$$p(t, x, x) = \int_\Omega p(\frac{t}{2}, x, y)^2 dy.$$

Par suite,

$$p(t, x, x) \geq \int_{B(x, \alpha_0\sqrt{t}) \cap \Omega} p(\frac{t}{2}, x, y)^2 dy$$

$$\geq \frac{1}{|B(x, \alpha_0\sqrt{t}) \cap \Omega|} (\int_{B(x, \alpha_0\sqrt{t}) \cap \Omega} p(\frac{t}{2}, x, y) dy)^2$$

$$\geq C t^{-\frac{n}{2}} (1 - \int_{\Omega \setminus B(x, \alpha_0\sqrt{t})} p(\frac{t}{2}, x, y) dy)^2,$$

où C est une constante positive. D'où

$$p(t, x, x) \geq \frac{C}{4} t^{-\frac{n}{2}},$$

en utilisant (3.87).

Examinons maintenant le cas (b) $t \geq 1$. De la propriété $e^{t\Delta_N}1 = 1$ nous tirons $1 = \int_\Omega p(\frac{t}{2}, x, y)dy$. Ceci et l'inégalité de Cauchy-Schwarz entrainent

$$1 = \left(\int_\Omega p(\frac{t}{2}, x, y)dy \right)^2 \leq |\Omega| \int_\Omega p(\frac{t}{2}, x, y)^2 dy = |\Omega| p(t, x, x).$$

Comme $t \geq 1$, nous avons

$$p(t, x, x) \geq \frac{1}{|\Omega|} t^{-\frac{n}{2}},$$

ce qui termine la preuve. $\qquad\square$

Proposition 3.36. *Etant donnée $T > 0$. Alors il existe deux constantes positives $\delta > 0$ et $c > 0$ telles que*

$$p(t, x, y) \geq ct^{-\frac{n}{2}}, \ 0 < t \leq T, \ x, y \in \Omega, \ |x - y| \leq \delta\sqrt{t}. \tag{3.88}$$

Preuve. Nous distiguerons deux cas : (i) n est impair et (ii) n est pair. Dans cette démonstration C désigne une constante générique.

(i) Supposons que $n = 2p + 1$ et notons $k = p + 1$. D'après les théorèmes classiques de régularité elliptiques (voir par exemple J.-L. Lions and E. Magenes [LM]) nous déduisons que l'opérateur $(1 - \Delta_N)$ est un isomorphisme de $H^k(\Omega)$ sur $H^{k-2}(\Omega)$. Aussi, puisque $k - \frac{n}{2} = \frac{1}{2}$ nous concluons que $H^k(\Omega)$ s'injecte continûment dans $C^{\frac{1}{2}}(\overline{\Omega})$. Or $p(t, \cdot, y) \in D((1 - \Delta_N)^{\frac{k}{2}})$ pour tout $t > 0$ (ici $D((1 - \Delta_N)^{\frac{k}{2}})$ est le domaine de la puissance fractionnaire $(1 - \Delta_N)^{\frac{k}{2}}$ de l'opérateur $1 - \Delta_N$). Ainsi,

$$|p(t, x, y) - p(t, x', y)| \leq [p(t, \cdot, y)]_{\frac{1}{2}} |x - x'|^{\frac{1}{2}}$$

$$\leq C|x - x'|^{\frac{1}{2}} \|p(t, \cdot, y)\|_{H^k(\Omega)} \tag{3.89}$$

$$\leq C|x - x'|^{\frac{1}{2}} \|(1 - \Delta_N)^{\frac{k}{2}} p(t, \cdot, y)\|_{L^2(\Omega)}, \ x, x', y \in \Omega,$$

où

$$[u]_{\frac{1}{2}} = \sup_{x, y \in \Omega, \ x \neq y} \frac{|u(x) - u(y)|}{|x - y|^{\frac{1}{2}}}.$$

La troisième inégalité de (3.89) est une conséquence d'un résultat de D. Fujiwara [Fu].

Notons $\tilde{p}$ le noyau de la chaleur associé à l'opérateur $-1 + \Delta_N$. De (3.85), avec $\epsilon = 1$, et (3.89) nous déduisons

$$\tilde{p}(t, x, y) = e^{-t}p(t, x, y) \leq Ct^{-\frac{n}{2}}, \ t > 0, \tag{3.90}$$

et

$$|\tilde{p}(t,x,y) - \tilde{p}(t,x',y)| \leq C|x-x'|^{\frac{1}{2}}\|(1-\Delta_N)^{\frac{k}{2}}\tilde{p}(t,\cdot,y)\|_{L^2(\Omega)}, \ x,x',y \in \Omega.$$
(3.91)

Comme $e^{t(-1+\Delta_N)}$ est un semi-groupe holomorphe borné sur $L^2(\Omega)$ et que le spectre de $1-\Delta_N$ est inclus dans $[1,+\infty[$, nous avons (voir la formule (1.21))

$$\|(1-\Delta_N)^{\frac{k}{2}}e^{\frac{t}{2}(-1+\Delta_N)}\|_{L^2(\Omega)} \leq Ct^{-\frac{k}{2}}e^{-\frac{t}{2}}, \ t > 0.$$

De plus $\tilde{p}(t,\cdot,y) = e^{\frac{t}{2}(-1+\Delta_N)}\tilde{p}(\frac{t}{2},\cdot,y)$. D'où, (3.91) implique

$$|\tilde{p}(t,x,y) - \tilde{p}(t,x',y)| \leq C|x-x'|^{\frac{1}{2}}t^{-\frac{k}{2}}e^{-\frac{t}{2}}\|\tilde{p}(\frac{t}{2},\cdot,y)\|_{L^2(\Omega)}, \ x,x',y \in \Omega.$$
(3.92)

Puisque

$$\|\tilde{p}(\frac{t}{2},\cdot,y)\|_{L^2(\Omega)} \leq \|\tilde{p}(\frac{t}{2},\cdot,y)\|_{L^1(\Omega)}^{\frac{1}{2}}\|\tilde{p}(\frac{t}{2},\cdot,y)\|_{L^\infty(\Omega)}^{\frac{1}{2}}$$

et $\int_\Omega \tilde{p}(t,x,y)dx = e^{-\frac{t}{2}}$, nous déduisons de (3.90)

$$\|\tilde{p}(\frac{t}{2},\cdot,y)\|_{L^2(\Omega)} \leq Ct^{-\frac{n}{4}}e^{-\frac{t}{4}}.$$

Une combinaison de cette estimation et (3.92) nous donne

$$|\tilde{p}(t,x,y) - \tilde{p}(t,x',y)| \leq C|x-x'|^{\frac{1}{2}}t^{-\frac{n}{2}-\frac{1}{4}}e^{-\frac{3t}{4}}, \ t > 0,$$

où nous avons utilisé $-\frac{k}{2}-\frac{n}{4} = -\frac{n}{2}-(\frac{k}{2}-\frac{n}{4}) = -\frac{n}{2}-\frac{1}{4}$. Par suite,

$$|p(t,x,y) - p(t,x',y)| \leq C|x-x'|^{\frac{1}{2}}t^{-\frac{n}{2}-\frac{1}{4}}, \ 0 < t \leq T.$$
(3.93)

L'estimation (3.88) résulte alors de (3.86), (3.93) et de l'inégalité suivante

$$p(t,x,y) \geq p(t,x,x) - |p(t,x,y) - p(t,x,x)|.$$

(ii) Soit $n = 2p$, $s = p+1+\epsilon$, avec $0 < \epsilon < 1$ donné. Comme $s - \frac{n}{2} > 1$, $H^s(\Omega)$ s'injecte continûment dans $C^1(\overline{\Omega})$ (voir R. A. Adams [Ad] ou J.-L. Lions et E. Magenes [LM]). D'autre part, d'après le Lemme 6.35 de D. Gilbarg et N. S. Trudinger [GT], $C^1(\overline{\Omega})$ s'injecte continûment dans $C^{0,1-\epsilon}(\overline{\Omega})$ et

$$\|u\|_{C^{0,1-\epsilon}(\overline{\Omega})} \leq K\|u\|_{C^1(\overline{\Omega})}, \ u \in C^1(\overline{\Omega}),$$
(3.94)

où la constante K est indépendante de ϵ.

Comme nous l'avons fait dans le cas précédent, en utilisant le fait que $(-1+\Delta_N)$ définie un isomorphime de $H^s(\Omega)$ sur $H^{s-2}(\Omega)$ (voir par exemple J.-L. Lions et E. Magenes [LM]), nous avons

$$|\tilde{p}(t,x,y) - \tilde{p}(t,x',y)| \leq C|x-x'|^{1-\epsilon}\|(1-\Delta_N)^{\frac{s}{2}}\tilde{p}(t,\cdot,y)\|_{L^2(\Omega)},$$
(3.95)

pour $x,x',y \in \Omega$.

De nouveau l'holomorphie de $e^{t(-1+\Delta_N)}$ sur $L^2(\Omega)$ nous donne

$$\|(-1+\Delta_N)^{\frac{s}{2}}e^{\frac{t}{2}(-1+\Delta_N)}\| \leq CM(\epsilon)t^{-\frac{s}{2}}e^{-\frac{t}{2}}, \ t > 0. \qquad (3.96)$$

Ici la constante $M(\epsilon)$ est explicitement donnée par

$$M(\epsilon) = \frac{M_m}{\Gamma(m-\frac{s}{2})}\int_0^{+\infty} r^{m-\frac{s}{2}-1}(1+r)^{-m}, \qquad (3.97)$$

où m est un entier satisfaisant à $m-1 < \frac{s}{2} < m$ et M_m est une certaine constante dépendante de m (voir M. Renardy and R. C. Rogers [RR] par exemple).

De la même manière qu'en (i), Nous déduisons de (3.95) et (3.96)

$$|\tilde{p}(t,x,y) - \tilde{p}(t,x',y)| \leq CM(\epsilon)|x-x'|^{1-\epsilon}t^{-\frac{n}{2}-\frac{1+\epsilon}{2}}e^{-\frac{3t}{4}}, \ t > 0. \qquad (3.98)$$

Quand $\epsilon \searrow 0$, $\frac{s}{2}$ converge vers un $\alpha \in [m-1,m[$ ($\alpha = m-1$ si p est impair) et, par (3.97), $M(0) = \lim_{\epsilon \searrow 0} M(\epsilon) < \infty$. Nous passons à la limite, quand $\epsilon \searrow 0$, dans (3.98) pour avoir

$$|\tilde{p}(t,x,y) - \tilde{p}(t,x',y)| \leq C|x-x'|t^{-\frac{n}{2}-\frac{1}{2}}e^{-\frac{3t}{4}}, \ t > 0. \qquad (3.99)$$

Le reste de la preuve est identique à celui de (i). $\square$

Théorème 3.37. *Nous avons l'estimation*

$$p(t,x,y) \geq Ct^{-\frac{n}{2}}e^{-C\frac{|x-y|^2}{t}}, \ x,y \in \Omega, \ 0 < t \leq T, \qquad (3.100)$$

pour une certaine constante positive C.

Preuve. Fixons x, $y \in \Omega$ et $0 < t \leq T$. Comme Ω is connexe, il existe un chemin $\gamma : [0,1] \to \Omega$ joignant x à y, avec γ constante par morceaux. Pour tout entier positif k et $y_i = \gamma(\frac{i}{k})$, $i = 0,1,\ldots k$, il n'est pas difficile de démontrer qu'il existe une constante $c \geq 1$, indépendante de k, telle que

$$|y_i - y_{i-1}| \leq \frac{c}{k}|x-y|, \ i = 0,\ldots,k-1. \qquad (3.101)$$

Si $2c|x-y| \leq \delta t^{\frac{1}{2}}$ (et donc $|x-y| \leq \delta t^{\frac{1}{2}}$), (3.100) résulte immédiatement de la Proposition 3.36. Nous supposons alors que $2c|x-y| > \delta t^{\frac{1}{2}}$. Notons par $m \geq 2$ le petit entier satisfaisant

$$2c\frac{|x-y|}{m^{\frac{1}{2}}} \leq \delta t^{\frac{1}{2}},$$

où c est comme dans (3.101). Soient $x_i = \gamma(\frac{i}{m})$, $i = 0,1,\ldots m$ et $r = \frac{1}{4}\delta(\frac{t}{m})^{\frac{1}{2}}$. Nous utilisons la propriété de semi-groupe et la positivité de p pour conclure

$$p(t,x,y) = \int_{\Omega} \cdots \int_{\Omega} p(\frac{t}{m}, x, z_1) p(\frac{t}{m}, z_1, z_2) \ldots p(\frac{t}{m}, z_{m-1}, y) dz_1 \ldots dz_{m-1}$$

$$\tag{3.102}$$

$$\geq \int_{B(x_1,r)} \cdots \int_{B(x_{m-1},r)} p(\frac{t}{m}, x, z_1) p(\frac{t}{m}, z_1, z_2) \ldots p(\frac{t}{m}, z_{m-1}, y) dz_1 \ldots dz_{m-1}.$$

Si $z_0 = x$ et $z_m = y$, alors

$$|z_i - z_{i-1}| \leq |x_i - x_{i-1}| + 2r \leq c\frac{|x-y|}{m} + 2r \leq c\frac{|x-y|}{m^{\frac{1}{2}}} + 2r \leq 4r, \ i = 0, \ldots, m-1.$$

C'est-à-dire

$$|z_i - z_{i-1}| \leq \delta(\frac{t}{m})^{\frac{1}{2}}, \ i = 0, \ldots, m-1.$$

Une application de la Proposition 3.36 nous fournit, où ω_n est la mesure de la boule unité de $\mathbb{R}^n$,

$$p(t,x,y) \geq \int_{B(x_1,r)} \cdots \int_{B(x_{m-1},r)} c^m(\frac{t}{m})^{-\frac{nm}{2}} dz_1 \ldots dz_{m-1}$$

$$\geq \omega_n^{m-1} r^{n(m-1)} c^m(\frac{t}{m})^{-\frac{nm}{2}} = \omega_n^{m-1}(\frac{t}{m})^{\frac{n(m-1)}{2}} c^m(\frac{t}{m})^{-\frac{nm}{2}}$$

$$\geq C' C^m t^{-\frac{n}{2}},$$

avec C et C' deux constantes positives. Il existe donc deux constantes positives b et C'' telles que

$$p(t,x,y) \geq C'' e^{-bm}. \tag{3.103}$$

De la définition de m nous déduisons

$$m - 1 \leq (\frac{2c}{\delta})^2 \frac{|x-y|^2}{t}.$$

Cette dernière inégalité et (3.103) donnent (3.100). □

Remarque. (i) Il existe une minoration plus précise dans le cas d'un domaine convexe Ω. Nous pouvons démontrer que le noyau de la chaleur pour le laplacien Neumann pour un domaine convexe est minorée par le noyau de la chaleur du laplacien dans l'espace tout entier. C'est-à-dire

$$p(t,x,y) \geq (4\pi t)^{-n/2} e^{-|x-y|^2/4t}.$$

En fait cette estimation caractérise même la convexité du domaine Ω. Nous renvoyons le lecteur intéressé à I. Chavel [Cha] et ses réferences pour de plus amples détails.

(ii) La constante qui apparaît dans le dernier théorème dépend bien évidemment de T. Nous choisissons $T = 1$ et nous itérons la minoration du Théorème 3.14 pour déduire (avec l'aide de la propriété de semi-groupe $(e^{t\Delta_N/k})^k = e^{t\Delta_N}$ $t > 0$)

$$p(t,x,y) \geq Ct^{-\frac{n}{2}}e^{-\omega t}e^{-C\frac{|x-y|^2}{t}}, \quad x,y \in \Omega, \ t > 0,$$

où C et ω sont des constantes positives. Notons que nous ne savons pas, pour un domaine régulier quelconque, si dans la dernière estimation est encore valable avec $\omega = 0$.

Dans le reste de ce sous-paragraphe nous déduisons des résultats précédents une minoration gaussienne pour la solution fondamentale associée au problème aux limites, où $s \in (s_0, t_0)$ est arbitrairement fixé,

$$\begin{cases} \partial_t u(x,t) = \Delta u(x,t) + c(x,t)u(x,t), & \text{dans } (s,t_0) \times \Omega, \\ \lim_{t \searrow s} u(t,x) = u_0(x), & \text{sur } \Omega, \\ \partial_\nu u(x,t) = 0, & \text{sur } (s,t_0) \times \Gamma. \end{cases} \quad (3.104)$$

Les fonctions u_0 et c sont continues respectivement dans $\overline{\Omega}$ et $[s,t_0] \times \overline{\Omega}$.

Soit $U(x,t;y,s)$ une fonction continue dans la région : $s_0 < s < t < t_0$, $x \in \overline{\Omega}$, $y \in \overline{\Omega}$. Alors U est appelée solution fondamentale du problème aux limites (3.104) si pour tout $u_0 \in C(\overline{\Omega})$, la fonction $u(x,t)$ définie par

$$u(x,t) = \int_\Omega U(x,t;y,s)u_0(y)dy$$

est solution de (3.104).

Nous renvoyons à S. Itô [It] pour l'existence et l'unicité de la solution fondamentale.

D'après le Théorème 11.1 de S. Itô [It] (principe de comparaison pour la solution fondamentale), nous avons

$$U(x,t;y,s) \geq V(x,t;y,s),$$

où V est la solution fondamentale de (3.104) quand c est remplacée par $-\lambda = -\max|c|$. D'autre part, un calcul simple nous donne $V(x,t;y,s) = e^{-\lambda(t-s)}p(t-s,x,y)$. Donc comme conséquence du Théorème 3.37, nous avons le

Corollaire 3.38. *U satisfait à l'estimation*

$$U(x,t;y,s) \geq Ce^{-\lambda(t-s)}(t-s)^{-\frac{n}{2}}e^{-C\frac{|x-y|^2}{t-s}}, \quad x,y \in \Omega, \ s_0 < s < t < t_0, \quad (3.105)$$

pour une certaine constante positive C.

Notons que nous avons aussi

$$U(x,t;y,s) \leq W(x,t;y,s), \qquad (3.106)$$

avec W la solution fondamentale de (3.104) quand c est remplacée par $\lambda = \max |c|$. Comme ci-dessus, cette inégalité résulte du Théorème 11.1 de S. Itô [It]. Les inégalités (3.85) et (3.106) nous permettent alors de conclure

$$U(x,t;y,s) \leq Ce^{\eta(t-s)}(t-s)^{-\frac{n}{2}}e^{-C\frac{|x-y|^2}{t-s}}, \quad x,y \in \Omega, \ s_0 < s < t < t_0,$$
$$(3.107)$$

où η et C sont des constantes positives.

3.7.2 Démonstration des Théorèmes 3.33 et 3.34

Nous montrons d'abord deux lemmes.

Lemme 3.39. *Soit $U(x,t;y,s)$ la solution fondamentale du problème aux limites (3.104) et $T > 0$. Alors il existe une constante $C = C(T,n,\Omega,\max|c|)$ telle que*

$$\liminf_{r \to 0} \frac{1}{r^{n+1}} \int_{t_0-r}^{t_0} \int_{B(x_0,r) \cap \Omega} U(x_0,t;y,s)dyds \geq C, \qquad (3.108)$$

pour $x_0 \in \Gamma$ et $0 < t_0 < t \leq T$.

Preuve. Soient $x_0 \in \Gamma$ et $0 < t_0 < t \leq T$. D'après (3.105), nous avons

$$\int_{t_0-r}^{t_0} \int_{B(x_0,r) \cap \Omega} U(x_0,t;y,s)dyds \geq C \int_{t_0-r}^{t_0} \int_{B(x_0,r) \cap \Omega} (t-s)^{-\frac{n}{2}} e^{-C\frac{|x_0-y|^2}{t-s}} dyds,$$
$$(3.109)$$

pour une certaine constante positive C.

Soit $\Psi : x \in \mathbb{R}^n \setminus \{0\} \to (r,\omega) = (|x|, \frac{x}{|x|}) \in (0, +\infty) \times S$, où S et la sphère unité de $\mathbb{R}^n$. Comme Ω est régulier (en particulier Ω à la propriété du cône intérieur en x_0) il existe $\gamma \subset S$, d'intérieur non vide, telle que

$$\Psi(B(x_0,r) \cap \Omega) \supset (0,r) \times \gamma,$$

pour tout $r > 0$ suffisamment petit. Par suite, nous déduisons de (3.109)

$$\int_{t_0-r}^{t_0} \int_{B(x_0,r) \cap \Omega} U(x_0,t;y,s)dyds \geq K \int_{t_0-r}^{t_0} ds \int_0^r (t-s)^{-\frac{n}{2}} e^{-C\frac{u^2}{t-s}} u^{n-1} du,$$

où K est une constante, qui ne dépend que de T, n, λ et $|\gamma|$. Mais $s \to (t-s)^{-\frac{n}{2}}$ est décroissante. D'où

$$(t-s)^{-\frac{n}{2}} \geq (t-t_0+r)^{-\frac{n}{2}} \geq (T+r)^{-\frac{n}{2}}, \ s \in (t_0-r,t_0),$$

et donc

$$\int_{t_0-r}^{t_0} \int_{B(x_0,r)\cap\Omega} U(x_0,t;y,s)dyds \geq Kr(T+r)^{-\frac{n}{2}} \int_0^r e^{-C\frac{u^2}{t-t_0}} u^{n-1} du.$$

Par la règle de l'Hôpital.

$$\lim_{r\to 0} \frac{1}{r^n} \int_0^r e^{-C\frac{u^2}{t-t_0}} u^{n-1} du = \frac{1}{n}.$$

Par conséquence

$$\liminf_{r\to 0} \frac{1}{r^{n+1}} \int_{t_0-r}^{t_0} \int_{B(x_0,r)\cap\Omega} U(x_0,t;y,s)dyds \geq \frac{KT^{-\frac{n}{2}}}{n}, \qquad (3.110)$$

ce qui termine la preuve du lemme. □

Lemme 3.40. *(i) Il existe une constante positive C (qui dépend de $R > 0$) telle que*

$$\|u_f\|_{C^{1+\alpha,\frac{1+\alpha}{2}}(\overline{\Omega}\times[0,T])} \leq C, \ f \in \mathcal{F}_R.$$

(ii) Il existe une constante C' telle que

$$\|u_f - u_g\|_{C^{2+\alpha,1+\frac{\alpha}{2}}(\overline{\Omega}\times[0,T])} \leq C'L(f-g), \ f, \ g \in \mathcal{F}_R.$$

Preuve. Pour (i), l'estimation hölderienne du Théorème 4.1, p. 191 de A. Friedman [Frie] nous permet d'affirmer que si $u \in C^{1+\alpha,\frac{1+\alpha}{2}}(Q)$ est solution de l'équation de la chaleur, où $h \in C(Q)$,

$$\begin{cases} \Delta u - \partial_t u = h, & \text{dans } Q, \\ u = 0, & \text{sur } \Sigma_0, \\ u = 0, & \text{sur } \Sigma, \end{cases}$$

alors

$$\|u\|_{C^{1+\alpha,\frac{1+\alpha}{2}}(Q)} \leq c\|h\|_{C(Q)}, \qquad (3.111)$$

où la constante c ne dépend pas de h. Soit $\Phi \in C^{2+\alpha,1+\frac{\alpha}{2}}(Q)$ la solution du problème aux limites

$$\begin{cases} \Delta\Phi - \partial_t\Phi = 0, & \text{dans } Q, \\ \Phi = 0, & \text{dans } \Sigma_0, \\ \Phi = \varphi, & \text{sur } \Sigma. \end{cases}$$

Soit $v = u_f - \Phi$. Il est aisé de voir que v est solution du problème aux limites

$$\begin{cases} \Delta v - \partial_t v = f(u_f), & \text{dans } Q, \\ u = 0, & \text{dans } \Sigma_0, \\ u = 0, & \text{sur } \Sigma. \end{cases}$$

Il résulte de (3.111)

$$\|v\|_{C^{1+\alpha,\frac{1+\alpha}{2}}(Q)} \leq c\|f(u_f)\|_{C(Q)} \leq cR. \tag{3.112}$$

D'après l'estimation hölderienne du Théorème 1.40,

$$\|\Phi\|_{C^{2+\alpha,1+\frac{\alpha}{2}}(Q)} \leq c'\|\varphi\|_{C^{2+\alpha,1+\frac{\alpha}{2}}(\Sigma)}, \tag{3.113}$$

pour une certaine constante positive c'.

Comme $C^{2+\alpha,1+\frac{\alpha}{2}}(Q)$ s'injecte continûment dans $C^{1+\alpha,\frac{1+\alpha}{2}}(Q)$, nous déduisons de (3.112) et (3.113)

$$\|u\|_{C^{1+\alpha,\frac{1+\alpha}{2}}(Q)} \leq cR + c''\|\varphi\|_{C^{2+\alpha,1+\frac{\alpha}{2}}(\Sigma)} = C,$$

où c'' est une constante positive. Nous avons donc montré (i).

Nous démontrons maintenant (ii). Soient $f, g \in \mathcal{F}_R$ et $u = u_f - u_g$. Alors u est la solution du problème aux limites

$$\begin{cases} \partial_t u = \Delta u + cu + [g(u_g) - f(u_g)], & \text{dans } Q, \\ u = 0, & \text{dans } \Sigma_0, \\ u = 0, & \text{sur } \Sigma, \end{cases}$$

avec

$$c(x,t) = -\int_0^1 f'(u_g(x,t) + \tau[u_f(x,t) - u_g(x,t)])d\tau.$$

Nous avons

$$\|c\|_{C^{\alpha,\frac{\alpha}{2}}(Q)} \leq L(f')(\|u_f\|_{C^{\alpha,\frac{\alpha}{2}}(Q)} + \|u_g\|_{C^{\alpha,\frac{\alpha}{2}}(Q)}).$$

Nous obtenons, en utilisant (i),

$$\|c\|_{C^{\alpha,\frac{\alpha}{2}}(Q)} \leq 2RC = \lambda.$$

Une nouvelle fois l'estimation hölderienne du Théorème 1.40 nous permet de conclure qu'il existe une constante positive C'' qui dépend de λ et non de f et g telle que

$$\|u\|_{C^{2+\alpha,1+\frac{\alpha}{2}}(Q)} \leq C''\|g(u_g) - f(u_g)\|_{C^{\alpha,\frac{\alpha}{2}}(Q)}.$$

Or

$$\|g(u_g) - f(u_g)\|_{C^{\alpha,\frac{\alpha}{2}}(Q)} \leq L(f - g)\|u_g\|_{C^{\alpha,\frac{\alpha}{2}}(Q)} \leq CL(f - g).$$

Noter que nous avons utilisé (i) pour établir la seconde inégalité. Les deux dernières estimations impliquent

$$\|u\|_{C^{2+\alpha,1+\frac{\alpha}{2}}(Q)} = \|u_f - u_g\|_{C^{2+\alpha,1+\frac{\alpha}{2}}(Q)} \leq C''CRL(f-g) = C'L(f-g).$$

D'où le résultat. $\qquad\qquad\qquad\qquad\qquad\qquad\qquad\qquad\qquad\qquad\qquad\qquad$ $\square$

Preuve du Théorème 3.33. Nous la donnons en deux étapes.

Etape 1. Soit

$$m = \sup\{r \in (0, M]; \ f - g \text{ a un signe constant sur } [0, r]\}.$$

Dans un premier temps, nous démontrons l'estimation

$$A = \max_{[0,m]} |f - g| \leq \|\partial_\nu u_f - \partial_\nu u_g\|_{L^\infty(\Sigma)}^{\frac{1}{n+2}}. \qquad (3.114)$$

Si $A = 0$ alors il n'y a rien à montrer. Nous supposons donc que $A > 0$.

Par le Lemme 3.3, il existe $T_m \in (0, T]$ telle que $u_g(\overline{\Omega} \times [0, T_m]) = u_g(\Gamma \times [0, T_m]) = [0, m]$. Soit $\eta \in [0, m]$ pour laquelle $|(f - g)(\eta)| = A$. Comme $(f - g)(0) = (f - g)(m) = 0$, nous déduisons que $0 < \eta < m$. Soit $T_\eta \leq T_m$ telle que $u_g(\overline{\Omega} \times [0, T_\eta]) = u_g(\Gamma \times [0, T_\eta]) = [0, \eta]$. Nous avons $T_\eta < T_m$. Car sinon $u_g(\overline{\Omega} \times [0, T_m]) = u_g(\Gamma \times [0, T_m]) = [0, \eta]$, ce qui est impossible puisque $\eta < m$. Nous choisissons alors $(x_0, t_0) \in \Gamma \times (0, T_m)$ tel que $u_g(x_0, t_0) = \eta$.

Soit $u = u_f - u_g$. Comme nous l'avons vu dans le lemme précédent, u est solution du problème aux limites

$$\begin{cases} \partial_t u = \Delta u + cu + [g(u_g) - f(u_g)], & \text{dans } Q, \\ u = 0, & \text{dans } \Sigma_0, \\ u = 0, & \text{sur } \Sigma, \end{cases}$$

où

$$c(x, t) = -\int_0^1 f'(u_g(x, t) + \tau[u_f(x, t) - u_g(x, t)])d\tau.$$

Remplaçant, si nécessaire, u par $-u$, nous pouvons toujours supposer que $g - f \geq 0$ sur $[0, m]$. D'après le Théorème 9.1 de S. Itô [It], nous pouvons exprimer u en fonction de U, la solution fondamentale associée au problème de Neumann pour l'opérateur $Pu = \partial_t u - \Delta u - c(x, t)u$. Précisément, nous avons

$$u(x, t) = \int_0^t \int_\Omega U(x, t; y, s)[g(u_g) - f(u_g)](y, s)dyds$$

$$+ \int_0^t \int_\Gamma U(x, t; y, s)[\partial_\nu u_f - \partial_\nu u_g]d\sigma(y)ds,$$

pour $x \in \overline{\Omega}$ et $t \in [0, T]$. Comme $u = 0$ sur $\Gamma \times [0, T]$, nous concluons

$$\int_0^t \int_\Omega U(x,t;y,s)[g(u_g) - f(u_g)](y,s)dyds$$

$$= \int_0^t \int_\Gamma U(x,t;y,s)[\partial_\nu u_f - \partial_\nu u_g]d\sigma(y)ds, \qquad (3.115)$$

si $(x,t) \in \Gamma \times [0,T]$.

D'autre part,

$$\eta = |\varphi(x_0, t_0)| = |\varphi(x_0, t_0) - \varphi(x_0, 0)| = |\partial_t \varphi(x_0, \theta t_0)|t_0,$$

pour un certain θ, $0 < \theta < 1$. Par suite,

$$\eta \le Ct_0,$$

où, ici et jusqu'à la fin de la preuve, C est une constante générique.

De la même manière, comme $(f - g)(0) = 0$,

$$A = \max_{[0,m]} |f - g| = |(f - g)(\eta)| \le C\eta.$$

Donc

$$A \le Ct_0. \qquad (3.116)$$

Posons

$$d = \|\partial_\nu u_f - \partial_\nu u_g\|_{L^\infty(\Sigma)}.$$

Si $t_0 \le d^{\frac{1}{n+2}}$, alors (3.116) implique (3.114). Nous supposons donc que $d^{\frac{1}{n+2}} < t_0$. Pour un d suffisamment petit (d'après (ii) du Lemme 3.40, d est petit si $\|f - g\|_{C^1[0,M]}$ l'est), nous avons

$$\int_{t_0 - d^{\frac{1}{n+2}}}^{t_0} \int_{B(x_0, d^{\frac{1}{n+2}}) \cap \Omega} U(x_0, T_m; y, s)dyds \ge Cd^{\frac{n+1}{n+2}},$$

par le Lemme 3.39. D'autre part, si $(y,s) \in B(x_0, d^{\frac{1}{n+2}}) \times (t_0 - d^{\frac{1}{n+2}}, t_0)$,

$$|f(u_g(y,s)) - g(u_g(y,s))| \ge |f(u_g(x_0,t_0)) - g(u_g(x_0,t_0))|$$

$$-L(f - g)|u_g(y,s) - u_g(x_0,t_0)|$$

$$= A - L(f - g)|u_g(y,s) - u_g(x_0,t_0)|$$

$$\ge A - L(f - g)C(|y - x_0| + |s - t_0|)$$

$$\ge A - Cd^{\frac{1}{n+2}}, \qquad (3.117)$$

où nous avons utilisé (i) du Lemme 3.40 dans la seconde inégalité. D'où

$$\int_0^{T_m} \int_\Omega U(x, T_m; y, s)[g(u_g) - f(u_g)](y, s) dy ds$$

$$\geq \int_{t_0 - d^{\frac{1}{n+2}}}^{t_0} \int_{B(x_0, d^{\frac{1}{n+2}}) \cap \Omega} U(x_0, T_m; y, s)[g(u_g) - f(u_g)](y, s) dy ds$$

$$\geq C d^{\frac{n+1}{n+2}} (A - C d^{\frac{1}{n+2}}). \tag{3.118}$$

Nous avons d'après la preuve du Théorème 1 de S. Itô [It]

$$|\int_0^{T_m} \int_\Gamma U(x_0, T_m; y, s)[\partial_\nu u_f - \partial_\nu u_g] d\sigma(y) ds| \leq Cd. \tag{3.119}$$

Mais d'après (3.115),

$$\int_0^{T_m} \int_\Omega U(x_0, T_m; y, s)[g(u_g) - f(u_g)](y, s) dy ds$$

$$= \int_0^{T_m} \int_\Gamma U(x_0, T_m; y, s)[\partial_\nu u_f - \partial_\nu u_g] d\sigma(y) ds.$$

Nous concluons donc que (3.114) résulte de (3.118) et (3.119).

Etape 2. Soit

$$\tilde{m} = \sup\{r \in (m, M); \ f - g \text{ a un signe constant sur } [m, r]\}.$$

Nous allons démontrer

$$\tilde{A} = \max_{[m, \tilde{m}]} |f - g| \leq C d^{\frac{1}{(n+2)^2}}. \tag{3.120}$$

où d est comme précédemment. C'est-à-dire $d = \|\partial_\nu u_f - \partial_\nu u_g\|_{L^\infty(\Sigma)}$. Notons encore une fois que si $\tilde{A} = 0$ alors il n'y a rien à montrer. Nous pouvons donc supposer que $\tilde{A} > 0$.

Une nouvelle application du Lemme 3.3 nous permet d'affirmer qu'il existe $T_{\tilde{m}}$ pour lequel $u_g(\overline{\Omega} \times [0, T_{\tilde{m}}]) = [0, \tilde{m}]$. Si $\tilde{\eta}$ est tel que $(f - g)(\tilde{\eta}) = \tilde{A}$ alors, comme dans l'étape précédente, nous pouvons choisir $(x_1, t_1) \in \Gamma \times (T_m, T_{\tilde{m}})$ satisfaisant $u_g(x_1, t_1) = \tilde{\eta}$.

Sans perte de généralité, nous pouvons supposer que $g - f \geq 0$ sur $[0, m]$ et $f - g \geq 0$ sur $[m, \tilde{m}]$.

Puisque $(f - g)(m) = (f - g)(\tilde{m}) = 0$, une simple application du théorème des accroissements finis nous donne

$$\tilde{A} = (f - g)(\tilde{\eta}) - (f - g)(m) \leq C(\tilde{\eta} - m), \tag{3.121}$$

et

$$\tilde{A} = (f - g)(\tilde{\eta}) - (f - g)(\tilde{m}) \leq C(\tilde{m} - \tilde{\eta}). \tag{3.122}$$

Notons $K = C(R)$ la constante dans l'estimation du Lemme 3.40 (i). Soit $\nu \in (0,1)$ à notre dispostion ; nous considérons deux cas

$$d^{\frac{\nu}{n+2}} \leq \min(\frac{\tilde{\eta} - m}{2K}, \frac{\tilde{m} - \tilde{\eta}}{2K}, \frac{T_m}{2}), \tag{3.123}$$

et

$$d^{\frac{\nu}{n+2}} \geq \min(\frac{\tilde{\eta} - m}{2K}, \frac{\tilde{m} - \tilde{\eta}}{2K}, \frac{T_m}{2}). \tag{3.124}$$

Dans le cas (3.124), nous obtenons immédiatement de (3.121) et (3.122)

$$\tilde{A} \leq C d^{\frac{\nu}{n+2}},$$

ou

$$\tilde{A} \leq 2R \leq 4R T_m^{-1} d^{\frac{\nu}{n+2}}.$$

Le choix de $\nu = \frac{1}{n+2}$ conduit alors à (3.120).

Considérons maintenant le cas (3.123). Nous posons

$$Q_1 = \{(y,s) \in \overline{\Omega} \times [0, T_{\tilde{m}}]; \ 0 \leq u_g(y,s) \leq m\},$$
$$Q_2 = \{(y,s) \in \overline{\Omega} \times [0, T_{\tilde{m}}]; \ m \leq u_g(y,s) \leq \tilde{m}\},$$

et, pour $x \in \Gamma$,

$$J_1(x) = \int\int_{Q_1} U(x, T_{\tilde{m}}; y, s)[g(u_g(y,s)) - f(u_g(y,s))]dyds$$
$$- \int_0^{T_{\tilde{m}}} \int_\Gamma U(x, T_{\tilde{m}}; y, s)[\partial_\nu u_f(y,s) - \partial_\nu u_g(y,s)]d\sigma(y)ds,$$

$$J_2(x) = \int\int_{Q_2} U(x, T_{\tilde{m}}; y, s)[f(u_g(u,s)) - g(u_g(y,s))]dyds.$$

Nous déduisons de (3.115)

$$J_1(x) = J_2(x), \ x \in \Gamma. \tag{3.125}$$

Soit

$$B_1 = \{y \in \overline{\Omega}; \ |y - x_1| < d^{\frac{\nu}{n+2}}\} \times \{s \in (0, T_{\tilde{m}}]; \ t_1 - d^{\frac{\nu}{n+2}} < s < t_1\}.$$

Par (3.123) et $T_m < t_1 < T_{\tilde{m}}$, nous avons

$$t_1 - d^{\frac{\nu}{n+2}} > T_m - d^{\frac{\nu}{n+2}} > T_m - \frac{T_m}{2} = \frac{T_m}{2}.$$

De plus, pour tout $(y,s) \in B_1$, nous obtenons par le Lemme 3.40 (i)

$$\begin{aligned}
|u_g(y,s) - \tilde{\eta}| &= |u_g(y,s) - u_g(x_1,t_1)| \\
&\leq \|u_g\|_{C^1(Q)}(|y - x_1| + |s - t_1|) \\
&\leq 2Kd^{\frac{\nu}{n+2}} \\
&\leq \min(\tilde{\eta} - m, \tilde{m} - \tilde{\eta})
\end{aligned}$$

et donc

$$m \leq u_g(y,s) \leq \tilde{m}, \ (y,s) \in B_1. \tag{3.126}$$

Par le Lemme 3.39 et (3.126), nous avons

$$\begin{aligned}
J_2(x) &\geq \int\int_{B_1} U(x, T_{\tilde{m}}, y, s)[f(u_g(y,s)) - g(u_g(y,s)]dyds \\
&\geq \min_{(y,s)\in B_1}[f(u_g(y,s)) - g(u_g(y,s)] \int\int_{B_1} U(x, T_{\tilde{m}}, y, s)dyds \\
&\geq Cd^{\frac{\nu(n+1)}{n+2}} \min_{(y,s)\in B_1}[f(u_g(y,s)) - g(u_g(y,s))].
\end{aligned}$$

D'autre part, de façon identique à (3.117), nous montrons

$$f(u_g(y,s)) - g(u_g(y,s)) \geq \tilde{A} - Cd^{\frac{\nu}{n+2}}, \ (y,s) \in B_1.$$

D'où

$$J_2(x) \geq Cd^{\frac{\nu(n+1)}{n+2}}(\tilde{A} - Cd^{\frac{\nu}{n+2}}), \ (y,s) \in B_1. \tag{3.127}$$

Nous estimons maintenant $J_1(x)$. Par (3.114) et la définition de Q_1,

$$\begin{aligned}
|J_1(x)| &\leq Cd^{\frac{1}{n+2}} \int_0^{T_{\tilde{m}}} \int_\Omega U(x, T_{\tilde{m}}; y, s)dyds \\
&+ \int_0^{T_{\tilde{m}}} \int_\Gamma U(x, T_{\tilde{m}}; y, s)|\partial_\nu u_f(y,s) - \partial_\nu u_g(y,s)|d\sigma(y)ds \\
&\leq Cd^{\frac{1}{n+2}} + Cd. \tag{3.128}
\end{aligned}$$

Ici le premier terme est estimé par le Théorème 8.3 du Chapitre 2 de S. Itô [It]; tandis que le second terme est estimé de la même manière que (3.119). L'identité (3.125) et les estimations (3.127), (3.128) impliquent

$$\tilde{A} - Cd^{\frac{\nu}{n+2}} \leq Cd^{\frac{1}{n+2} - \frac{\nu(n+1)}{n+2}} + Cd^{1 - \frac{\nu(n+1)}{n+2}}. \tag{3.129}$$

Le choix optimal de ν est réalisé quand $\frac{1}{n+2} - \frac{\nu(n+1)}{n+2} = \frac{\nu}{n+2}$, ce qui correspond à $\nu = \frac{1}{n+2}$. Pour ce choix de ν, nous avons donc

$$\tilde{A} \leq Cd^{\frac{1}{n+2}} + Cd^{\frac{1}{(n+2)^2}}.$$

Nous poursuivons alors cet argument pour compléter la preuve du théorème. □

Preuve du Théorème 3.34. Soient f, $g \in \tilde{\mathcal{F}}_R$ telles que $f - g$ a un signe constant sur $[0, m]$. Soit k le plus petit entier qui vérifie $km \geq M$. Comme l'image de la fonction $r \to kr$ est égale à $[0, km] \ni M$, nous pouvons trouver p tel que $kp = M$. Rappelons que D, défini au début du paragraphe, est donné par

$$D = \{z \in \mathbb{C}; \, \Re z > 0, \, |\Im z| < K\},$$

où K est une constante positive.

Nous utiliserons la proposition suivante, dont nous donnerons la preuve un peu plus loin,

Proposition 3.41. *Soient* $0 < \epsilon \leq 1$ *et* $C > 1$ *deux constantes. Soit* $h \in C(\overline{D})$ *analytique dans* D. *Supposons que* $|h| \leq C$ *sur* $\overline{D}$ *et* $|h| \leq \epsilon$ *sur* $[0, p]$. *Alors pour tout* μ *tel que*

$$0 < \mu < \frac{1}{3} e^{\sqrt{3}\pi(\frac{1}{2} - k)},$$

Nous avons

$$|h| \leq C^{1-\mu} \epsilon^{\mu} \, sur \, [0, M].$$

Nous continuons la preuve du Théorème 3.34. Comme $f - g$ a un signe constant sur $[0, p]$, nous déduisons de la première étape du Théorème 3.33

$$|f - g| \leq \|\partial_{\nu} u_f - \partial_{\nu} u_g\|_{L^{\infty}(\Sigma)}^{\frac{1}{n+2}} \, \text{sur} \, [0, p].$$

Vu cette estimation, la Proposition 3.41 entraine

$$|f - g| \leq (2R)^{1-\mu} \|\partial_{\nu} u_f - \partial_{\nu} u_g\|_{L^{\infty}(\Sigma)}^{\frac{\mu}{n+2}} \, \text{sur} \, [0, M],$$

pour $0 < \mu < \frac{1}{3} e^{\sqrt{3}\pi(\frac{1}{2} - k)}$, ce qui termine la preuve. $\square$

Preuve de la Proposition 3.41. Fixons $L > 0$ arbitraire tel que $L > 2p$ et $L \geq M$. Soit $0 < \delta < \gamma < p - \delta$; posons $A = (\gamma - \delta, 0)$, $B = (\gamma + \delta, 0)$ et $P = (\gamma, \sqrt{3}\delta)$. Nous appliquons le théorème de Lindelöf (énoncé ci-dessous) à f dans le triangle ΔABP pour avoir, en notant que $\epsilon \leq C$,

$$\left| f\left(\gamma + i\frac{\delta}{\sqrt{3}}\right) \right| \leq C^{\frac{2}{3}} \epsilon^{\frac{1}{3}},$$

si $0 < \delta < \gamma < p - \delta$. Posons $O = (0, 0)$, $P_1 = (p, 0)$, $P_2 = (\frac{p}{2}, \frac{p}{2\sqrt{3}})$ et $P_3 = (\frac{p}{2}, -\frac{p}{2\sqrt{3}})$. En faisant varier (γ, δ) tel que $0 < \delta < \gamma < p - \delta$, nous obtenons

$$|f(z)| \leq C^{\frac{2}{3}} \epsilon^{\frac{1}{3}}, \, z \in \overline{\Delta OP_1 P_2}.$$

Nous faisons un raisonnement similaire dans le cas $\Im z < 0$ pour avoir

$$|f(z)| \leq C^{\frac{2}{3}} \epsilon^{\frac{1}{3}}, \, z \in \hat{D} = \overline{\Delta OP_1 P_2} \cup \overline{\Delta OP_1 P_3}. \tag{3.130}$$

Ici et dans ce qui suit, nous identifions $z = x + iy$, $x, y \in \mathbb{R}$ avec $z = (x, y) \in \mathbb{R}^2$.

Nous considérons le cercle $\mathcal{C}$ de centre $(L, 0)$ passant par les points P_2 et P_3. C'est-à-dire $\mathcal{C} = \{(x, y) \in \mathbb{R}^2; \ (x - L)^2 + y^2 = r^2\}$, où

$$r = r(L) = \sqrt{\frac{p^2 - 3pL + 3L^2}{3}}.$$

La coordonnée x du point d'intersection de $\mathcal{C}$ avec la demi-droite OP_2 est $\frac{3L-p}{2}$ et l'hypothèse $2p < L$ imlique $\frac{3L-p}{2} > \frac{p}{2}$. Donc l'arc inférieur P_2P_3 est inclus dans $\hat{D}$. Par suite, (3.130) nous donne

$$|f(z)| \leq C^{\frac{2}{3}} \epsilon^{\frac{1}{3}}, \ z \in \text{l'arc inférieur } P_2P_3 \text{ de } \mathcal{C}. \tag{3.131}$$

Introduisons maintenant le secteur

$$S = \left\{ z \in \mathbb{C}; \ 0 < |z - L| < r, \ -\frac{\alpha\pi}{2} < \arg(z - L) < \frac{\alpha\pi}{2} \right\}.$$

où $\frac{\alpha\pi}{2}$ est l'angle entre l'axe des réels et la droite passant par les points P_0 et P_2, avec $P_0 = (L, 0)$. Donc

$$\alpha = \frac{2}{\pi} \arctan\left(\frac{p}{2\sqrt{3}L - \sqrt{3}p} \right)$$

Comme $\epsilon < C$ et $K > \frac{p}{2}$, $|f| \leq C$ sur l'adhérence du secteur S, et $C^{\frac{2}{3}}\epsilon^{\frac{1}{3}} < C$. Nous pouvons donc appliquer, après une rotation d'angle π, le théorème de Carleman, énoncé ci-dessous. Nous obtenons

$$|f| \leq C^{1-(\frac{L-x}{r})^{\frac{1}{\alpha}}} (C^{\frac{2}{3}}\epsilon^{\frac{1}{3}})^{(\frac{L-x}{r})^{\frac{1}{\alpha}}},$$

sur $\frac{p}{2} \leq x \leq L$. D'où, pour $\frac{p}{2} \leq x \leq M$, en notant que $L - x \geq L - M$, $\epsilon \leq 1$ et $C \geq 1$,

$$|f| \leq C^{1-\frac{1}{3}(\frac{L-M}{r})^{\frac{1}{\alpha}}} \epsilon^{\frac{1}{3}(\frac{L-M}{r})^{\frac{1}{\alpha}}}, \ \frac{p}{2} \leq x \leq M. \tag{3.132}$$

Comme $\epsilon < C^{1-\theta}\epsilon^{\theta}$ pour $\epsilon < C$, $0 < \theta < 1$ et $|f| \leq \epsilon$ sur $[0, p]$, l'inégalité (3.132) s'étend à $[0, M]$ tout entier. En utilisant

$$\lim_{L \to +\infty} \frac{1}{3}\left(\frac{L - M}{r}\right)^{\frac{1}{\alpha}} = \frac{1}{3}e^{\sqrt{3}\pi(\frac{1}{2} - \frac{M}{p})}$$

(cette limite se calcule aisément grâce à la règle de l'Hôpital), l'inégalité recherchée s'obtient en passant à la limite, quand $L \to +\infty$, dans (3.132). □

Pour terminer, voici les énoncés des deux lemmes que nous avons utilisé dans la dernière preuve :

Lemme 3.42. *(Carleman) Soit f une fonction analytique dans le secteur*

$$D = \{z = (r, \theta); \ 0 < r < R, \ -\frac{\alpha\pi}{2} < \theta < \frac{\alpha\pi}{2}\},$$

où $0 < \alpha < 2$, continue sur $\overline{D}$. Pour $\epsilon < C$, nous supposons

$$|f(z)| < \epsilon, \ z = (R, \theta), \ -\frac{\alpha\pi}{2} < \theta < \frac{\alpha\pi}{2}$$

et

$$|f(z)| < C, \ z = (r, \pm\frac{\alpha\pi}{2}), \ 0 \leq r \leq R.$$

Alors, pour $z = (x, 0)$,

$$|f(x)| \leq C^{1-(x/R)^{\frac{1}{\alpha}}} \epsilon^{(x/R)^{\frac{1}{\alpha}}}.$$

Lemme 3.43. *(Lindelöf) Soit f une fonction analytique dans un polygone régulier D à n côtés. Nous supposons que $|f(z)| < C$ sur $(n-1)$ côtés et que $|f(z)| < \epsilon$ sur le côté restant. Alors au centre z_0 de D,*

$$|f(z_0)| < C^{(n-1)/n} \epsilon^{1/n}.$$

Le lecteur trouvera une preuve de ces deux lemmes dans J. R. Cannon [Can].

Quelques problèmes

Problème 1

Soient Ω, D_1, D_2 trois domaines bornés de $\mathbb{R}^n$ de classe C^2, avec $\overline{D}_1$, $\overline{D}_2 \subset \Omega$, et notons la frontière de Ω par Γ. Soit $\varphi \in H^{\frac{3}{2}}(\Gamma)$. Pour $i = 1, 2$, on note $u_i \in H^2(\Omega)$ la solution du problème aux limites

$$\begin{cases} -\Delta u + \chi_{D_i} u = 0, & \text{dans } \Omega, \\ u = \varphi, & \text{sur } \Gamma, \end{cases}$$

où χ_{D_i} est la fonction caractéristique de D_i.

Nous faisons les hypothèses suivantes :

(i) $\Omega_0 = \Omega \backslash \overline{D_1 \cup D_2}$, $D_0 = D_1 \cap D_2$ sont connexes et $S = \partial \Omega_0 \cap \partial D_0$ est d'intérieur non vide,

(ii) il existe γ une partie ouverte non vide de Γ telle que

$$\partial_\nu u_1 = \partial_\nu u_2 \text{ sur } \gamma.$$

1. Montrer que $u_1 = u_2$ sur Ω_0, puis que $u_1 = u_2$ sur D_0.

2. a) Nous supposons que $\omega = D_2 \backslash \overline{D}_1 \neq \emptyset$. Vérifier que $u = u_2 - u_1 \in H_0^2(\omega)$ et $\Delta u = u_2$ dans ω. Montrer ensuite que u satisfait à

$$-\Delta^2 u + \Delta u = 0 \text{ dans } \omega.$$

b) En déduire que $u \equiv 0$ dans ω, puis que $\omega = \emptyset$.

3. Conclure que $D_1 = D_2$.

Problème 2

Dans ce problème Ω est un domaine borné de $\mathbb{R}^n$ de classe C^2 et $\Gamma = \partial\Omega$.

I. Soient q, f deux fonctions positives de $C(\Gamma)$ pour lesquelles

$$\begin{cases} \Delta u = 0, & \text{dans } \Omega, \\ \partial_\nu u + qu = f, & \text{sur } \Gamma, \end{cases} \tag{4.1}$$

admet une unique solution $u \in C^2(\Omega) \cap C^1(\overline{\Omega})$.

1. Montrer que si u est non constante alors $u > 0$ dans $\overline{\Omega}$.

2. Montrer que si $f \equiv 0$ alors u est constante. Conclure ensuite que $u \equiv 0$ dans le cas où $q \not\equiv 0$.

3. Sous quelles conditions a-t-on $u \geq 0$?

4. Pour $i = 1, 2$, soit $0 \leq q_i \in C(\Gamma)$ et nous supposons que (4.1), avec $q = q_i$, admet une unique solution $u_i \in C^2(\Omega) \cap C^1(\overline{\Omega})$. En outre, nous supposons que soit $q_1 \not\equiv 0$ ou bien $f \not\equiv 0$. Démontrer alors que $q_1 \leq q_2$ implique $u_1 \geq u_2$.

II. Soit $0 \leq q \in C(\Gamma)$ telle que $q \not\equiv 0$.

1. Montrer qu'il existe une constante $C > 0$ telle que

$$\int_\Omega |\nabla v|^2 dx + \int_\Gamma qv^2 d\sigma \geq C, \; v \in H^1(\Omega) \cap B_{L^2(\Omega)},$$

où $B_{L^2(\Omega)}$ est la boule unité de $L^2(\Omega)$ (raisonner par l'absurde). En déduire que

$$\|v\|_q = \int_\Omega |\nabla v|^2 dx + \int_\Gamma qv^2 d\sigma$$

est une norme équivalente sur $H^1(\Omega)$.

2. Montrer que pour tout $f \in H^{-\frac{1}{2}}(\Gamma)$ ($H^{-\frac{1}{2}}(\Gamma)$ étant le dual de $H^{\frac{1}{2}}(\Gamma)$), il existe un unique $u \in H^1(\Omega)$ solution du problème variationnel

$$\int_\Omega \nabla u \cdot \nabla v dx + \int_\Gamma quv d\sigma = \langle f, v \rangle_{H^{\frac{1}{2}}(\Gamma), H^{-\frac{1}{2}}(\Gamma)}, \; v \in H^1(\Omega).$$

3. Vérifier que $\Delta u = 0$ dans $\mathcal{D}'(\Omega)$ et

$$\partial_\nu u + qu = f \text{ dans } H^{-\frac{1}{2}}(\Gamma).$$

4. Montrer qu'il existe une constante positive M qui dépend uniquement de Ω et q telle que

$$\|u\|_{H^1(\Omega)} \leq M\|f\|_{H^{-\frac{1}{2}}(\Gamma)}.$$

III. Dans cette partie $\Gamma = \overline{\Gamma}_1 \cup \overline{\Gamma}_2$, où Γ_1 et Γ_2 sont deux ouverts non vides de Γ.

Soit $f \in C(\Gamma)$ telle que $\text{supp}(f) \subset \Gamma_2$ et, pour $i = 1, 2$, soit $q_i \in C(\Gamma)$ avec $\text{supp}(q_i) \subset \Gamma_1$. Nous supposons que (4.1), avec $q = q_i$, admet une unique solution $u_i \in C^2(\Omega) \cap C^1(\overline{\Omega})$. Nous faisons aussi l'hypothèse suivante :

$$u_1 = u_2 \text{ sur } \Gamma_2.$$

Vérifier que $u = u_1 - u_2$ satisfait à

$$\Delta u = 0 \text{ dans } \Omega \quad \text{et} \quad u = \partial_\nu u = 0 \text{ sur } \Gamma_2.$$

En déduire que $u \equiv 0$ et puis que $(q_1 - q_2)u_2 = 0$ sur Γ_1. Conclure ensuite que $q_1 = q_2$.

Problème 3

Soit Ω un domaine borné de $\mathbb{R}^n$ de classe C^2 et de frontière Γ. Nous supposons qu'il possède la propriété suivante :

il existe une fonction non constante $\rho \in C^2(\overline{\Omega})$ telle que $\Delta\rho \geq 0$ dans Ω et $\rho = 1$ sur Γ.

Pour $T > 0$ fixé, nous posons

$$Q = \overline{\Omega} \times [0, T], \quad \Sigma_0 = \overline{\Omega} \times \{0\}, \quad \Sigma_T = \overline{\Omega} \times \{T\}, \quad \Sigma = \Gamma \times [0, T].$$

I. 1. Vérifier que $\delta = \min_\Gamma \partial_\nu\rho > 0$ et que $\rho < 1$ dans Ω. En déduire que, pour tout $\lambda > 0$, il existe $\theta_\lambda \in C^2(\overline{\Omega})$ qui satisfait aux propriétés suivantes :

$$\theta_\lambda \geq 1 \text{ dans } \overline{\Omega}, \quad \theta_\lambda = 1 \text{ sur } \Gamma, \quad -\partial_\nu\theta_\lambda \geq \lambda \text{ sur } \Gamma.$$

2. Soient $\psi \in C(\overline{\Omega})$, $p, \varphi \in C(\Sigma)$. Soit $u \in C^{2,1}(Q)$ une solution de l'équation

$$\begin{cases} (\Delta - \partial_t)u = 0, & \text{dans } Q, \\ u = \psi, & \text{sur } \Sigma_0, \\ (\partial_\nu + p)u = \varphi, & \text{sur } \Sigma. \end{cases}$$

Soient $\lambda > 0$ et μ deux réels et $v = e^{\mu t}\theta_\lambda u$. Montrer que v est solution d'une équation de la forme

$$\begin{cases} (\Delta + B \cdot \nabla + c - \partial_t)v = 0, & \text{dans } Q, \\ v = \theta_\lambda\psi, & \text{sur } \Sigma_0, \\ (\partial_\nu + r)v = e^{\mu t}\varphi, & \text{sur } \Sigma, \end{cases}$$

et que l'on peut choisir λ et μ de telle sorte que $c \leq 0$ et $r \geq 0$.

3. Nous supposons que ψ ou φ est non identiquement nulle, $\psi \leq 0$, $\varphi \leq 0$ et que ψ s'annule au moins en un point de Ω. Montrer alors que $u < 0$ dans $\overline{\Omega} \times (0, T]$.

Nous faisons maintenant l'hypothèse suivante : il existe P et Φ_0 deux sous-espaces de $C(\Sigma)$ tels que

i) Φ_0 est dense dans $L^2(\Sigma)$,

ii) Si $p \in P$ alors $(x,t) \to p(x, T-t) \in P$,

iii) Pour tout $p \in P$ et pour tout $\varphi \in \Phi_0$, $p\varphi \in \Phi_0$,

iv) pour tout $\alpha \in C^\infty(\Sigma)$ et pour tout $\varphi \in \Phi_0$, $\alpha\varphi \in \Phi_0$,

v) pour tout $p \in P$ et pour tout $\varphi \in \Phi_0$, il existe un unique $u \in C^{2,1}(Q)$ solution de l'équation

$$\begin{cases} (\Delta - \partial_t)u = 0, & \text{dans } Q, \\ u = 0, & \text{sur } \Sigma_0, \\ (\partial_\nu + p)u = \varphi, & \text{sur } \Sigma, \end{cases} \qquad (4.2)$$

tel que $u_{|\Sigma} \in \Phi_0$.

Remarque : Noter que la condition v), ci-dessus, implique que toute fonction $\varphi \in \Phi_0$ doit nécessairement satisfaire à $\varphi(\cdot, 0) = 0$.

Nous posons $\Phi_T = \{f;\ f(x,t) = \varphi(x, T-t),\ \varphi \in \Phi_0\}$.

II. 1. Vérifier que pour tout $p \in P$ et pour tout $f \in \Phi_T$, l'équation

$$\begin{cases} (\Delta + \partial_t)w = 0, & \text{dans } Q, \\ w = 0, & \text{sur } \Sigma_T, \\ (\partial_\nu + p)w = f, & \text{sur } \Sigma, \end{cases} \qquad (4.3)$$

admet une unique solution $w \in C^{2,1}(Q)$.

2. On fixe $p \in P$ et, pour $\varphi \in \Phi_0$, on note u_φ la solution de (4.2). Soit $g \in \Phi_T$ telle que

$$\int_\Sigma g u_\varphi d\sigma dt = 0, \quad \varphi \in \Phi_0.$$

Appliquer la formule de Green à u_φ et w, la solution de (4.3) avec $f = g$, pour conclure que

$$\int_\Sigma w\varphi d\sigma dt = 0, \quad \varphi \in \Phi_0.$$

En déduire que g est identiquement nulle.

III. Nous nous donnons $p_1, p_2 \in P$, Γ' un ouvert non vide de Γ et nous posons $\Sigma' = \Gamma' \times [0, T]$. Soit $0 \le \beta \in \Phi_T$ non identiquement nulle, $\text{supp}(\beta) \subset \Gamma' \times [0, T]$, et soit $z \in C^{2,1}(Q)$ l'unique solution de l'équation

$$\begin{cases} (\Delta + \partial_t)z = 0, & \text{dans } Q, \\ z = 0, & \text{sur } \Sigma_T, \\ (\partial_\nu + p_1)z = \beta, & \text{sur } \Sigma. \end{cases}$$

1. Montrer que $z > 0$ sur $\overline{\Omega} \times [0, T]$.

Pour $\varphi \in \Phi_0$, on note u^i_φ la solution de (4.2) avec $p = p_i$, $i = 1$, 2. Nous faisons alors l'hypothèse suivante :

$$u^1_\varphi = u^2_\varphi \text{ sur } \Sigma', \ \varphi \in \Phi_0.$$

2. Écrire l'équation satisfaite par $u_\varphi = u^1_\varphi - u^2_\varphi$. Appliquer ensuite la formule de Green à u_φ et z pour déduire

$$0 = \int_\Sigma (p_2 - p_1) z u^2_\varphi \ \varphi \in \Phi_0.$$

3. Conclure que $p_1 = p_2$.

Le lecteur pourra utiliser [Ch3] pour construire un corrigé de ce problème.

Problème 4

Dans ce problème Ω est un domaine borné de $\mathbb{R}^3$ de classe C^∞ (pour simplifier), de frontière Γ.

I. 1. Montrer que si $q \in L^\infty_+(\Omega) = \{p \in L^\infty(\Omega); \ p \geq 0 \text{ p.p.}\}$ est non identiquement nulle et $f \in L^2(\Omega)$, alors il existe un unique $u = u_q(f) \in H^1_0(\Omega)$ tel que

$$\int_\Omega \nabla u \cdot \nabla v dx + \int_\Omega quv dx = \int_\Omega fv dx, \ v \in H^1_0(\Omega).$$

C'est-à-dire que $u_q(f)$ est l'unique solution variationnelle du problème aux limites

$$\begin{cases} -\Delta u + qu = f, & \text{dans } \Omega, \\ u = 0, & \text{sur } \Gamma. \end{cases}$$

À $q \in L^\infty_+(\Omega)$, nous associons l'opérateur (borné)

$$\Pi_q : L^2(\Omega) \to H^{-\frac{1}{2}}(\Gamma) : f \to \partial_\nu u_q(f).$$

2. Soient q_1, $q_2 \in L^\infty_+(\Omega)$ tels que $\Pi_{q_1} = \Pi_{q_2}$. En appliquant une formule d'intégration par parties appropriée à $u = u_{q_1}(f) - u_{q_2}(f)$ et $v \in H^2(\Omega)$ vérifiant $(-\Delta + q_1)v = 0$ dans Ω, montrer que

$$\int_\Omega (q_1 - q_2) u_{q_2}(f) v dx = 0,$$

pour tout $f \in L^2(\Omega)$. En déduire que $q_1 = q_2$.

II. On considère le problème aux limites

$$\begin{cases} -\Delta u = F(u) + f, & \text{dans } \Omega, \\ u = 0, & \text{sur } \Gamma, \end{cases} \tag{4.4}$$

où $F : \mathbb{R} \to \mathbb{R}$ est une fonction continue décroissante vérifiant : il existe $a > 0$, $b > 0$ tels que $|F(s)| \leq a + b|s|$, pour tout $s \in \mathbb{R}$.

Soit $f \in L^2(\Omega)$. Nous dirons que $u \in H_0^1(\Omega)$ est une solution variationnelle de (4.4) si

$$\int_\Omega \nabla u \cdot \nabla v \, dx = \int_\Omega F(u)v \, dx + \int_\Omega f v \, dx, \ v \in H_0^1(\Omega).$$

1. Montrer que si $u \in H_0^1(\Omega)$ est une solution variationnelle de (4.4) alors il existe une constante C, qui ne dépend que de Ω, $F(0)$ et $\|f\|_{L^2}$, telle que

$$\|\nabla u\|_{L^2} \leq C.$$

(Utiliser le fait que $s(F(s) - F(0)) \leq 0$ pour tout s.)

2. Montrer que (4.4) admet au plus une solution variationnelle.

Nous introduisons l'application $T : L^2(\Omega) \times [0,1] \to L^2(\Omega) : (w, \lambda) \to T(w, \lambda) = u$, où u est la solution faible de

$$\begin{cases} -\Delta u = \lambda(F(w) + f), & \text{dans } \Omega, \\ u = 0, & \text{sur } \Gamma. \end{cases}$$

3. Vérifier que T est compacte. Montrer ensuite, en utilisant le théorème du point fixe énoncé ci-dessous, que $T(\cdot, 1)$ admet un point fixe. (Notons qu'un point fixe de $T(\cdot, 1)$ est une solution variationnelle de (4.4).)

Théorème 4.44. (*Leray-Schauder*) *Soient X un espace de Banach et $T : X \times [0,1] \to X$ une application compacte (c'est-à-dire T est continue et envoie les parties bornées de $X \times [0,1]$ dans les parties relativement compactes de X). Si $T(\cdot, 0) = 0$ et si $\{x \in X;\ x = T(x, \lambda),\ \text{pour un certain } \lambda\}$ est borné, alors $T(\cdot, 1)$ admet un point fixe.*

III. Pour F satisfaisant les hypothèses de la seconde partie et $f \in L^2(\Omega)$, on note par $u_F(f)$ la solution variationnelle de (4.4). Soit S_F l'application définie par

$$S_F : L^2(\Omega) \to H_0^1(\Omega) \cap H_\Delta(\Omega) : f \to u_F(f).$$

1. Montrer que S_F est lipschitzienne.

Dans la suite de cette partie nous supposons que F est décroissante, dérivable, et que sa dérivée F' est lipschitzienne et bornée. (En particulier F vérifie les hypothèses de la seconde partie.)

2. Montrer que S_F est Fréchet-différentiable et, pour $f, g \in L^2(\Omega)$, $S_F'(f)(g) = v$, où v est la solution variationnelle du problème aux limites

$$\begin{cases} -\Delta v - F'(u_F(f))v = g, & \text{dans } \Omega, \\ v = 0, & \text{sur } \Gamma. \end{cases}$$

(Pour $f, g \in L^2(\Omega)$ et $z = u_F(f + g) - u_F(f) - v$, établir d'abord que

$$\int_\Omega |\nabla z|^2 \leq \int_\Omega z[F(u_F(f+g)) - F(u_F(f)) - F'(u_F(f))(u_F(f+g) - u_F(f))].$$

Utiliser ensuite le théorème des accroissements finis et le fait que $H^1(\Omega)$ s'injecte continûment dans $L^4(\Omega)$.)

IV. Nous notons par $\mathcal{F}$ l'ensemble des fonctions $F \in C^1(R)$ telles que F est décroissante, $F(0) = 0$, et F' est lipschitzienne et bornée; et nous rappelons que si $F \in \mathcal{F}$ et $w \in H_0^1(\Omega)$ alors $F(w) \in H_0^1(\Omega)$ et $\nabla F(w) = F'(w)\nabla w$ (en fait la condition F' lipschitzienne n'est pas nécessaire ici).

À $F \in \mathcal{F}$, nous associons l'opérateur (lipschitzien)

$$\Lambda_F : L^2(\Omega) \to H^{-\frac{1}{2}}(\Gamma) : f \to \partial_\nu u_F(f).$$

Soient $F_1, F_2 \in \mathcal{F}$ telles que $\Lambda_{F_1} = \Lambda_{F_2}$.

1. Montrer que

$$F_1'(u_{F_1}(f)) = F_2'(u_{F_2}(f)), \ f \in L^2(\Omega).$$

2. Montrer que pour tout $f \in L^2(\Omega)$,

$$\int_\Omega \nabla u_{F_{3-i}}(f) \cdot \nabla F_i(u_{F_i}(f))dx = \int_\Omega F_i(u_{F_i}(f))F_{3-i}(u_{F_{3-i}}(f))dx$$
$$+ \int_\Omega fF_i(u_{F_i}(f))dx, \ i = 1, 2.$$

En déduire que

$$\int_\Omega fF_1(u_{F_1}(f)) = \int_\Omega fF_2(u_{F_2}(f)), \text{ pour tout } f \in L^2(\Omega).$$

En dérivant cette dernière identité par rapport à f, conclure que

$$F_1 = F_2 \text{ sur } \{s = u_{F_1}(f)(x); \ x \in \Omega, \ f \in L^2(\Omega)\}.$$

Problème 5

Soient Ω un domaine borné de $\mathbb{R}^n$, $n \geq 3$, de classe C^2 et $\Gamma = \partial\Omega$. Pour $\xi \in S^{n-1} = \{\eta \in \mathbb{R}^n; \ |\eta| = 1\}$ et $\epsilon \geq 0$, nous posons

$$\Gamma_\pm^\epsilon = \{x \in \Gamma; \ \pm\nu(x) \cdot \xi > \pm\epsilon\}.$$

Pour $i = 1, 2$, nous nous donnons $q_i \in L^\infty(\Omega)$ telle que 0 n'est pas une valeur propre de l'operateur $-\Delta + q_i$ ayant pour domaine $H_0^1(\Omega) \cap H_\Delta(\Omega)$.

Soit $h_\Delta(\Gamma) = \{\psi = u_{|\Gamma};\ u \in H_\Delta(\Omega)\}$. Pour $\varphi \in h_\Delta(\Gamma)$, nous notons $u_i(\varphi) \in H_\Delta(\Omega)$ la solution du problème aux limites

$$\begin{cases} (-\Delta + q_i)u = 0, & \text{dans } \Omega, \\ u = \varphi, & \text{sur } \Gamma. \end{cases}$$

Nous fixons $\xi \in S^{n-1}$, $k \in \mathbb{R}^n$ et soit $l \in S^{n-1}$ tel que $k \cdot l = \xi \cdot l = 0$ (noter que ceci est possible car $n \geq 3$).

Si λ_0 et C sont comme dans le Corollaire 2.23, nous posons

$$\rho_1 = -\lambda\left(\xi + i\frac{k-l}{2}\right), \quad \rho_2 = \lambda\left(\xi - i\frac{k+l}{2}\right), \quad \text{avec } \lambda \geq \lambda_0,$$

et nous faisons l'hypothèse suivante :

$$\partial_\nu u_1(\varphi) = \partial_\nu u_2(\varphi) \text{ sur } \Gamma_-^\epsilon(\xi) \text{ pour tout } \varphi \in h_\Delta(\Gamma),$$

où $\epsilon > 0$ donné.

Soit $w_2 \in H_\Delta(\Omega)$ une solution de $(-\Delta + q_2)u_2 = 0$ dans Ω de la forme

$$w_2 = e^{x \cdot \rho_2}(1 + \psi_2),$$

où $\psi_2 \in H_\Delta(\Omega)$ vérifie

$$\psi_{2|\Gamma_-^0(\xi)} = 0 \text{ et } \|\psi\|_{L^2(\Omega)} \leq \frac{C}{\lambda}.$$

(Une telle solution existe d'après la Proposition 2.25.) Si $w_1 = u_1(w_{2|\Gamma})$, nous posons $u = w_1 - w_2$.

1. Montrer que $u \in H^2(\Omega)$ et vérifie

$$\begin{cases} (-\Delta + q_1)u = qu_2, & \text{dans } \Omega, \\ u = 0, & \text{sur } \Gamma, \\ \partial_\nu u = 0, & \text{sur } \Gamma_-^\epsilon, \end{cases}$$

où $q = q_2 - q_1$.

Soit $v \in H_\Delta(\Omega)$ telle que $\overline{v}$ est une solution de $(-\Delta + q_1)\overline{v} = 0$ dans Ω de la forme

$$\overline{v} = e^{x \cdot \rho_1}(1 + \psi_1),$$

avec $\psi_1 \in H_\Delta(\Omega)$ vérifiant

$$\psi_{1|\Gamma_+^0(\xi)} = 0 \text{ et } \|\psi_1\|_{L^2(\Omega)} \leq \frac{C}{\lambda}.$$

(Là aussi, l'existence de v est assurée par la Proposition 2.25, avec $-\xi$ à la place de ξ.)

2. Démontrer que

$$\int_\Omega qu_2\overline{v}dx = \int_{\Gamma_+^\epsilon(\xi)} \partial_\nu u\overline{v}d\sigma. \tag{4.5}$$

3. Établir l'estimation

$$\left| \int_{\Gamma_+^\epsilon(\xi)} \partial_\nu u\overline{v}\right|^2 d\sigma \leq |\Gamma_+^\epsilon(\xi)| \int_{\Gamma_+^\epsilon(\xi)} e^{-2\lambda x\cdot\xi}|\partial_\nu u|^2 d\sigma,$$

puis utiliser le Corollaire 2.23 pour déduire

$$\int_{\Gamma_+^\epsilon(\xi)} e^{-2\lambda x\cdot\xi}|\partial_\nu u|^2 d\sigma \leq \frac{K}{\lambda}, \tag{4.6}$$

pour λ assez grand, où K est une constante indépendante de λ.

4. Utiliser (4.5) et (4.6) pour conclure

$$\hat{q}(k) = \int_\Omega e^{-ix\cdot k}q(x)dx = 0.$$

5. Vérifier que si $0 < \epsilon' < \epsilon$ alors il existe $\mathcal{V}$ un voisinage de ξ dans S^{n-1} pour lequel

$$\partial_\nu u_1(\varphi) = \partial_\nu u_2(\varphi) \text{ sur } \Gamma_-^{\epsilon'}(\eta), \text{ pour tous } \eta \in \mathcal{V} \text{ et } \varphi \in h_\Delta(\Gamma).$$

En déduire que $\hat{q} = 0$ puis que $q = q_2 - q_1 = 0$. (Rappelons que la transformée de Fourier d'une distribution à support compact s'étend en une fonction entière sur $\mathbb{C}^n$, voir par exemple [Sc1].)

Nous renvoyons à [BU] pour un corrigé de ce problème.

Problème 6

Soient Ω un domaine borné lipschitzien de $\mathbb{R}^n$ de frontière Γ et $\mathcal{A}$ l'ensemble des $a \in L^\infty(\Omega)$ telles que $a \geq \alpha > 0$ p.p. sur Ω, où α est une constante. Pour $a \in \mathcal{A}$ et $\varphi \in H^{\frac{1}{2}}(\Gamma)$, nous notons par $u_{a,\varphi} \in H^1(\Omega)$ l'unique solution du problème aux limites

$$-\text{div}(a\nabla u) = 0 \text{ dans } \Omega, \quad u = \varphi \text{ sur } \Gamma.$$

Rappelons que $u_{a,\varphi}$ est caractérisé par

$$J_a(u_{a,\varphi}) = \min_{v\in K_\varphi} J_a(v),$$

où

$$J_a(v) = \int_\Omega a|\nabla v|^2 dx \text{ et } K_\varphi = \{v \in H^1(\Omega); v = \varphi \text{ sur } \Gamma\}.$$

Nous introduisons la forme quadratique

$$Q_a(\varphi) = J_a(u_{a,\varphi}) = \int_\Omega a|\nabla u_{a,\varphi}|^2 dx$$

et l'application

$$T : (a, \varphi) \in \mathcal{A} \times H^{\frac{1}{2}}(\Gamma) \to T(a, \varphi) = u_{a,\varphi}.$$

I. Fixons $a_0 \in \mathcal{A}$ et notons par B l'opérateur borné qui envoie $H^{-1}(\Omega)$ dans $H_0^1(\Omega)$ qui est donné par : $B(f) = w_f$, où w_f est l'unique solution variationnelle dans $H_0^1(\Omega)$ de l'équation

$$-\mathrm{div}(a\nabla w) = f \text{ dans } \Omega.$$

À $b \in L^\infty(\Omega)$ nous associons l'opérateur A_b :

$$A_b : H_0^1(\Omega) \to H^{-1}(\Omega) : w \to -\mathrm{div}(b\nabla w).$$

1. Vérifier que A_b est borné et $\|A_b\|_{\mathcal{L}(H_0^1(\Omega), H^{-1}(\Omega))} \leq \|b\|_{L^\infty(\Omega)}$, quand $H_0^1(\Omega)$ est muni de la norme $w \to \||\nabla w|\|_{L^2(\Omega)}$.

2. Démontrer qu'il existe $\eta > 0$ tel que, si $\|b\|_{L^\infty(\Omega)} \leq \eta$, alors

$$T(a_0 + b, \varphi_0) - T(a_0, \varphi_0) = -(I + BA_b)^{-1}BA_bT(a_0, \varphi_0).$$

En déduire que T est analytique.

II. 1. Vérifier $a \in \mathcal{A} \to \Phi(a) = Q_a$ est analytique et $\Phi'(a_0)(b) = q$, où q est la forme quadratique

$$q(\varphi) = \int_\Omega b(x)|\nabla u_{a_0,\varphi}|^2 dx, \ \varphi \in H^{-\frac{1}{2}}(\Gamma).$$

2. On suppose que a_0 est une constante positive. Démontrer que si $\Phi'(a_0) = 0$ alors

$$\int_\Omega b(x)\nabla u_1 \cdot \nabla u_2 dx = 0, \ u_1, u_2 \in \mathcal{H}(\Omega),$$

où $\mathcal{H}(\Omega) = \{v \in H^1(\Omega); \ \Delta v = 0 \text{ dans } \Omega\}$ [qui est l'orthogonal dans $H^1(\Omega)$ de $H_0^1(\Omega)$]. En déduire, par un choix approprié, de fonctions exponentielles de $\mathcal{H}(\Omega)$ que $b = 0$. C'est-à-dire que $\Phi(a_0)$ est injective.

Pour le corrigé de ce problème, le lecteur pourra consulter [Ka2].

Problème 7

Soient Ω un domaine borné lipschitzien de $\mathbb{R}^n$ de frontière Γ et $\mathcal{A}$ l'ensemble des $a \in L^\infty(\Omega)$ telles que $a \geq \alpha > 0$ p.p. sur Ω, où α est une constante. Pour $a \in \mathcal{A}$, nous désignons par $(\lambda_{a,k})$ et $(\varphi_{a,k})$ respectivement la suite des valeurs propres, comptées avec leur multiplicité, et une base de fonctions propres, φ_k associée à λ_k, de l'opérateur

$$A_a u = -\operatorname{div}(a\nabla u), \quad D(A_a) = \{u \in H_0^1(\Omega); \operatorname{div}(a\nabla u) \in L^2(\Omega)\}.$$

Rappelons (voir le Théorème 1.21) que pour $w \in \{u \in H^1(\Omega); \operatorname{div}(a\nabla u) \in L^2(\Omega)\}$, $a\partial_\nu w$ est bien défini comme élément de $H^{-\frac{1}{2}}(\Gamma)$ et

$$\|a\partial_\nu w\|_{H^{-\frac{1}{2}}(\Gamma)} \leq C(\|\nabla w\|_{L^2(\Omega)} + \|\operatorname{div}(a\nabla w)\|_{L^2(\Omega)}), \qquad (4.7)$$

avec $C = C(\Omega, a)$ une constante positive.

I. Soit $a \in \mathcal{A}$ et, pour $\lambda \geq 0$ et $\varphi \in H^{\frac{1}{2}}(\Gamma)$, notons $u_{\lambda,\varphi} \in H_0^1(\Omega)$ l'unique solution variationnelle de

$$\operatorname{div}(a\nabla u) + \lambda u = 0 \text{ dans } \Omega, \quad u = \varphi \text{ sur } \Gamma. \qquad (4.8)$$

Dans la suite, pour simplifier les notations, nous utiliserons simplement λ_k, φ_k et u_λ à la place de, $\lambda_{a,k}$, $\varphi_{a,k}$ et $u_{\lambda,\varphi}$.

1. Démontrer

$$\|u_\lambda\|^2_{L^2(\Omega)} = \sum_{k \geq 1} \frac{\alpha_k^2}{(\lambda_k + \lambda)^2}, \text{ avec } \alpha_k = -\langle a\partial_\nu \varphi_k, \varphi \rangle_{H^{-\frac{1}{2}}(\Gamma), H^{\frac{1}{2}}(\Gamma)}.$$

En déduire

$$\lim_{\lambda \to +\infty} \|u_\lambda\|^2_{L^2(\Omega)} = 0. \qquad (4.9)$$

2. Démontrer

$$\lim_{\lambda \to +\infty} \||\nabla u_\lambda\||^2_{L^2(\Omega)} = 0. \qquad (4.10)$$

[Faire un raisonnement par l'absurde.]

3. Soient $0 < \epsilon < \operatorname{diam}(\Omega)$,

$$\Omega_\epsilon = \{x \in \overline{\Omega}; \operatorname{dist}(x, \Gamma) < \epsilon\}$$

et $\eta \in C^\infty(\overline{\Omega})$ vérifiant $0 \leq \eta \leq 1$,

$$\eta = 0 \text{ dans } \Omega_{\frac{\epsilon}{2}}, \quad \eta = 1 \text{ dans } \Omega \setminus \Omega_\epsilon, \quad |\nabla \eta| \leq \epsilon^{-1}.$$

Établir

$$0 = \int_\Omega a\eta^2 |\nabla u_\lambda|^2 dx + 2\int_\Omega a\eta u_\lambda \nabla u_\lambda \cdot \nabla \eta \, dx + \int_\Omega \eta^2 u_\lambda^2 dx.$$

[Mutiplier (4.8) par $\eta^2 u_\lambda$, puis faire une intégration par parties.] En déduire

$$\|\eta \nabla u_\lambda\|_{L^2(\Omega)} \leq C \|u_\lambda\|_{L^2(\Omega)}, \qquad (4.11)$$

où $C = C(a, \epsilon)$ est une constante positive. Nous avons donc en particulier

$$\lim_{\lambda \to +\infty} \|\nabla u_\lambda\|^2_{L^2(\Omega \setminus \Omega_\epsilon)} = 0,$$

comme conséquence de (4.9) et (4.11).

4. Soient $\sigma_0 \in \Gamma$, D un voisinage de σ_0 dans $\overline{\Omega}$ et γ un voisinage de σ_0 dans Γ tel que $\gamma \subset (D \cap \Gamma)$. Dans cette question, nous supposons que φ est telle que $\text{supp}(\varphi) \subset \gamma$. En procédant comme dans **2**, démontrer

$$\lim_{\lambda \to +\infty} \|\nabla u_\lambda\|^2_{L^2(\Omega \setminus D)} = 0. \qquad (4.12)$$

II. À $a \in \mathcal{A}$, nous associons l'opérateur

$$\Lambda_{a,\lambda} : H^{\frac{1}{2}}(\Gamma) \to H^{-\frac{1}{2}}(\Gamma) : \varphi \to a \partial_\nu u_{a,\lambda}.$$

Noter que par (4.7), l'opérateur $\Lambda_{a,\lambda}$ est borné.

Dans ce qui suit, nous supposons que a_1, $a_2 \in \mathcal{A} \cap C^1(\overline{\Omega})$ sont telles que

$$\lambda_{1,k} = \lambda_{2,k}, \quad a_1 \partial_\nu \varphi_{1,k} = a_2 \partial_\nu \varphi_{2,k}, \quad \text{pour chaque } k, \qquad (4.13)$$

où, pour simplifier les notations, nous avons posé $\lambda_{j,k} = \lambda_{a_j,k}$ et $\varphi_{j,k} = \varphi_{a_j,k}$, $j = 1, 2$.

1. En s'inspirant de la preuve du Théorème 2.26, démontrer, où nous avons posé $\Lambda_{j,\lambda} = \Lambda_{a_j,\lambda}$, $j = 1, 2$,

$$\Lambda_{1,\lambda} = \Lambda_{2,\lambda}, \ \lambda \geq 0.$$

2. a) Vérifier que pour tout $\lambda \geq 0$,

$$\|u_{1,\lambda}\|_{L^2(\Omega)} = \|u_{2,\lambda}\|_{L^2(\Omega)}.$$

b) Soit $K = \{w \in H^1(\Omega); \ w = \varphi \text{ sur } \Gamma\}$. Établir, en utilisant le fait

$$\int_\Omega a_2 |\nabla u_{2,\lambda}|^2 dx + \lambda \int_\Omega u_\lambda^2 dx = \min_{w \in K} \left[\int_\Omega a_2 |\nabla w|^2 dx + \lambda w^2 dx \right],$$

$$\int_\Omega a_2 (|\nabla u_{1,\lambda}|^2 - |\nabla u_{2,\lambda}|^2) dx \geq 0.$$

3. Nous supposons qu'il existe $\sigma_0 \in \Gamma$ tel que $a_1(\sigma_0) > a_2(\sigma_0)$. Alors il existe D un voisinage de σ_0 dans $\overline{\Omega}$ et une constante positive C tels que

$$a_1 \geq a_2 + C \text{ dans } D.$$

Soit γ un voisinage de σ_0 dans Γ tel que $\gamma \subset (D \cap \Gamma)$ et fixons φ telle que supp$(\varphi) \subset \gamma$.

a) Démontrer l'identité

$$\int_\Omega (a_1 - a_2)|\nabla u_{1,\lambda}|^2 dx + \int_\Omega a_2(|\nabla u_{1,\lambda}|^2 - |\nabla u_{2,\lambda}|^2)dx = 0.$$

$\left[\text{En partant de } \langle \Lambda_{1,\lambda}\varphi - \Lambda_{2,\lambda}\varphi, \varphi \rangle_{H^{-\frac{1}{2}}(\Gamma), H^{\frac{1}{2}}(\Gamma)}, \text{ faire une inégration par parties.}\right]$ En déduire

$$\int_\Omega (a_1 - a_2)|\nabla u_{1,\lambda}|^2 dx \leq 0. \tag{4.14}$$

b) Montrer que

$$\lim_{\lambda \to +\infty} \int_D (a_1 - a_2)|\nabla u_{1,\lambda}|^2 dx = +\infty. \tag{4.15}$$

$\left[\text{Utiliser (4.10) et (4.12).}\right]$ En notant que (4.15) contredit (4.14), on conclut que

$$a_1 = a_2 \text{ sur } \Gamma.$$

Un corrigé de ce problème est disponible dans [Ka2].

Quelques problèmes ouverts

Nous donnons une sélection de problèmes inverses elliptiques et paraboliques ouverts. Nous nous sommes limités à quelques problèmes parmi les plus significatifs. Bien évidemment, il y en a tant d'autres.

Soient Ω un ouvert borné et régulier de $\mathbb{R}^n$, de frontière Γ, $Q = \Omega \times (0, T)$ et $\Sigma = \Gamma \times (0, T)$. Nous considérons le problème aux limites

$$\begin{cases} \Delta u + p(x)u - \partial_t u = 0, & \text{dans } Q, \\ u(\cdot, 0) = a, \\ u = g, & \text{sur } \Sigma \end{cases} \tag{5.1}$$

Un premier problème inverse classique dans ce cas consiste à déterminer $p = p(x)$ à partir de la donnée finale $u(\cdot, T)$. Si p est connu dans un sous-domaine ω de Ω, nous avons unicité et stabilité [CY3] pour ce problème. De même si nous remplaçons dans (5.1), l'opérateur Δ par $s\Delta$, $s > 0$ étant le paramètre de diffusion, alors le problème est génériquement, par rapport à s, bien posé. Plus précisément, nous avons unicité et dépendance continue, sauf peut être pour un ensemble au plus dénombrable de paramètres s [CY4]. En dehors de ces deux cas le problème, en toute généralité, reste ouvert. Le second problème qui reste ouvert aussi concerne la détermination $p = p(x)$ à partir de la donnée frontière $\partial_\nu u$ sur Σ ou sur une partie de celle-ci.

Revenons au problème de conductivité inverse, pour lequel nous avons démontré un résultat de stabilité pour une famille à un paramètre (voir 2.5.2). De nouveau Ω un ouvert borné et régulier de $\mathbb{R}^n$. Nous considérons le problème aux limites

$$\begin{cases} \text{div}((1 + \chi_D)\nabla u)) = 0, & \text{dans } \Omega, \\ u = f, & \text{sur } \Gamma. \end{cases} \tag{5.2}$$

Le problème inverse que nous avions considéré au sous-paragraphe 2.5.2 consistait à déterminer D à partir de la mesure frontière $\partial_\nu u$ sur γ, γ étant une partie de Γ. Pour ce problème, nous savons (voir par exemple [Isa3] pour une démonstration) qu'il y a unicité si D est un polyhèdre convexe ou si une partie du bord de D est supposé connue (d'ailleurs nous retrouvons cette condition dans l'énoncé du Théorème 2.79). En dehors de ces cas, le problème, en toute généralité, reste ouvert.

Nous avons le même problème ouvert pour le problème inverse que nous avons étudié au sous-paragraphe 2.5.1. Il s'agissait, dans un matériau semi-conducteur, de tester la résistance du contact entre le métal et le semi-conducteur. Nous introduisons le problème aux limites

$$\begin{cases} -\Delta u + \chi_D u = 0, & \text{dans } \Omega, \\ u = f, & \text{sur } \Gamma. \end{cases} \tag{5.3}$$

Pouvons-nous alors déterminer de façon unique D à partir de la mesure frontière $\partial_\nu u$ sur γ, γ étant une partie de Γ. Nous avons démontré dans le Problème 1 que nous avons unicité si une partie du bord de D est connue. Nous avons aussi unicité dans le cas où D est un polygone convexe (voir [SuY]). Comme pour le problème de la conductivité inverse, hormis ces deux cas, le problème en toute généralité reste ouvert.

Le problème de déterminer le potentiel dans une équation de Schrödinger à partir d'un opérateur DN partiel reste ouvert malgré les progrès récents. Le dernier résultat en date, dont nous nous donnons pas les détails ici, est dû à C. E. Kenig, J. Sjöstrand et G. Uhlmann [KSU]. Énonçons le problème en toute généralité. Soit encore une fois Ω un ouvert borné et régulier de $\mathbb{R}^n$, de frontière Γ, et notons Γ_0 et Γ_1 deux parties fermés de Γ, d'intérieurs non vides. À $q \in L^\infty(\Omega)$ telle que 0 n'est pas valeur propre de l'opérateur $A_q = -\Delta + q$ ayant pour domaine $H_0^1(\Omega) \cap H^2(\Omega)$, nous associons l'opérateur de DN partiel

$$\tilde{\Lambda}_q : f \in \{h \in H^{1/2}(\Gamma), \ \text{supp}(h) \subset \Gamma_0\} \to \partial_\nu u|_{\Gamma_1},$$

où u est la solution du problème aux limites

$$\begin{cases} -\Delta u + qu = 0, & \text{dans } \Omega, \\ u = f, & \text{sur } \Gamma. \end{cases} \tag{5.4}$$

Le problème inverse (ouvert) consiste alors à déterminer q à partir de $\tilde{\Lambda}_q$.

Littérature

[Ad] R. A. Adams, Sobolev spaces, Academic Press, London, 1975.

[Al1] G. Alessandrini, An identification problem for an elliptic equation in two variables, Ann. Mat. Pura Appl. 145 (1986), 265–296.

[Al2] G. Alessandrini, Critical points of solutions of elliptic equations in two variables, Ann. Scuola Sup. Pisa Cl. Sci. (4) 14 (1987), 229–256.

[Al3] G. Alessandrini, Stable determination of conductivity by boundary measurements, Appl. Anal. 27 (1988), 153–172.

[Al4] G. Alessandrini, Singular solutions of elliptic equations and the determination of conductivity by boundary measurements, J. Diff. Equat. 84 (1990), 252–272.

[Al5] G. Alessandrini, Stable determination of a crack from boundary measurements, Proc. Roy. Soc. Edinburgh Sect. A 123 (1993), 497–516.

[Al6] G. Alessandrini, Stability for the crack determination problem, in Inverse Problems in Mathematical Physics, L. Pävärinta and E. Somersalo, eds., Springer-Verlag, Berlin, Heidelberg, 1993, 1–8.

[Al7] G. Alessandrini, Examples of instability in inverse boundary value problems, Inverse Problems 13 (1997), 887–897.

[ABV] G. Alessandrini, E. Beretta and S. Vessella, Determining linear cracks by boundary measurements – Lipschitz stability, SIAM J. Control Optim. 27 (1996), 361–375.

[ADR] G. Alessandrini, L. Del Piero and L. Rondi, Stable determination of corrosion by a single electrostatic boundary measurement, Inverse Problems, 19 (2003), 973–984.

[ADiB] G. Alessandrini and E. Di Benedetto, Determining 2-dimensional cracks in 3-dimensional bodies : uniqueness and stability, Indiana Univ. Math. J. 46 (1997), 1–82.

[ADiV] G. Alessandrini and A. Diaz Velenzuela, Unique determination of multiple cracks by two measurements, SIAM J. Control Optim. (1996), 913–921.

[AM1] G. Alessandrini and R. Magnanini, The index of isolated critical points and solutions of elliptic equations in the plane, Ann. Scuola Norm. Sup. Pisa Cl. Sci. (4) 19 (1992), 567–589.

240   Littérature

[AM2] G. Alessandrini and R. Magnanini, Elliptic equations in divergence form, geometric critical points of solutions and the Stekloff eigenfunctions, SIAM J. Math. Anal. 25 (1994), 1259–1268.

[AR] G. Alessandrini and L. Rondi, Stable determination of a crack in a planar inhomogeneous conductor, SIAM J. Math. Anal. 30 (2) (1998), 326–340.

[AS] G. Alessandrini and J. Sylvester, Stability for multidimensional inverse spectral problem, Commun. PDE 15 (5) (1990), 711–736.

[AU] H. Ammari and G. Uhlmann, Reconstuction from partial Cauchy data for the Schrödinger equation, Indiana University Math J., 53 (2004), 169–184.

[Ar] O. Arena, Ulteriori contributi allo studio del problema di Cauchy-Dirichlet per le equazioni paraboliche, Le Matematiche 24 (1969), 92–103.

[BB] Z. Belhachmi and D. Bucur, Stability and uniqueness for the crack identification problem, SIAM J. Control Optim. 46 (1) (2007), 253–273.

[Bel] H. Bellout, Stability result for the inverse transmissivity problem, J. Math. Anal. Appl. 168 (1) (1992), 13–27.

[BF] H. Bellout and A. Friedman, Identification problems in potential theory, Arch. Rat. Mech. Anal. 101 (2) (1988), 143–160.

[Ber] L. Bers, Local behavior of solutions of general linear elliptic equations. Commun. Pure Appl. Math. 8 (1955), 473–496.

[BJS] L. Bers. F. John and M. Schechter, Partial differential equations, Interscience, New York, London, Sydney, 1964.

[BN] L. Bers and L. Nirenberg, On a representation theorem for linear elliptic systems with discontinuous coefficients and its applications, in Convergno Internazionale sulle Equazioni Lineari alle Derivate Parziali, Trieste 1954, 111–140, Edizioni Cremonese, Roma, 1955.

[Bre] H. Brézis, Analyse fonctionnelle, théorie et applications, 2ème tirage, Masson, Paris, 1987.

[BrV] K. Bryan and M. Vogelius, A uniqueness result concerning the identification of a collection of cracks from finitely many boundary measurements, SIAM J. Math. Anal. 23 (1992), 950–958.

[Bu] D. Bucur, Characterization for the Kuratowski limits of a sequence of Sobolev spaces, J. Diff. Equat. 19 (1999), 16–19.

[BuV] D. Bucur and N. Varchon, A duality approach for the boundary variation of Neumann problems, SIAM J. Math. Anal. 34 (2002), 460–477.

[Buk] A. L. Bukhgeim, Extension of solutions of elliptic equations from discrete set, J. Inverse Ill-Posed Prob. 1 (1993), 17–32.

[BU] A. Bukhgeim and G. Uhlmann, Recovering a potential from partial Cauchy data, Commun. PDE 27 (3–4) (2002), 653–668.

[BS] D.-W. Byun and S. Saitoh, A real inversion formula for the Laplace transform, Zeischrift für Analysis und ihre Anwendungen 12 (1993), 597–603.

[CF] L. Caffarelli and A. Friedman, Partial regularity of the zero-set of solutions of linear and superlinear elliptic equations, J. Diff. Equat. 60 (1985), 420–433.

[Cal] A. P. Calderòn, On an inverse boundary value problem, Seminar on Numerical Analysis and its Applications to Continuum Physics (Rio de Janeiro, 1980), pp. 65–73, Soc. Brasil. Mat., Rio de Janeiro, 1980.

[Can] J. R. Cannon, The one dimensional heat equation, Addison-Wesley, 1984.

[CK1] B. Canuto and O. Kavian, Determining coefficients in a class of heat equations via boundary measurements, SIAM J. Math. Anal. 32 (2001), 963–986.

[CK2] B. Canuto and O. Kavian, Determining two coefficients in elliptic operators via boundary spectral data : a uniqueness result, Boll. Unione Mat. Ital. Sez. B Artic. Ric. Mat. (8) 7 (2004), 207–230.

[CFJL] S. Chaabane, I. Fellah, M. Jaoua and J. Leblond, Logarithmic stability estimates for a robin coefficient in two-dimensional Laplace inverse problems, Inverse Problems 20, (2004), 47–59.

[CIK] D. Chae, O. Yu Imanuvilov and S. M. Kim, Exact controllability for semilinear parabolic equations with Neumann boundary conditions, J. Dynam. Control Systems 2 (4) (1996), 449–483.

[Cha] I. Chavel, Heat diffusion in insulated convex domains, J. London Math. Soc. (2) 34 (3) (1986) 473–478.

[CCL] J. Cheng, M. Choulli and J. Lin, Stable determination of a boundary coefficient in an elliptic equation, M3AS 18 (1) (2008) 107–123.

[CCY] J. Cheng, M. Choulli and X. Yang, An iterative BEM for the inverse problem of detecting corrosion in a pipe, Numer. Math. J. Chinese Univ. 14 (3) (2005) 252–266.

[Ch1] M. Choulli, On the determination of an inhomogeneity in an elliptic equation, Appl. Anal. 85 (6–7) (2006), 693–699.

[Ch2] M. Choulli, Local stability estimate for an inverse conductivity problem, Inverse Problems, 19 (2003), 895–907.

[Ch3] M. Choulli, On the determination of an unknown boundary function in a parabolic equation, Inverse Problems 15 (1999), 659–667.

[Ch4] M. Choulli, An inverse problem in corrosion detection : stability estimates, J. Inverse Ill-Posed Probl. 12 (4) (2004), 349–367.

[CIY] M. Choulli, O. Yu. Imanuvilov and M. Yamamoto, Stability in an inverse parabolic problem with single measurement, prépublication.

[COY] M. Choulli, El Maati Ouhabaz and M. Yamamoto, Stable determination of a semilinear term in a parabolic equation, Commun. Pure Appl. Anal. 5 (3) (2006), 447–462.

[CY1] M. Choulli and M. Yamamoto, Stable identification of a semilinear term in a parabolic equation, prépublication LMAM 2004–01.

[CY2] M. Choulli and M. Yamamoto, Some stability estimates in determining sources and coefficients, J. Inverse Ill-Posed Probl. 14 (4) (2006), 355–373.

[CY3] M. Choulli and M. Yamamoto, Uniqueness and stability in determining the heat radiative coefficient, the initial temperature and a boundary coefficient in a parabolic equation, Nonlinear Anal. TMA 69 (11) (2008), 3983–3998.

[CY4] M. Choulli and M. Yamamoto, Generic well-posedness of an inverse parabolic problem - Hölder space approach, Inverse Problems 12 (1996), 195–205.

[CZ] M. Choulli et A. Zeghal, Un résultat d'unicité pour un problème inverse semilinéaire, C. R. Acad. Sc. Paris, t. 315, Série I (1992), 1051–1053.

[DEP] G. Dal Maso, F. Ebobisse and M. Ponsinglione, A stability result for nonlinear Neumann problems under boundary variations, J. Math. Pures Appl. 82 (2003), 503–532.

[DL]   R. Dautray et J. L. Lions, Analyse mathématique et calcul numérique, Tomes I, II et III, Masson, Paris, 1984 et 1985.

[Da]   E. B. Davies, Heat kernels and spectral theory, Cambridge Tracts in Math. 92, Cambridge University Press, London 1989.

[DU]   J. Diestel and J. J. Uhl Jr., Vector measures, American Math. Soc., Providence, RI, 1977.

[DR]   P. DuChateau and W. Rundell, Unicity in an inverse problem for an unknown reaction-diffusion equation, J. Diff. Equat. 59 (2) (1985), 155–164.

[EH]   A. El Badia and T. Ha-Duong, On an inverse source problem for the heat equation. Application to pollution detection problem, J. Inverse Ill-Posed Probl. 10 (6) (2002), 585–599.

[Er]   A. Erdely et al., Higher transcendal functions, Vol. I, McGraw-Hill, New York, 1953.

[Ev]   L. C. Evans, Partial differential equations, American Math. Soc., Providence, RI, 1998.

[Fe]   E. Fernández-Cara, Null controllability of the semilinear heat equation, ESAIM, Cont. Optim. Calcu. Var. 2 (1997), 87–103.

[Frie] A. Friedman, Partial differential equations of parabolic type, Prentice-Hall, Englewood Cliffs, N. J., 1964.

[FG]   A. Friedman and B. Gustafsson, Identification of conductivity coefficient in an elliptic equation, SIAM J. Math. Anal. 18 (3) (1987), 777–787.

[FV]   A. Friedman and M. Vogelius, Determining cracks by boundary measurements, Indiana Univ. Math. J. 38 (1989), 527–556.

[Fu]   D. Fujiwara, Concrete characterization of the domains of fractional powers of some elliptic differential operators of the second order, Proc. Japan Acad. 43 (1967) 82–86.

[FI]   A. V. Fursikov and O. Yu. Imanuvilov, Controllability of evolution equations, Lecture Notes Series, Seoul National Univ., 1996.

[GT]   D. Gilbarg and N.S. Trudinger, Elliptic partial differential equations of second order, 2nd ed., Springer-Verlag, Berlin, 1983.

[Go]   J. A. Goldstein, Semigroups of linear operators and applications, Oxford University Press, New York, 1985.

[Jo]   F. John, Partial differential equations, 4th ed., Springer-Verlag, New-York, 1982.

[Ha]   P. Hähner, A periodic Faddeev-type operator, J. Diff. Equat. 128 (1996) 300–308.

[HKM] J. Heinonen, T. Kilpeläinen and O. Martio, Nonlinear Potential theory of degenerate elliptic equations, Clarendon Press, Oxford, New York, Tokyo, 1993.

[HP]   A. Henrot et M. Pierre, Variation et optimisation de formes, Mathématiques et Applications, vol. 48, Springer-Verlag, Berlin, 2005.

[Ho]   L. F. Ho, Observabilité frontière de l'équation des ondes, C. R. Acad. Sci Paris, Série I 302 (1986), 443–446.

[Hor1] L. Hörmander, The analysis of linear partial differential operator I, 2nd ed., Springer-Verlag, Berlin, 1990.

[Hor2] L. Hörmander, The analysis of linear partial differential operator II, 2nd ed., Springer-Verlag, Berlin, 1990.

[In]   G. Inglese, An inverse problem in corrosion detection, Inverse Problems 13 (1997), 977–994.

[Isa1] V. Isakov, Completness of products of solutions and some inverse problems for PDE, J. Diff. Equat. 92 (1991), 305–316.

[Isa2] V. Isakov, Parabolic problems with final overdetermination, Commun. Pure Appl. Math. 54 (1991), 185–209.

[Isa3] V. Isakov, Inverse problems for partial differential equations, Springer-Verlag, New-York, 1998.

[IS]   V. Isakov and Z. Sun, Stability estimates for hyperbolic inverse problems with local boundary data, Inverse Problems, 8 (1992), 193–206.

[Iso]   H. Isozaki, Some remarks on the multi-dimensional Borg-Levinson theorem, J. Math. Kyoto Univ. 31 (3) (1991), 743–753.

[It]   S. Itô, Diffusion equations, AMS, Providence, 1992.

[Ka1]   O. Kavian, Introduction à la théorie des points critiques et applications aux problèmes elliptiques, Springer-Verlag, Paris, 1993.

[Ka2]   O. Kavian, Lectures on parameter identification. Three courses on partial differential equations, 125–162, IRMA Lect. Math. Theor. Phys., 4, de Gruyter, Berlin, 2003.

[KSU]   C. E. Kenig, J. Sjöstrand and G. Uhlmann, The Calderòn problem with partial data, Ann. of Math. 165 (2) (2007), 567–591.

[KS]   H. Kim and J. K. Seo, Unique determination of a finite number of collection of cracks from two boundary measurements, SIAM J. Math. Anal. 27 (1996), 1336–1340.

[Ko]   V. Komornik, Exact controllability and stabilization – the multiplier method, Masson , Paris, 1994.

[Kr]   N. V. Krylov, Lectures on elliptic and parabolic equations, American Math. Soc., Providence, RI, 1996.

[LU]   O. A. Ladyzhenskaja and N. N. Ural'tzeva, Linear and quasilinear elliptic equations, Nauka, Moscow, 1964 in Russian ; English translation : Academic Press, New York, 1968 ; 2nd Russian ed. 1973.

[LSU]   O. A. Ladyzhenskaja, V. A. Solonnikov and N. N. Ural'tzeva, Linear and quasilinear equations of parabolic type, Nauka, Moscow, 1967 in Russian ; English translation : American Math. Soc., Rovidence, RI, 1968.

[Le]   B. M. Levitan, Inverse Sturm-Liouville problems. Translated from the Russian by O. Efimov. VSP, Zeist, 1987.

[Lie]   G. M. Lieberman, Second order parabolic differential equations, World Scientific, Singapore, 1996.

[Lio]   J. -L. Lions, Contrôlabilité exacte, perturbations et stabilisation de systèmes distribués, Vol 1, Masson , Paris, 1988.

[LM]   J.- L. Lions and E. Magenes, Problèmes aux limites non homogènes et applications, Vol. I et II, Dunod, Paris, 1968.

[LS]   W. H. Loh, S. E. Swirhun, T. A. Schereyer, R. M. Swanson and K. C. Saraswat, Modelling and measurement of contact resistances, IEEE Trans. Electron. Devices 34 (1987), 512–524.

[Lo]   A. Lorenzi, An inverse problem for a semilinear parabolic equation, Ann. Mat. Pura Appl. 131 (4) (1982), 145–166.

[LN]   A. K. Louis and F. Natterer, Mathematical problems of computerized tomography, Proc. IEEE, 71 (1983), 379–390.

[Mal]   P. Malliavin, Intégration et probabilités, analyse de Fourier et analyse specrale, Masson, Paris, 1982.

[Marcu] M. Marcus, Local behaviour of singular solutions of elliptic equations, Ann. Scuola Norm. Sup. Pisa 19 (1965), 519–561.

[March] V. A. Marchenko, Sturm-Liouville operators and applications. Translated from the Russian by A. Iacob. Operator Theory : Advances and Applications, 22. Birkhäuser Verlag, Basel, 1986.

[MPS]   A. Maugeri, D. K. Palagachev and L. G. Softova, Elliptic and parabolic equations with discontinuous coefficients, Wiley-VCH, Berlin, 2000.

[Mi]   C. Miranda, Partial differential equations of elliptic type, 2nd rev. ed., Springer-Verlag, Berlin, 1970.

[Mu]   N. V. Muzylev, uniqueness theorems for some converse problems of conduction, U.S.S.R. Comput. Math. Math. Phys. 20 (2) (1980), 120–134.

[NSU]   A. Nachman, J. Sylvester and G. Uhlmann, An n-dimensional Borg-Levinson theorem, Commun. Math. Physics 115 (1988), 595–605.

[Ni]   L. Nirenberg, Estimates and existence of solutions of elliptic equations, Commun. Pure Appl. Math. 9 (1956), 509–530.

[No]   R. G. Novikov, Multidimensional inverse spectral problems for the equation $-\Delta\psi + (v(x) - Eu(x))\psi = 0$, Functional Analysis and its Applications 22 (4) (1988), 263–272.

[Ou]   E. M. Ouhabaz, Analysis of heat equations on domains, London Math. Soc. Monographs, vol. 31, Princeton University Press, 2004.

[Pa]   A. Pazy, Semigroups of linear operators and applications to partial differential equations, 2nd ed., Springer-Verlag, Berlin, 1976.

[PT]   J. Pöschel and E. Trubowitz, Inverse spectral theory, Pure and Applied Mathematics, 130. Academic Press, Inc., Boston, MA, 1987.

[PW]   M. Protter and H. Weinberger, Maximum principles in differential equations, Prentice-Hall, Englewood Cliffs, N. J., 1968.

[RS]   Rakesh and W. Symes, Uniqueness for an inverse problem for the wave equation, Commun. PDE, 13 (1), (1988), 87–96.

[RR]   M. Renardy and R. C. Rogers, An introduction to partial differential equations, Springer-Verlag, New York, 1993.

[Ro1] L. Rondi, Stabiltà per il problema inverso dei crack in un corpo non omogeno, Thesis Università degli Studi di Trieste, 1996.

[Ro2] L. Rondi, Optimal stability estimates for the determination of defects by electrostatic measurements, Inverse Problems 15 (1999), 1193–1212.

[Ru] W. Rudin, Real and complex analysis, 3rd ed, McGraw-Hill, New York, 1987.

[Sa] S. Saitoh, Representations of the norms in Bergman-Selberg spaces on strips and half planes, Complex Variables 19 (1992), 231–241.

[SaY] S. Saitoh and M. Yamamoto, Stability of Lipschitz type in determination of initial heat distribution, J. Inequal. and Appl. 1 (1), (1997), 73–83.

[SS1] J. C. Saut and B. Scheurer, Sur l'unicité du problème de Cauchy et le prolongement unique pour des équations elliptiques à coefficients non localement bornés, J. Diff. Equat. 43 (1982), 28–43.

[SS2] J. C. Saut and B. Scheurer, Unique continuation for some evolution equations, J. Diff. Equat. 66 (1987), 118–139.

[Sc1] L. Schwartz, Théorie des distributions, nouvelle édition, Hermann, Paris 1984.

[Sc2] L. Schwartz, Analyse, topologie générale et analyse fonctionnelle, 2ème édition, Hermann, Paris, 1980.

[Sc3] L. Schwartz, Analyse mathématique, cours I et II, Hermann, Paris, 1967.

[Sc4] L. Schwartz, Études des sommes d'exponentielles, Hermann, Paris, 1959.

[Sun] Z. Sun, On continuous dependance for an inverse initial boundary value problem for the wave equation, J. Math. Anal. Appl. 150 (1990), 188–204.

[Sung] K. Sungwhan, Recovery of an unknown support of a source term in an elliptic equation, Inverse Problems 20 (2) (2004), 565–574.

[SuY] K. Sungwhan and M. Yamamoto, Uniqueness in identification of the support of a source term in an elliptic equation. SIAM J. Math. Anal. 35 (1) (2003), 148–159.

[SU1] J. Sylvester and G. Uhlmann, A uniqueness theorem for an inverse boundary value problem in electrical prospection, Commun. Pure Appl. Math. 39 (1986), 91–112.

[SU2] J. Sylvester and G. Uhlmann, A global uniqueness theorem for an inverse boundary value problem, Ann. of Math. 125 (1987), 153–169.

[SU3] J. Sylvester and G. Uhlmann, Inverse boundary value problems at the boundary - continuous dependence, Commun. Pure Appl. Math 41 (1988), 197–221.

[Ta] M. E. Taylor, Pseudodifferential operators, Princeton Mathematical Series, 34, Princeton University Press, Princeton, N.J., 1981.

[Uh] G. Uhlmann, Developments in inverse problems since Calderòn's foundational paper, Harmonic analysis and partial differential equations (Chicago, IL, 1996), 295–345, Chicago Lectures in Math., Univ. Chicago Press, Chicago, IL, 1999.

[Vi] N. J. Vilenkin, Fonctions spéciales en théorie de la représentation des groupes, Dunod, Paris, 1969.

[Wi] D. V. Widder, An introduction to transform theory, Academic Press, New York, 1971.

[Ya1] M. Yamamoto Conditional stability in determination of force terms of heat equations in a rectangle, Mathematical and Computer Modelling **18** (1993), 79–88.

[Ya2] M. Yamamoto, Conditional stability in the determination of densities of heat sources in a bounded domain,"Estimation and Control of Distributed Parameter Systems" eds; W. Desch, F. Kappel and K. Kunisch, Birkhäuser Verlag, Basel, 1994, 359–370.

Index

Déjà parus dans la même collection

38. J. F. Maurras : Programmation linéaire, complexité. 2002

39. B. Ycart : Modèles et algorithmes Markoviens. 2002

40. B. Bonnard, M. Chyba : Singular Trajectories and their Role in Control Theory. 2003

41. A. Tsybakov : Introdution à l'estimation non-paramétrique. 2003

42. J. Abdeljaoued, H. Lombardi : Méthodes matricielles – Introduction à la complexité algébrique. 2004

43. U. Boscain, B. Piccoli : Optimal Syntheses for Control Systems on 2-D Manifolds. 2004

44. L. Younes : Invariance, déformations et reconnaissance de formes. 2004

45. C. Bernardi, Y. Maday, F. Rapetti : Discrétisations variationnelles de problèmes aux limites elliptiques. 2004

46. J.-P. Françoise : Oscillations en biologie : Analyse qualitative et modèles. 2005

47. C. Le Bris : Systèmes multi-échelles : Modélisation et simulation. 2005

48. A. Henrot, M. Pierre : Variation et optimisation de formes : Une analyse géometric. 2005

49. B. Bidégaray-Fesquet : Hiérarchie de modèles en optique quantique : De Maxwell-Bloch à Schrödinger non-linéaire. 2005

50. R. Dáger, E. Zuazua : Wave Propagation, Observation and Control in $1 - d$ Flexible Multi-Structures. 2005

51. B. Bonnard, L. Faubourg, E. Trélat : Mécanique céleste et contrôle des véhicules spatiaux. 2005

52. F. Boyer, P. Fabrie : Eléments d'analyse pour l'étude de quelques modèles d'écoulements de fluides visqueux incompressibles. 2005

53. E. Cancès, C. L. Bris, Y. Maday : Méthodes mathématiques en chimie quantique. Une introduction. 2006

54. J-P. Dedieu : Points fixes, zeros et la methode de Newton. 2006

55. P. Lopez, A. S. Nouri : Théorie élémentaire et pratique de la commande par les régimes glissants. 2006

56. J. Cousteix, J. Mauss : Analyse asymptotque et couche limite. 2006

57. J.-F. Delmas, B. Jourdain : Modèles aléatoires. 2006

58. G. Allaire : Conception optimale de structures. 2007

59. M. Elkadi, B. Mourrain : Introduction à la résolution des systèmes polynomiaux. 2007

60. N. Caspard, B. Leclerc, B. Monjardet : Ensembles ordonnés finis : concepts, résultats et usages. 2007

61. H. Pham : Optimisation et contrôle stochastique appliqués à la finance. 2007

62. H. Ammari : An Introduction to Mathematics of Emerging Biomedical Imaging. 2008

63. C. Gaetan, X. Guyon : Modélisation et statistique spatiales. 2008

64. Rakotoson, J.-M. : Réarrangement Relatif. 2008

65. M. Choulli : Une introduction aux problèmes inverses elliptiques et paraboliques. 2009